21 世纪先进制造技术丛书

智能主轴高速铣削颤振抑制

张兴武　刘金鑫　王晨希　严如强　著

科 学 出 版 社

北　京

内 容 简 介

本书内容共 7 章。第 1 章综述了智能主轴国内外研究及行业应用进展状况，给出了智能主轴的定义，阐述了高速铣削颤振分析与抑制的研究进展，并归纳了目前高速铣削颤振抑制研究中存在的问题。第 2 章介绍了两自由度铣削系统动力学模型和相关的稳定性分析方法，并对铣削过程稳定性特性进行了分析。第 3 章主要介绍了单频、多频、随机刚度变化等颤振抑制，并利用优化算法实现变刚度参数优化。第 4 章介绍了离散时延主动抑制方法的构造，对控制算法性能进行了数值分析。第 5 章针对颤振控制参数不确定问题，介绍了鲁棒控制方法的构造，分析了控制算法的闭环稳定性和鲁棒性能。第 6 章针对控制过程作动器饱和问题，介绍了颤振频谱塑形线谱主动抑制，并进行了收敛性分析、抗噪性能分析、硬件时延分析以及颤振频率辨识误差分析。第 7 章介绍了智能主轴原型样机，并验证前述章节控制算法的有效性。

本书可供数控加工车间生产一线的工程技术人员和工艺研发人员，以及先进制造领域的科研人员参考阅读，也可以作为制造学科研究生的专业教材。

图书在版编目（CIP）数据

智能主轴高速铣削颤振抑制 / 张兴武等著. —北京：科学出版社，2022.1
(21 世纪先进制造技术丛书)
ISBN 978-7-03-071133-5

Ⅰ. ①智…　Ⅱ. ①张…　Ⅲ. ①主轴-铣削-颤振模态飞行控制　Ⅳ. ①TH133.2

中国版本图书馆 CIP 数据核字（2021）第 265631 号

责任编辑：牛宇锋 / 责任校对：任苗苗
责任印制：吴兆东 / 封面设计：蓝正设计

科 学 出 版 社 出版
北京东黄城根北街 16 号
邮政编码：100717
http://www.sciencep.com
北京中石油彩色印刷有限责任公司 印刷
科学出版社发行　各地新华书店经销
*
2022 年 1 月第 一 版　开本：720 × 1000　B5
2022 年11月第二次印刷　印张：11
字数：200 000

定价：88.00 元

（如有印装质量问题，我社负责调换）

《21世纪先进制造技术丛书》序

21世纪，先进制造技术呈现出精微化、数字化、信息化、智能化和网络化的显著特点，同时也代表了技术科学综合交叉融合的发展趋势。高技术领域如光电子、纳电子、机器视觉、控制理论、生物医学、航空航天等学科的发展，为先进制造技术提供了更多更好的新理论、新方法和新技术，出现了微纳制造、生物制造和电子制造等先进制造新领域。随着制造学科与信息科学、生命科学、材料科学、管理科学、纳米科技的交叉融合，产生了仿生机械学、纳米摩擦学、制造信息学、制造管理学等新兴交叉科学。21世纪地球资源和环境面临空前的严峻挑战，要求制造技术比以往任何时候都更重视环境保护、节能减排、循环制造和可持续发展，激发了产品的安全性和绿色度、产品的可拆卸性和再利用、机电装备的再制造等基础研究的开展。

《21世纪先进制造技术丛书》旨在展示先进制造领域的最新研究成果，促进多学科多领域的交叉融合，推动国际间的学术交流与合作，提升制造学科的学术水平。我们相信，有广大先进制造领域的专家、学者的积极参与和大力支持，以及编委们的共同努力，本丛书将为发展制造科学，推广先进制造技术，增强企业创新能力做出应有的贡献。

先进机器人和先进制造技术一样是多学科交叉融合的产物，在制造业中的应用范围很广，从喷漆、焊接到装配、抛光和修理，成为重要的先进制造装备。机器人操作是将机器人本体及其作业任务整合为一体的学科，已成为智能机器人和智能制造研究的焦点之一，并在机械装配、多指抓取、协调操作和工件夹持等方面取得显著进展，因此，本系列丛书也包含先进机器人的有关著作。

最后，我们衷心地感谢所有关心本丛书并为丛书出版尽力的专家们，感谢科学出版社及有关学术机构的大力支持和资助，感谢广大读者对丛书的厚爱。

熊有伦

华中科技大学

2008年4月

前　　言

“工业 4.0”的提出推动了以智能制造为核心的第四次工业革命，目标是突破工业大数据的信息爆炸，实现制造业的柔性化、集成化与智能化。为了在新一轮工业革命中抢占制高点，世界各国均将智能制造作为目前先进制造技术的重点研发领域，并出台各类国家政策和计划予以扶持，全力推动以智能制造为核心的工业技术能力提升。2015 年，国务院围绕制造强国的战略目标，提出了《中国制造 2025》，明确了 9 项战略任务和重点，以及 8 个方面战略支撑和保障，分三步走全面推进我国的制造强国之路。19 位两院院士及 100 余专家编著的《中国机械工程技术路线图》明确将“智能”列为机械工程技术五大发展趋势之一，并将智能制造列为影响我国制造业发展的八大机械工程技术问题之一。政策引导，技术先行，智能制造已成为制造业技术与工业领域的核心关键词。

智能制造是将物联网、大数据、云计算等新一代信息技术与设计、生产、管理、服务等制造活动的各个环节融合，形成具有信息自感知、智慧自决策、精准自执行等功能的先进制造过程、系统与模式的总称。智能机床、智能主轴是突破智能制造生产的核心基础单元，集成自感知、自决策、自执行相关功能于一体，研发智能主轴，提升生产效率、生产质量，构建智能制造基础单元的新系统，探索智能制造基础单元的新模式是助力智能制造生产模式更新的重要一环。

本书聚焦于智能主轴的核心功能之一——颤振抑制，围绕这一影响生产效率和生产质量的核心要素，结合作者多年在科研上积累，分别从变参数颤振抑制、离散时延颤振抑制、鲁棒颤振抑制、颤振线谱抑制及智能主轴样机研发等方面系统梳理阐述相关研究成果。由于智能制造领域博大精深，名著新作层出不穷，本书谨作为作者多年研究工作的小结，沧海一粟，期望得到同仁指教。

本书研究内容得到国家自然科学基金、陕西省科技厅项目等的资助。撰写过程中，研究生何燕飞、万涵旸、张涛、陈甜、刘清云、冷振江、李妍琦、张行、高家伟、杨理凯等在文字与图表编排中完成了很多工作，在此一并表示感谢。

智能主轴高速铣削颤振抑制技术涉及多学科知识，具有显著的学科交叉特点。限于作者经验、学识等，书中难免有不妥之处，敬请各位读者与专家批评指正！

目　录

符 号 表

公式符号	物理意义
a	径向切深
a_p	切削深度(背吃刀量)
$\boldsymbol{A}$	主轴模型系统矩阵
b	轴向切深
$\boldsymbol{B}$	主轴模型输入矩阵
c	模态阻尼
$\boldsymbol{C}$	阻尼矩阵，主轴模型输出矩阵
D_T	刀具直径
$\boldsymbol{D}$	主轴模型前馈矩阵
$D(z)$	初级噪声的 z 变换
$d(n)$	初级噪声
d_L	一段长度为 L 的初级噪声
$e(n)$	ANE 输出
$e_s(n)$	伪误差信号
$e_L(n)$	一个长度为 L 的滑动窗获取的一段误差信号
$E(z)$	误差信号的 z 变换
$\boldsymbol{E}$	状态空间向量系数矩阵
$\boldsymbol{F}(t)$	主轴动力学系统受到的切削力向量
g	单位阶跃函数
$\boldsymbol{G}(s)$	主轴标称传递函数
h_0	误差信号和初级噪声在 ω_0 处的幅值比
$\boldsymbol{H}(z)$	系统闭环传递函数
$\boldsymbol{H}(t)$	切削力变化矩阵
i	迭代步数

续表

公式符号	物理意义
int	向零取整函数
$\boldsymbol{I}$	单位矩阵
J	目标函数，或最优性能参数
$\boldsymbol{K}_{\mathrm{c}}(s)$	最优控制器
$\boldsymbol{K}$	刚度矩阵
l	时延被离散化后的区间个数
L	维数或信号滑动窗的长度
$\boldsymbol{L}_{\mathrm{c}}, \boldsymbol{L}_{\mathrm{o}}$	Cholesky 分解因子
$\boldsymbol{M}$	系统模态质量矩阵
MISL	稳定性极限平均增加高度
n	采样数
n_{Ω}	主轴转速离散数目
n_{s}	轴向切深离散数目
N_{τ}	时延长度 $\max\{n_i\}, i=1,2,\cdots,n$
N_{b}	$b/\Delta b$ 所得的整数部分
N_{T}	刀齿数目
$N(\mu,\sigma)$	均值为 μ ，标准差为 σ 的正态分布
$\boldsymbol{N}(s)$	模型传递矩阵
$\boldsymbol{P}_i$	状态变量系数矩阵
$p_{\hat{s}}$	次级通道模型在 ω_0 的幅值
$p_{\Delta,0}$	误差模型在 ω_0 处的幅值
$\boldsymbol{P}$	Riccati 方程的唯一对称半正定解
$\boldsymbol{P}_{\mathrm{cs}}(s)$	铣削过程动力学系统模型
$\boldsymbol{Q}_{\mathrm{c}}$	可控性矩阵
$\boldsymbol{Q}_{\mathrm{o}}$	可观性矩阵
$\boldsymbol{r}(t)$	控制器输出信号(反馈控制系统中测量噪声)
$\boldsymbol{r}_i$	残余向量
$\boldsymbol{R}_i$	状态变量系数矩阵
RVA	主轴转速变化幅值与名义转速变化幅值的比值

续表

公式符号	物理意义
RVF	主轴转速变化的频率
s	拉普拉斯算子
$s(n)$	次级通道的冲击响应函数
$S(z)$	次级通道
$S_{\Delta}(z)$	误差模型
$S_{\mathrm{de}}(\omega,n)$	$e_L(n)$和 d_L 的互功率谱
$S_{\mathrm{dd}}(\omega)$	d_L 的自功率谱
S_{z}	每齿进给量
T	系统周期
$\boldsymbol{u}(t)$	控制器输出控制电压信号
v	刀齿的运动轨迹
$\boldsymbol{V}$	状态空间向量系数矩阵
w	线性插值权重参数
$\boldsymbol{W}_{\mathrm{Q}}$	半正定对称权重矩阵
$\boldsymbol{W}_{\mathrm{R}}$	正定对称权重矩阵
$\boldsymbol{W}_{\mathrm{D}}(s)$	权重函数
$\boldsymbol{W}_{\mathrm{cs}}(s)$	控制器灵敏度加权函数
$\boldsymbol{X}(t)$	位移向量
$\dot{\boldsymbol{X}}(t)$	速度信号
$\boldsymbol{X}_{\mathrm{p}}$	状态向量
$\boldsymbol{X}_{\mathrm{d}}$	不稳定系统状态向量
$\boldsymbol{X}_{\delta}$	主轴转速不确定模型状态向量
$\boldsymbol{X}_{\delta P}$	总的摄动模型状态向量
$\boldsymbol{X}_{\mathrm{T}}(t)$	时滞位移向量
$x_l^{\prime}(n)$	滤波器参考信号
$x(t)$	x 方向的位移
$x_{\mathrm{a}}(n), x_{\mathrm{b}}(n)$	正弦信号发生器生成的一对正交信号
$y(t)$	y 方向的位移
$y_{\mathrm{c}}(n)$, $y_{\mathrm{b}}(n)$	消减支、均衡支的输出

续表

公式符号	物理意义
$Y(z)$	控制器输出的 z 变换
$\boldsymbol{Y}$	输出向量
$z_1(t)$	刀齿的切入点
$z_2(t)$	刀齿的切出点
α_i	迭代步长
β_a	增益常数
β_w	权重函数的增益
$\beta_{t,0}$	目标的增益
β_{opt}	最优的增益系数
β_{lim}	增益上限
$\boldsymbol{\beta}_t$	目标增益系数向量
γ_i	共轭系数
γ_w	插值比例系数
γ_n	截断系数
$\boldsymbol{\Gamma}$	状态反馈控制增益矩阵
δ	可接受误差
$\Delta t = t / n$	离散的时间区间
$\Delta\phi$	每个离散切深 Δb 所对应的转角
Δ_b	轴向切深的不确定度集合
$\boldsymbol{\Delta}$	摄动函数或模型
ζ	对称结构阻尼比
$\kappa(\omega)$	频域上边界
μ_l	收敛因子
μ_β	迭代因子
ξ_t	切向切削力系数
ξ_n	法向切削力系数
ξ_{tc}	切向剪切力系数
ξ_{nc}	径向剪切力系数
ξ_{te}	切向刃口力系数

续表

公式符号	物理意义
ξ_{ne}	径向刃口力系数
$\rho_l(s)$	有理多项式近上边界
σ	特征值
τ	系统状态时延
ϕ_h	螺旋角
ϕ_{st}	切入角
ϕ_{ex}	切出角
ϕ_0	参考接触角
$\phi(t)$	刀齿的瞬时接触角
ϕ_p	刀具齿间角
φ	相位
$\boldsymbol{\Phi}$	状态转移矩阵
ψ	滞后角
ω_r	初级噪声频率
ω_p	参考信号频率
ω_n	对称结构固有频率
Ω	主轴转速
*	卷积运算

第1章 绪 论

智能制造是我国制造强国战略《中国制造 2025》[1]以及德国“工业 4.0”的核心，是制造业自动化和数字化的发展方向。早在 2016 年，国务院就通过了《“十三五”国家战略性新兴产业发展规划》[2]，将智能制造装备产业纳入战略性新兴产业的重要领域并要求全力推动。智能制造是高端装备制造业的重点发展方向和两化深度融合的重要体现，大力培育和发展智能制造对于促进制造业转型升级，提升制造业的生产效率、产品质量，降低能源消耗，实现制造过程的智能化和绿色化发展具有重要意义。智能机床是实现智能制造最重要的装备之一，将成为未来数控机床发展的趋势，从而实现由先进制造到智能制造的变革。

1.1 智能主轴的概念

智能制造(intelligent manufacturing，IM)是一种由智能机器和人类专家共同组成的人机一体化智能系统，其在制造过程中能进行智能活动，如分析、推理、判断、构思和决策等。智能机床是对制造过程能够做出相应决策的机床，可自行分析监控机床的工作状态、环境信息及其他因素，为生产提供最优化的方案。美国国家标准与技术研究院(NIST)认为智能机床应具有如下功能：①能感知自身状态和加工能力并可进行标定；②能监视和优化自身加工行为；③能对加工工件的质量进行评估；④具有自学习能力[3,4]。2010 年国际生产工程科学院(CIRP)三位会士：Abele、Altintas、Brecher 指出，在主轴中集成传感器、作动器可提高生产效率和可靠性[5]。智能主轴定义于智能制造的架构之下，应该至少具备如下三大特征：①感知，即主轴能够感知自身的运行状况，自主检测并能与数控系统、操作人员等交流、共享这些信息；②决策，即主轴能够自主处理感知到的信息，进行计算、自学习与推理，实现对自身状态的智能诊断；③执行，即主轴具备智能控制(包括振动主动控制、防碰撞控制、动平衡控制等)、加工参数自优化与健康自维护等功能，保障主轴的高可靠运行[6]。

智能主轴的主要系统模块包括感知、决策和执行三部分。通过在主轴中集成传感器、控制器和作动器，可以实现切削过程在线颤振监测、轴承早期故障与异常状态的监测预报、主动在线动平衡、主动预紧控制、主动刀具扰度补偿以及颤振主动控制等智能化功能，如图 1-1 所示。德国亚琛工业大学设立了智能主轴单元研究项目(ISPI)，基于传感器与驱动器技术开发了智能主轴原理样机，如图 1-2(a)所示[7]；德国西门子-韦斯(Siemens-Weiss)公司开发了主轴监控和诊断系统(SPIDS)，传感器被直接集成到主轴中，用于碰撞检测、轴承状态诊断等；瑞士菲希尔(Fischer)公司提供面向主轴单元智能化的整套软、硬件解决方案，可以对主轴的运行状态进行监控，预测轴承的剩余使用寿命等。德国汉诺威大学[8,9]研制的智能主轴的雏形，如图 1-2(b)所示，其中集成预紧的压电作动器、测力计和特殊支撑机构可实现刀具变形补偿和振动抑制。美国桑迪亚国家实验室[10]和德国达姆施达特工业大学[11]针对智能主轴中的颤振主动控制功能相继开展了众多工作。近年来，国内在主轴设计、分析、制造和测试等方面开展了大量研究工作，国产高性能主轴开发取得了很大的进步，但与国外产品相比较，在转速、精度、可靠性、使用寿命等方面还有很大差距。在智能主轴的研究方面，国内尚处于探索研究阶段。

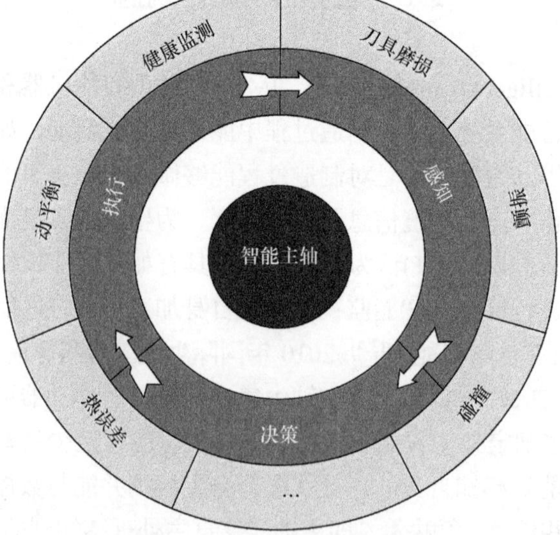

图 1-1　智能主轴功能结构

颤振主动控制是智能主轴的核心功能之一。通过动态调节系统阻尼或引入主动控制力可提高切削过程中稳定性，实现加工精度和切削效率的提升，因此国际上各大研究机构对其相继开展理论和实验研究[10-12]。

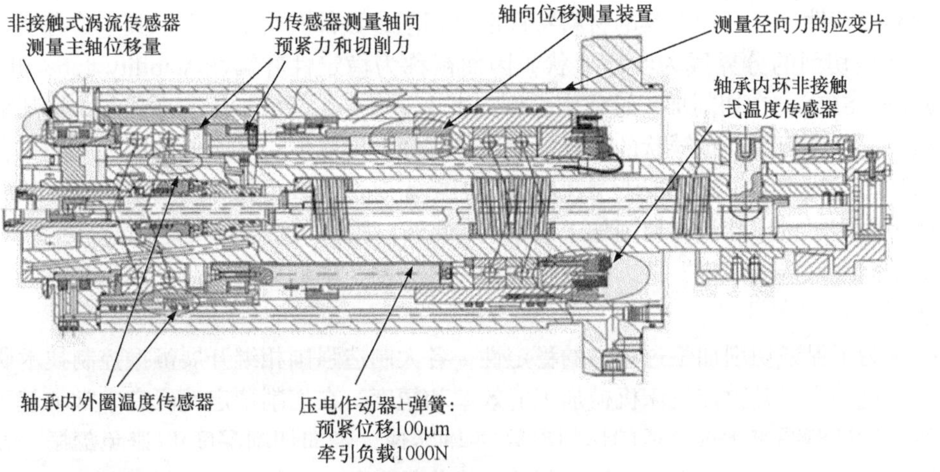

(a) 德国ISPI智能主轴内部结构

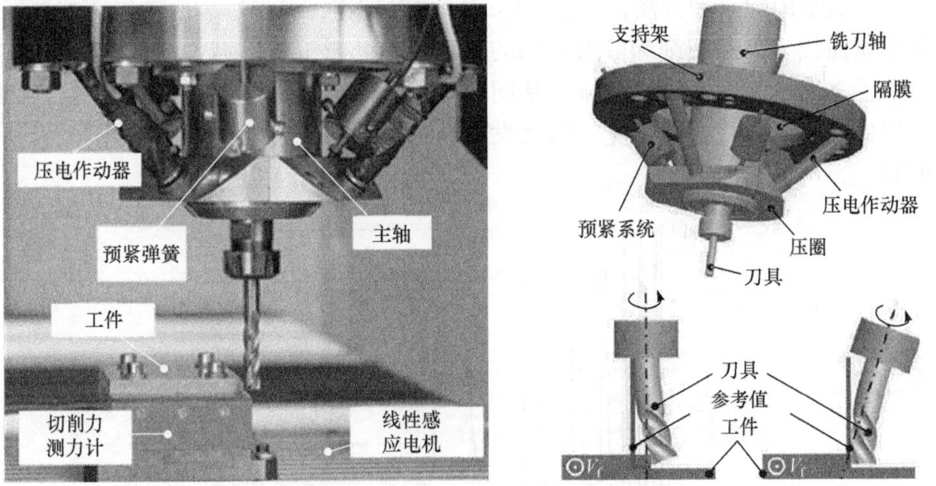

(b) 德国汉诺威大学智能主轴(V_f：进给速度)

图 1-2　智能主轴

1.2　智能主轴高速铣削颤振抑制研究进展

高速铣削作为智能制造的重要组成部分，在高效高精加工制造过程中有广泛的应用。颤振(chatter)是加工过程中的一种自激振动现象，它从切削过程(主轴驱动)中吸收能量并维持振动本身。从系统的角度来看，颤振是由于切削过程的动态特性和机床-刀具-工件系统的模态特性之间的相互作用而产生。它会对加工质量、加工效率以及加工稳定性产生严重负面影响。因此，颤振的发生与机床自身的结构刚度特性、工具和刀具的材料特性以及切削参数都有密切关系。其中稳态切削与颤振切削的分界线为叶瓣形状，因而被称为稳定性叶瓣图(stability lobe diagram，SLD)。在切削加工过程中颤振危害主要有：①降低加工表面质量，切削颤振在工件表面留下鱼鳞状的振纹，使工件表面精度降低；②降低切削加工效率，在加工过程中为了减小或者避免颤振，通常需要选择较为保守的切削用量，从而严重限制了机床性能和切削加工效率[13]。此外，颤振的发生会产生大量高频噪声，对车间环境造成污染，持续颤振将加剧刀具磨损，降低刀具寿命，严重时将产生崩刃。

为了保证切削加工过程中的稳定性，各大制造强国相继开展颤振控制技术研究以进一步提升数控机床机械加工的效率和精度。在切削稳定性研究中常常基于稳定性叶瓣图来优选合适的切削参数(主轴转速、轴向切削深度)以避免颤振，如图 1-3 所示。利用叶瓣图进行切削参数优化是工程上进行颤振控制，实现稳定切削加工最常用的一种方法，其横坐标表示主轴转速，纵坐标表示轴向切削深度，叶瓣状曲线为稳态切削和颤振切削的分界线，叶瓣下方区域为稳态切削区域，叶瓣上方区域为颤振切削区域。从图中可以看出，随着主轴转速的提升，叶瓣图的稳定区域也将变得更宽，因此发展高速切削可以将切削效率提升双倍或者更高。

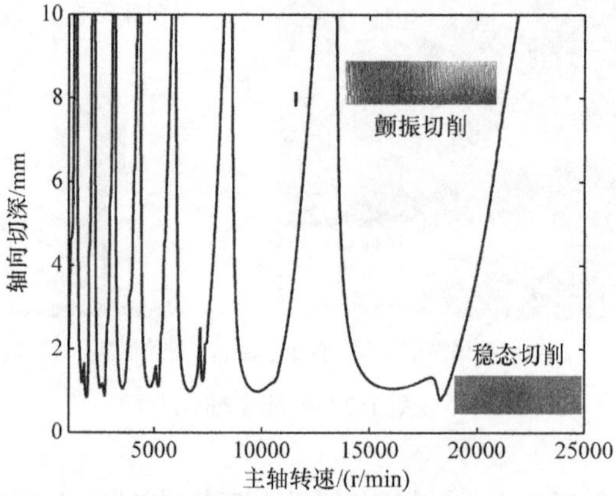

图 1-3　稳定性叶瓣图

目前，在颤振控制领域除了利用上述叶瓣图进行参数优化，其他研究主要集中在非参数优化方式：被动控制和主动控制。被动控制可进一步分为数字化被动控制和结构化被动控制，数字化被动控制不改变机床本身结构，通过在数控系统中集成切削加工优化算法，改变主轴转速控制等方式实现颤振控制。图 1-4 所示的是海德汉 TNC640 数控系统的有效颤振控制(ACC)功能[14]和马扎克智能机床第七代数控系统 SmoothX 的主动振动控制(AVC)功能[15]。根据海德汉官方资料介绍：

ACC 功能是集成于数控系统中的一个软件功能，它通过设备的测量信号检测颤振并用机床自己的进给驱动回收振动释放能量，在 ACC 功能下金属切除速度可提高 25%以上。马扎克的 AVC 原理及优缺点与海德汉类似，但这种进给驱动方式只能消除颤振频率范围在 100Hz 以内的能量，对更高频率振动减振效果不充分。结构化被动控制通过设计二级系统如调谐质量阻尼器[16,17]或一些其他阻尼系统来

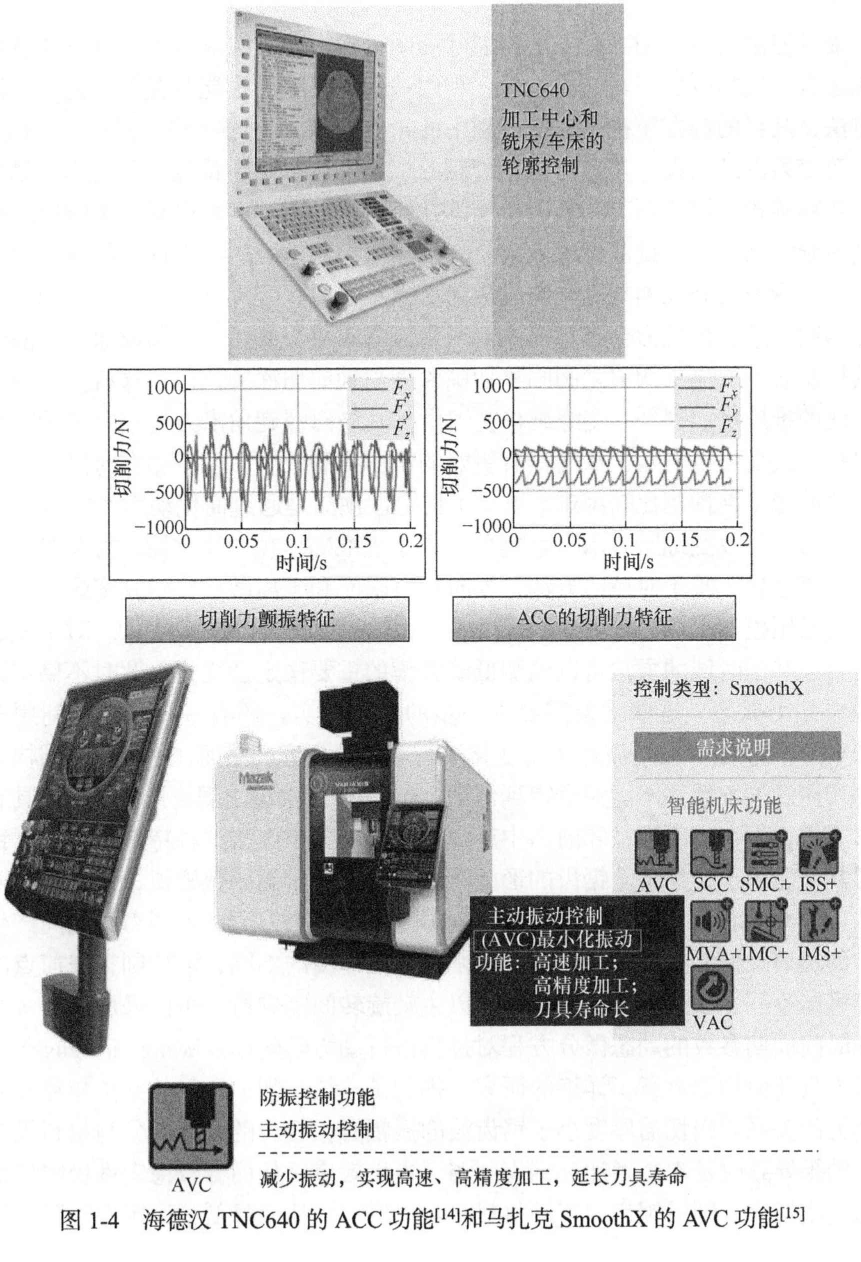

图 1-4　海德汉 TNC640 的 ACC 功能[14]和马扎克 SmoothX 的 AVC 功能[15]

吸收机床结构振动的机械能，这种方式与数字化被动控制一样无需引入外部控制力，易于实现而不破坏系统。然而，实际可实现的阻尼量是相当有限的，并且阻尼器需要占用较大的安装空间；此外吸振器需要准确地调整其固有频率，所以在变工况加工条件下的鲁棒性较差[18]。

1.2.1 智能主轴高速铣削颤振被动控制研究

被动控制是指采用某些方法扩展叶瓣图无颤振稳定区域或者改变系统特性以抑制颤振，比如改变刀具结构设计，利用一些被动阻尼吸能装置等，无论采用什么方法，其目的都在于扰乱铣削过程中的再生效应。

改变刀具结构设计是进行颤振抑制的有效方法。对于特殊刀具结构，如变螺距、变螺旋角、锯齿形刀具等，由于其几何形状的不规则可以直接影响前后两次切削时延，从而达到扰乱再生效应、实现颤振抑制的目的。在这些特殊刀具中，铣刀刀刃沿刀具周长不规则分布的称为变螺距铣刀。变螺旋角刀具常常用于铣削颤振抑制，螺旋角铣刀会在叶瓣图上产生孤岛效应，亦达到抑制颤振的目的[19]。但其抑制效果取决于两刃之间临界切削深度与轴向切深的比值，这就大大限制了该方法的推广使用[18,20]。变螺旋角铣刀由于其局部螺旋角沿刀具轴向连续变化，可以持续改变再生时延，从而具有更好的颤振抑制效果。由于存在时滞的变化，该方法的稳定性预测比较困难。第一个稳定性预测是通过简化动力学[21]和使用变螺距铣刀的等效变螺距表示[22]获得的。为了更准确地预测稳定性，需要对刀具进行轴向离散化。基于时域的方法，如时域有限元和半离散法，建立变螺距和螺旋刀具的通用模型[23,24]，基于这些模型的优化过程由遗传算法建立[25]。对于变螺旋角铣刀，基于时域的方法可以预测低阶叶瓣的重要稳定性变化，此时不稳定区会分裂成几个孤岛。这些结果需要进一步的实验证实。还有一些研究者利用多频解[26]和半离散化[24]对谐波螺旋角变化进行了理论研究。然而，这种几何结构的应用中切屑的连续性并不能完全得到保证。Stone[27]首次提出锯齿形刀具，其具有波浪形刀刃，可在局部半径和前角中产生周期性变化。由于这种特殊的外形，锯齿形刀具不能用于精加工。锯齿的形状可以由一个无量纲函数模拟，该函数有两个参数：峰-峰幅值和波长。锯齿状的切削刃可以在每个刀刃和不同刀刃之间产生不均匀的切屑几何形状。由于锯齿波振幅和进给速度的不同，沿切削刃任何点的时延都可能不同。该过程是周期性的，以主轴旋转间隔进行，可以采用具有多个时滞和时间周期参数的动态微分方程对过程进行动力学建模。Wang 和 Yang[28]对锯齿形刀具几何构型进行了详细的研究，得到了连续切削刃之间的锯齿相移和稳态切削力的关系。当切屑厚度小于锯齿波的振幅时，刀刃的某些部分与材料没有接触，结果导致时延次数增加，锯齿削弱了再生效应，从而导致稳定性极限增加。进给速度增大，则沿锯齿刀刃的材料接触也增加，从而降低了稳定性极限，使加工过程接近于常规光滑立铣刀的性能。Merdol 和 Altintas[29]对锥形锯齿形刀具进行了完整的刃口描述和详细的切削力建模。通过适当的进给设置，锯齿形刀具执行的粗加工操作需要较少的扭矩，因为较大的局部切屑厚度值导致局部比切削力减小。在选择用于难加工合金粗加工的锯齿形立铣刀的有效进给量时，需要考虑其他限制因素，如锯齿形刃口失效和大切屑载荷引起的侧面磨损。锯齿形刀具可以根据进给速度改变高速稳定区。锯齿形刀具的主要缺点是由切削刃的波纹度引起的表面光洁度差。因此，为了提高表面光洁度，一些制造商引入了梯形轮廓刀具[30]。这些刀具的性能与锯齿形刀具相似，但再生切削力的减少远远小于锯齿形刀具[27]。

阻尼减振亦可作为颤振被动抑制的有效途径。调谐质量阻尼是通过增加一个具有线性刚度和阻尼的附加质量来实现的[31]。调谐质量阻尼器最初是由 Hahn[32]在使用 Lanchester 被动阻尼器研究颤振抑制时提出的。通常，会在大模态位移的位置处添加调谐质量阻尼器，因此有限元模型通常用于计算临界模态[33,34]。Yang 等[16]采用最优的多重调谐质量阻尼器来抑制颤振。Munoa 等[35]使用可变刚度调谐质量阻尼器，并通过改变模块化夹具的动态特性来提高其动态刚度。虽然调谐质量阻尼器是一种有效的抑制颤振的方法，但其通用性仍然是一个问题。对于自适应调谐质量阻尼器，控制算法的精度也是一个挑战。此外，调谐质量阻尼器在关键位置需要很大的空间，并且当动态特性变化时，其控制效果受到限制。

1.2.2 智能主轴高速铣削颤振主动控制研究

被动控制可以提高铣削过程的稳定性极限，然而，结构或附加装置一旦确定，控制后的叶瓣图也就随之确定，不能根据具体的铣削过程来自适应地调整以适应具体工况。由于切削过程的复杂性及不确定性，没有外界能量输入的被动控制并不能表现出良好的性能。主动控制技术，通常采用带有计算机、传感器和作动器的主动减振系统，其可以改善并扩展稳定性叶瓣图以适应不同的切削条件。主动控制可以通过对切削过程进行一些必要的改变来抑制颤振。主动控制算法主要包括模型预测控制[36]、鲁棒控制[37]、自适应控制[38]等。颤振抑制主动控制通过检测机床状态来确定机床的动态行为，然后通过执行决策来调整机床的工作状态。主动抑振系统通常由监测、诊断和执行元件组成。随着计算机、传感器和作动器技术的发展，主动控制技术变得越来越重要。主动控制技术可以显著提高切削过程的稳定性。然而，这些方法要求有复杂的算法、昂贵的设备甚至是巨大的能量消耗，使得其并没有广泛应用于实际生产中。主动控制作为一种颤振控制的方法，可以满足在线控制系统的实时性要求，并可以实现高性能、高效率切削。通过将作动器[6](电致伸缩作动器[10]、主动磁力轴承[37]、压电作动器[39,40]等)集成到主轴上，主动控制系统可以改变机床动态特性，提供额外补偿切削力给主动力或者增强系统刚度来使叶瓣图稳定区域得以扩展。例如，van Dijk 等[11]采用鲁棒主动控制方法来抑制颤振，该方法可以保证切削过程的鲁棒稳定性。Zhang 等[36]利用输入约束，提出用模型预测控制方法补偿系统不确定性来抑制铣削颤振。Monnin 等[39,40]利用压电堆作动器作为主动主轴设备，采用最优控制的方法来进行颤振抑制。Rashid 和 Nicolescu[41]采用托盘夹具设备，利用滤波 X-LMS 算法进行了颤振控制。Jia 等[42]也采用滤波 X-LMS 算法进行了车削颤振控制，不过他们采用了压断作动器作为执行机构。利用压电片作为作动器，Zhang 等[38]将频域 LMS 主动控制算法应用于铣削过程，结果显示该方法将铣削颤振的能力降低了近 50%。Wang 等[43]提出了变刚度颤振抑制方法，成功地降低了 70.63%的铣削力幅值，并且讨论了不同刚度变化参数对稳定性叶瓣图的影响。Munoa 等[44,45]使用外部加速度传感器向控制回路提供反馈信号，然后使用机器自身的驱动来抑制铣削过程中颤振的发生。van Dijk 等[11]开发了一种基于鲁棒控制方法的方法，该方法使用 μ 综合来控制铣削过程中的颤振，其目的是在预定的工艺参数(如切削深度和速度)范围内保证无颤振切削。Gourc 等[46]对带有主动磁力轴承的铣削稳定性进行了建模，并对该方法进行了实验验证。他们特别指出，剧烈的强迫振动也会限制切削深度，并将这一限制整合到他们的稳定性叶瓣图计算中。Monnin 等[39,40]建议使用集成在主轴单元中的机电系统，该系统与两种不同的最优控制策略相结合，可以有效地抑制铣削颤振的发生。与传统铣削相比，主动控制作用下轴向切削深度的最小极限提高 55%，切削效率提升 91%。Wang 等[43]还将压电作动器集成到主轴中，从而使得切削系统的刚度可以发生时变，并最终抑制铣削颤振。Dohner 等[10]采用了将电致伸缩作动器放置在主轴顶端的方法，根据放置在刀具根部应变计检测到的振动信号，其控制器可以控制输出电压，从而改变执行器的输出力，达到抑制颤振的目的。实验结果表明，主动控制系统通常能使金属材料去除率提高一个数量级[47]。主动夹具系统通过影响工件与刀具的相对振动来控制颤振过程。为此，Rashid 和 Nicolescu[41]搭建了一种主动夹紧系统，该系统使用力传感器来检测加工过程中切削力的变化，并结合自适应滤波算法，控制压电驱动器的动态输出力，从而提高切削过程稳定性。Brecher 等[48]提出了一种在铣床上安装主动夹紧装置的颤振抑制方法，其设计的主动夹具由两个压电作动器控制动力轴驱动，每个动力轴都有一个位移传感器和一个力传感器，加速度信号作为反馈信号，采用闭环位置控制方法动态调整工件的位置，从而可以达到抑制颤振的目的。Sallese 等[49]设计了一种特殊的控制器，该控制器将智能夹具与低频正弦激励的闭环控制策略相结合实现了颤振抑制。采用该方法，在开槽切削试验中，轴向极限切削深度提高了 43%，验证了该方法的有效性。为了解决柔性工件的颤振问题，Parus 等[50]采用线性二次型高斯(LQG)算法和压电作动器构成一个能提高系统稳定性的主动控制系统，并通过实验验证了该控制系统的有效性。Li 等[51]使用开式控制器实现了铣削颤振在线抑制，对测力计和加速度传感器的信号进行提取，同步分析了实验数据的频域特性，然后用于评估切削过程中是否存在颤振；建立了颤振频率与主轴转速之间的关系模型，为采用主轴变转速抑制自激颤振提供了理论依据。此外，他们还设计了一种基于开放式、全模块化软件的铣削控制器，将在线参数采集和反馈控制结合起来，并在控制器中嵌入了相应的主轴转速在线抑制颤振的算法；对铝合金工件进行了在线变切削深度颤振抑制试验，确定了采用在线智能铣削控制器抑制颤振的范围。在另一种方法中，基于切削过程中产生的声音信号的反馈，Tsai 等[52,53]使用自适应主轴转速调整算法来实时抑制颤振，并利用实验验证了该方法的有效性。

1.3　高速铣削宽频颤振抑制问题

现有颤振抑制方法中，被动控制成本低，但效果不理想，无法适应复杂多变的加工环境；主动控制效果好，但铣削时延、鲁棒性等又是其限制因素。因此，本书聚焦于智能主轴高速铣削颤振抑制问题，结合作者在本领域多年的研究积累，分别从变转速、变刚度的变参数颤振抑制，离散时延、鲁棒控制、线谱控制等主动抑制角度，全面分享相关研究成果，期待能为智能主轴以及智能制造的研究起到抛砖引玉的效果。

参 考 文 献

[1] 工信部装备工业司.《中国制造 2025》解读之：推动高档数控机床发展[EB/OL]. [2016-05-12]. http://www.gov.cn/zhuanti/2016-05/12/content_5072769.htm.

[2] 国务院. 国务院关于印发"十三五"国家战略性新兴产业发展规划的通知[EB/OL]. (2016-12-20)[2020-4-20]. http://www.gov.cn/zhengce/content/2016-12/19/content_5150090.htm.

[3] 鄢萍，阎春平，刘飞，等. 智能机床发展现状与技术体系框架[J]. 机械工程学报，2013，49 (21): 1-10.

[4] NIST. Smart machine tools[EB/OL].[2003-02-18]. http://mel.nist.gov/proj/smt.htm.

[5] Abele E, Altintas Y, Brecher C. Machine tool spindle units[J]. CIRP Annals-Manufacturing Technology, 2010, 59 (2): 781-802.

[6] Cao H R, Zhang X W, Chen X F. The concept and progress of intelligent spindles: A review[J]. International Journal of Machine Tools & Manufacture, 2017, 112: 21-52.

[7] European Mechatroics and Intelligent Manufacturing. European mechatronics for a new generation of production systems[EB/OL].[2016-04-03]. http://www.eumecha.org/fp6.about.htm.

[8] Denkena B, Möhring H C, Will J C. Tool deflection compensation with an adaptronic milling spindle: Conference on Smart Machining Systems (ICSMS), Gaithersburg Maryland, USA, 2007[C]. Maryland: University of Maryland Press, 2007: 17-35.

[9] Denkena B, Gümmer O. Process stabilization with an adaptronic spindle system[J]. Production

Engineering, 2012, 6 (4-5): 485-492.

[10] Dohner J L, Lauffer J P, Hinnerichs T D, et al. Mitigation of chatter instabilities in milling by active structural control[J]. Journal of Sound and Vibration, 2004, 269 (1-2): 197-211.

[11] van Dijk N J M, van de Wouw N, Doppenberg E J J, et al. Robust active chatter control in the high-speed milling process[J]. IEEE Transactions on Control Systems Technology, 2012, 20 (4): 901-917.

[12] Lu X, Chen F, Altintas Y. Magnetic actuator for active damping of boring bars[J]. CIRP Annals-Manufacturing Technology, 2014, 63 (1): 369-372.

[13] 罗作国. 切削颤振辨识及主动抑制策略的研究[D]. 武汉：华中科技大学, 2007: 11-29.

[14] 海德汉．CNC 控制器：动态高效率，即高效且可靠地加工[EB/OL].[2013-10-09]. https://www.heidenhain.com.cn/zh_CN/产品与应用/cnc 控制器/dynamic-efficiency/.

[15] 马扎克. Mazatrol Smooth 技术包含 SmoothX，SmoothG 和 SmoothC[EB/OL].[2017-12-20]. https://www.mazak.com.cn/machines/technology/cyber-machine/.

[16] Yang Y, Munoa J, Altintas Y. Optimization of multiple tuned mass dampers to suppress machine tool chatter[J]. International Journal of Machine Tools & Manufacture, 2010, 50 (9): 834-842.

[17] Zuo L, Nayfeh S A. The Two-degree-of-freedom tuned-mass damper for suppression of single-mode vibration under random and harmonic excitation[J]. Journal of Vibration and Acoustics, 2005, 128 (1): 56-65.

[18] Munoa J, Beudaert X, Dombovari Z, et al. Chatter suppression techniques in metal cutting[J]. CIRP Annals-Manufacturing Technology, 2016, 65 (2): 785-808.

[19] Insperger T, Muñoa J, Zatarain M, et al.Unstable islands in the stability chart of milling processes due to the helix angle: CIRP - 2nd International Conference on High Performance Cutting (HPC), Beijing, China, 2006[C]. Beijing: Beihang Univeristy Press, 2006: 12-13.

[20] Zatarain M, Munoa J, Peigne G, et al. Analysis of the influence of mill helix angle on chatter stability[J]. CIRP Annals-Manufacturing Technology, 2006, 55 (1): 365-368.

[21] Turner S, Merdol D, Altintas Y, et al. Modelling of the stability of variable helix end mills[J]. International Journal of Machine Tools & Manufacture, 2007, 47 (9): 1410-1416.

[22] Tlusty J, Ismail F, Zaton W. Use of special milling cutters against chatter: North American Manufacturing Research Conference (NAMRC), Madison WI, USA, 1983[C]. Wisconsin: University of Wisconsin Press,1983: 408-415.

[23] Sims N D, Mann B, Huyanan S. Analytical prediction of chatter stability for variable pitch and variable helix milling tools[J]. Journal of Sound and Vibration, 2008, 317 (3-5): 664-686.

[24] Dombovari Z, Stepan G. The effect of helix angle variation on milling stability[J]. Journal of Manufacturing Science and Engineering-Transactions of the ASME, 2012, 134 (5):1-7.

[25] Yusoff A R, Sims N D. Optimisation of variable helix tool geometry for regenerative chatter mitigation[J]. International Journal of Machine Tools & Manufacture, 2011, 51 (2): 133-141.

[26] Otto A, Radons G. Frequency domain stability analysis of milling processes with variable helix tools: International Conference on High Speed Machining, San Sebastian, Spain, 2012[C]. Barcelona: Autononmous University of Barcelona Press, 2012.

[27] Stone B. Chatter and Machine Tools[M]: New York: Springer, 2014: 26-58.

[28] Wang J J J, Yang C S. Angle and frequency domain force models for a roughing end mill with a sinusoidal edge profile[J]. International Journal of Machine Tools & Manufacture, 2003, 43 (14): 1509-1520.

[29] Merdol S D, Altintas Y. Mechanics and dynamics of serrated cylindrical and tapered end mills[J]. Journal of Manufacturing Science and Engineering-Transactions of the ASME, 2004, 126 (2): 317-326.

[30] Pye C J, Stone B J. A critical comparison of some high performance milling cutters: International Conference on Manufacturing Engineering, Melbourne, Australia, 1980[C]. Melbourne: University of New South Wales Press, 1980: 11-15.

[31] Bolsunovsky S, Vermel V, Gubanov G, et al. Reduction of flexible workpiece vibrations with dynamic support realized as tuned mass damper[C]//Settineri L. 14th CIRP Conference on Modeling of Machining Operations. Burlington: Elsevier Butterworth-Heinemann, 2013: 230-234.

[32] Hahn R S. Design of Lanchester damper for elimination of metal-cutting chatter[J]. Journal of Engineering for Industry, 1951, 73 (3): 331-335.

[33] Ewins D J. Modal Testing: Theory and Practice[M]. Letchworth: Research Studies Press, 1984: 37-89.

[34] Garitaonandia I, Albizuri J, Hernandez J M, et al. Modeling procedure of a machining center using updating techniques and substructure synthesis: International Conference on Noise and Vibration Engineering (ISMA)/Conference of USD Leuven, Brussels, Belgium, 2010[C]. Brussels: Catholic University of Leuven Press, 2010: 3815-3827.

[35] Munoa J, Iglesias A, Olarra A, et al. Design of self-tuneable mass damper for modular fixturing systems[J]. CIRP Annals-Manufacturing Technology, 2016, 65 (1): 389-392.

[36] Zhang H T, Wu Y, He D, et al. Model predictive control to mitigate chatters in milling processes with input constraints[J]. International Journal of Machine Tools & Manufacture, 2015, 91: 54-61.

[37] Huang T, Chen Z, Zhang H T, et al. Active control of an active magnetic bearings supported spindle for chatter suppression in milling process[J]. Journal of Dynamic Systems Measurement and Control-Transactions of the ASME, 2015, 137 (11):103-114.

[38] Zhang X, Wang C, Gao R X, et al. A Novel hybrid error criterion-based active control method for on-line milling vibration suppression with piezoelectric actuators and sensors[J]. Sensors, 2016, 16 (1): 68-80.

[39] Monnin J, Kuster F, Wegener K. Optimal control for chatter mitigation in milling-Part 1: Modeling and control design[J]. Control Engineering Practice, 2014, 24: 156-166.

[40] Monnin J, Kuster F, Wegener K. Optimal control for chatter mitigation in milling-Part 2: Experimental validation[J]. Control Engineering Practice, 2014, 24: 167-175.

[41] Rashid A, Nicolescu C M. Active vibration control in palletised workholding system for milling[J]. International Journal of Machine Tools & Manufacture, 2006, 46 (12-13): 1626-1636.

[42] Jia Z M, Xiang Y K, Ji-Huan G E, et al. Design and experimental study of cutting chatter control system based on Filtered-X LMS[J]. Machine Tool & Hydraulics, 2017, 45 (6): 100-118.

[43] Wang C, Zhang X, Liu Y, et al. Stiffness variation method for milling chatter suppression via piezoelectric stack actuators[J]. International Journal of Machine Tools & Manufacture, 2018, 124: 53-66.

[44] Munoa J, Mancisidor I, Loix N, et al. Chatter suppression in ram type travelling column milling machines using a biaxial inertial actuator[J]. CIRP Annals-Manufacturing Technology, 2013, 62 (1): 407-410.

[45] Munoa J, Beudaert X, Erkorkmaz K, et al. Active suppression of structural chatter vibrations using machine drives and accelerometers[J]. CIRP Annals-Manufacturing Technology, 2015, 64 (1): 385-388.

[46] Gourc E, Seguy S, Arnaud L. Chatter milling modeling of active magnetic bearing spindle in high-speed domain[J]. International Journal of Machine Tools & Manufacture, 2011, 51(12): 928-936.

[47] Yue C, Gao H, Liu X, et al. A review of chatter vibration research in milling[J]. Chinese Journal of Aeronautics, 2019, 32 (2): 215-242.

[48] Brecher C, Manoharan D, Ladra U, et al. Chatter suppression with an active workpiece holder[J]. Production Engineering, 2010, 4 (2-3): 239-245.

[49] Sallese L, Innocenti G, Grossi N, et al. Mitigation of chatter instabilities in milling using an active fixture with a novel control strategy[J]. International Journal of Advanced Manufacturing Technology, 2017, 89 (9-12): 2771-2787.

[50] Parus A, Powalka B, Marchelek K, et al. Active vibration control in milling flexible workpieces[J]. Journal of Vibration and Control, 2013, 19 (7): 1103-1120.

[51] Li M, Han Z, Fu H, et al. Online milling chatter suppression based on open architecture controller[J]. Journal of Mechanical Engineering, 2012, 48 (17): 172-182.

[52] Tsai N C, Chen D C, Lee R M. Chatter prevention and improved finish of workpiece for a milling process[J]. Proceedings of the Institution of Mechanical Engineers Part B-Journal of Engineering Manufacture, 2010, 224 (B4): 579-588.

[53] Tsai N C, Chen D C, Lee R M. Chatter prevention for milling process by acoustic signal feedback[J]. International Journal of Advanced Manufacturing Technology, 2010, 47(9-12): 1013-1021.

第 2 章　高速铣削动力学建模

2.1　引　言

动力学建模是开展铣削颤振抑制的基础，准确掌握铣削颤振动力学变化规律是进行抑制的关键，因此本章从常规的两自由度直齿铣刀铣削颤振动力学模型、螺旋铣刀铣削颤振动力学模型、铣削过程切削力模型、铣削稳定性分析多个角度深入研究建模方法以及特性分析，为开展颤振抑制提供充足的先验知识。

2.2　两自由度铣削再生颤振动力学模型

两自由度铣削再生颤振动力学模型是工程中相对应用较为广泛的铣削模型，本节针对直齿铣刀和螺旋铣刀分别展开动力学模型构建与分析。

2.2.1　直齿铣刀铣削动力学建模

对于刚性较好的工件，通常将铣刀在进给方向 x 和法向 y 简化为柔性，具备两个自由度，而工件自身视为刚性。图 2-1 是 Altintas 和 Budak[1]提出的两自由度(2-DOF)铣削再生颤振动力学模型。

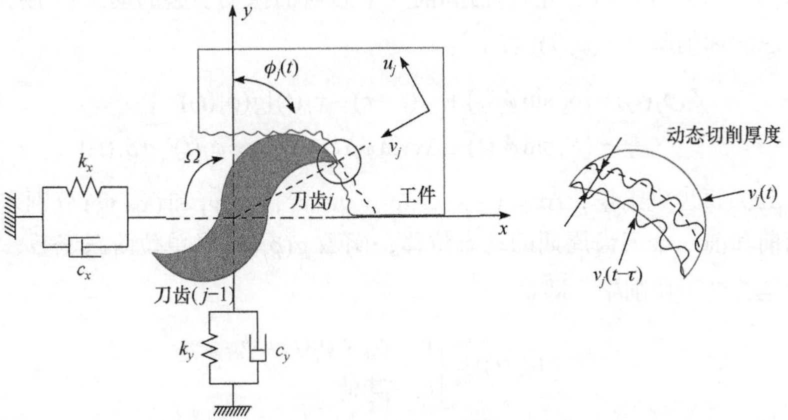

图 2-1　2-DOF 铣削再生颤振动力学模型

在切削力的激励下，两自由度系统的动力学方程如下：

$$\boldsymbol{M}\ddot{\boldsymbol{X}}(t)+\boldsymbol{C}\dot{\boldsymbol{X}}(t)+\boldsymbol{K}\boldsymbol{X}(t)=\boldsymbol{F}(t) \tag{2-1}$$

式中

$$\boldsymbol{X}(t)=\begin{bmatrix}x(t)\\y(t)\end{bmatrix},\quad \boldsymbol{F}(t)=\begin{bmatrix}F_x(t)\\F_y(t)\end{bmatrix} \tag{2-2}$$

$\boldsymbol{M}$ 、$\boldsymbol{C}$ 和 $\boldsymbol{K}$ 分别代表系统模态质量、阻尼和刚度矩阵；$\boldsymbol{X}(t)$ 为位移向量；$\boldsymbol{F}(t)$ 为切削力向量。假设刀具结构对称，则各模态矩阵为对角阵并且具有相同的值。事实上，由于螺旋槽的存在，刀具并不是完全对称的，因此模态矩阵也不是完全的对角阵。但是由于铣刀处于旋转工作状态下，完全准确的模态矩阵是周期时变的，此时可以将刀具考虑为对称结构，从而将模态矩阵的交叉项忽略[2]。

假定铣刀具有 N_{T} 个刀齿，其螺旋角为零，切削力在进给方向 x 和法向 y 激励系统结构，分别引起动态位移 x 和 y 。动态位移经过坐标变换得到刀齿 j 在径向或切削厚度方向的动态位移为

$$v_j(t)=-x(t)\sin\phi_j(t)-y(t)\cos\phi_j(t) \tag{2-3}$$

式中，v_j 为第 j 个刀齿的运动轨迹；$\phi_j(t)$ 为刀齿 j 的瞬时接触角，如果主轴以速度 $\Omega(\mathrm{r/min})$ 旋转，$\phi_j(t)$ 随时间的变化为

$$\phi_j(t)=(2\pi\Omega/60)t+2\pi(j-1)/N_{\mathrm{T}} \tag{2-4}$$

假设刀齿周期为 $\tau=60/(N_{\mathrm{T}}\Omega)$ ，前一个刀齿 $(j-1)$ 引起的径向动态位移为

$$v_j(t-\tau)=-x(t-\tau)\sin\phi_j(t)-y(t-\tau)\cos\phi_j(t) \tag{2-5}$$

最终，切削厚度分为两部分，一部分是刀具作为刚体运动时的静态切削厚度 $S_z\sin\phi_j(t)$ ，另一部分是当前刀齿和前一个刀齿的振动引起的动态切削厚度变化部分，总的切削厚度 $S(\phi_j(t))$ 表示为

$$\begin{aligned}S(\phi_j(t))&=[S_z\sin\phi_j(t)+v_j(t-\tau)-v_j(t)]g(\phi_j(t))\\&=[S_z\sin\phi_j(t)+\Delta x\sin\phi_j(t)+\Delta y\cos\phi_j(t)]g(\phi_j(t))\end{aligned} \tag{2-6}$$

式中，S_z 为每齿进给量，$\Delta x=x-x_0$ ，$\Delta y=y-y_0$ ；(x,y) 和 (x_0,y_0) 分别表示刀具结构当前和前一个刀齿周期的动态位移；函数 $g(\phi_j(t))$ 是单位阶跃函数，用于描述刀齿是否处于切削中，即

$$g(\phi_j(t))=\begin{cases}1, & \phi_{\mathrm{st}}<\phi_j(t)<\phi_{\mathrm{ex}}\\0, & 其他\end{cases} \tag{2-7}$$

式中，ϕ_{st} 和 ϕ_{ex} 分别为切入角和切出角。对于顺铣(down-milling)和逆铣(up-milling)，这两个角度分别定义为

$$\begin{cases}\phi_{\mathrm{st}} = \arccos\left(\dfrac{2a}{D_{\mathrm{T}}}-1\right), \phi_{\mathrm{ex}} = \pi, & \text{顺铣} \\ \phi_{\mathrm{st}} = 0, \phi_{\mathrm{ex}} = \arccos\left(1-\dfrac{2a}{D_{\mathrm{T}}}\right), & \text{逆铣}\end{cases} \tag{2-8}$$

式中，a 为径向切深；D_{T} 为刀具直径。作用在刀齿 j 上的切向切削力 $F_{\mathrm{t}j}$ 和径向切削力 $F_{\mathrm{r}j}$ 与轴向切深 b 及切削厚度 S 成正比，即

$$F_{\mathrm{t}j} = \xi_{\mathrm{t}} bS(\phi_j(t)), \quad F_{\mathrm{r}j} = \xi_{\mathrm{n}} bS(\phi_j(t)) \tag{2-9}$$

式中，切向切削力系数 ξ_{t} 和法向切削力系数 ξ_{n} 为常数，可通过测力计测量获得。将切削力在 x 和 y 方向进行分解得

$$\begin{aligned} F_{xj} &= F_{\mathrm{t}j}\cos\phi_j(t) + F_{\mathrm{r}j}\sin\phi_j(t) \\ F_{yj} &= -F_{\mathrm{t}j}\sin\phi_j(t) + F_{\mathrm{r}j}\cos\phi_j(t) \end{aligned} \tag{2-10}$$

将作用在 N_{T} 个刀齿上的切削力叠加，得到整个刀具受的总切削力为

$$\begin{aligned} F_x(t) &= \sum_{j=1}^{N_{\mathrm{T}}} F_{xj}(t) = \sum_{j=1}^{N_{\mathrm{T}}} [\xi_{\mathrm{t}}\cos\phi_j(t) + \xi_{\mathrm{n}}\sin\phi_j(t)] bS(\phi_j(t)) \\ F_y(t) &= \sum_{j=1}^{N_{\mathrm{T}}} F_{yj}(t) = \sum_{j=1}^{N_{\mathrm{T}}} [-\xi_{\mathrm{t}}\sin\phi_j(t) + \xi_{\mathrm{n}}\cos\phi_j(t)] bS(\phi_j(t)) \end{aligned} \tag{2-11}$$

将式(2-6)代入式(2-11)，则式(2-1)可写作

$$\boldsymbol{M}\ddot{\boldsymbol{X}}(t) + \boldsymbol{C}\dot{\boldsymbol{X}}(t) + \boldsymbol{K}\boldsymbol{X}(t) = b\boldsymbol{H}(t)[\boldsymbol{X}(t-\tau) - \boldsymbol{X}(t)] + \boldsymbol{F}_{\mathrm{S}}(t) \tag{2-12}$$

式中，切削力变化矩阵 $\boldsymbol{H}(t)$ 为

$$\begin{aligned} h_{xx}(t) &= \sum_{j=1}^{N_{\mathrm{T}}} g(\phi_j(t))[\xi_{\mathrm{t}}\cos\phi_j(t) + \xi_{\mathrm{n}}\sin\phi_j(t)]\sin\phi_j(t) \\ h_{xy}(t) &= \sum_{j=1}^{N_{\mathrm{T}}} g(\phi_j(t))[\xi_{\mathrm{t}}\cos\phi_j(t) + \xi_{\mathrm{n}}\sin\phi_j(t)]\cos\phi_j(t) \\ h_{yx}(t) &= \sum_{j=1}^{N_{\mathrm{T}}} g(\phi_j(t))[-\xi_{\mathrm{t}}\sin\phi_j(t) + \xi_{\mathrm{n}}\cos\phi_j(t)]\sin\phi_j(t) \\ h_{yy}(t) &= \sum_{j=1}^{N_{\mathrm{T}}} g(\phi_j(t))[-\xi_{\mathrm{t}}\sin\phi_j(t) + \xi_{\mathrm{n}}\cos\phi_j(t)]\cos\phi_j(t) \end{aligned} \tag{2-13}$$

$$\boldsymbol{H}(t) = \begin{bmatrix} h_{xx}(t) & h_{xy}(t) \\ h_{yx}(t) & h_{yy}(t) \end{bmatrix} \tag{2-14}$$

静态切削力 $\boldsymbol{F}_{\mathrm{S}}(t)$ 为

$$\boldsymbol{F}_{\mathrm{S}}(t) = bS_z \begin{bmatrix} h_{xx}(t) \\ h_{yx}(t) \end{bmatrix} \tag{2-15}$$

刀具位移 $\boldsymbol{X}(t)$ 可以分解为无颤振稳态位移和颤振摄动位移， $\boldsymbol{F}_{\mathrm{S}}(t)$ 是周期等于 τ 的静态切削力，使得刀具发生强迫运动进而发生无颤振稳态位移，其对系统的稳定性不会造成影响；动态切削力 $\boldsymbol{F}_{\mathrm{D}}(t)=b\boldsymbol{H}(t)[\boldsymbol{X}(t-\tau)-\boldsymbol{X}(t)]$ 中包含时延项，使得刀具发生颤振摄动位移，从而将对系统稳定性产生巨大影响[2]。当轴向切深 b 较小时，动态切削力较小，不会影响系统稳定性；随着轴向切深 b 的增大，动态切削力增大导致位移 $\boldsymbol{X}(t)$ 急剧增加，系统失稳，进而发生切削颤振。因此，颤振发生的原因来自动态切削力而非静态切削力。如果从再生颤振原理上来分析，当刀齿前后运动轨迹 $v_j(t)$ 和 $v_j(t-\tau)$ 互相平行，即二者相位差为 0 或 2π 时，总切削厚度为静态切削厚度，此时不存在颤振，振动波纹仅由切削过程中的强迫振动引起，静态切削厚度的周期性变化导致铣削力以铣削频率呈周期性变化。当 $v_j(t)$ 和 $v_j(t-\tau)$ 的相位差不为 0 或 2π 时，总切削厚度中将包含再生振动导致的动态切削厚度，新的周期性振动 Δx 和 Δy 将叠加在原来的振动上，随之动态切削力也连续增加，一旦突破系统稳定性边界，将最终引发颤振。在发生切削颤振时，可以听到尖锐的噪声，振动加速度幅值明显增大，并在工件表面留下鱼鳞状振纹。

2.2.2 螺旋铣刀铣削动力学建模

对于螺旋铣刀，考虑刀具在 x 方向和 y 方向为柔性、工件为刚性的前提下，Schmitz 等[3]对螺旋铣刀铣削过程进行微元分析，并建立两自由度铣削动力学模型，其动力学方程为

$$\begin{aligned}&\boldsymbol{M}\ddot{\boldsymbol{X}}(t)+\boldsymbol{C}\dot{\boldsymbol{X}}(t)+\boldsymbol{K}\boldsymbol{X}(t)\\&=\boldsymbol{H}^*(t)[\boldsymbol{X}(t-\tau)-\boldsymbol{X}(t)]+\boldsymbol{F}_{\mathrm{S}}^*(t)\end{aligned}\tag{2-16}$$

式中， $\boldsymbol{H}^*(t)$ 是切削力系数变化项； $\boldsymbol{F}_{\mathrm{S}}^*(t)$ 为静态力项。

首先对螺旋铣刀进行微元分析，螺旋铣刀铣削部分沿竖直方向划分为 $N_{\mathrm{b}}+1$ 个微元，如图 2-2 所示，假设刀具直径为 D_{T} ，螺旋角为 ϕ_{h} ，轴向切深 b 被离散。轴向切深 b 表示为

$$b=\Delta b\cdot N_{\mathrm{b}}+b_{\mathrm{res}}\tag{2-17}$$

其中

$$\Delta b=\frac{D_{\mathrm{T}}\cdot\Delta\phi}{2\tan\phi_{\mathrm{h}}}\tag{2-18}$$

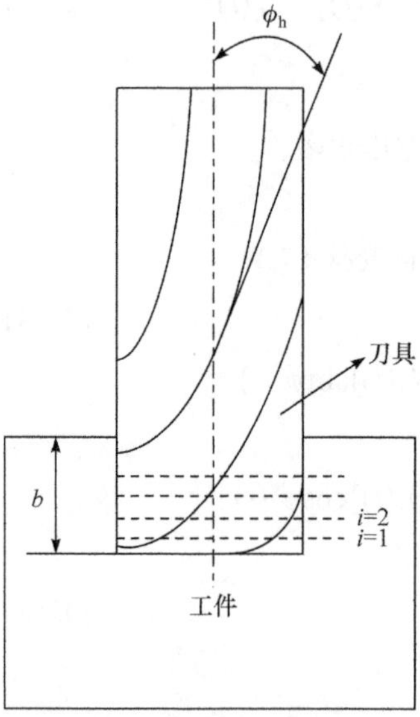

图 2-2　螺旋铣刀微元模型

$$\Delta\phi = \frac{2\pi \cdot \Omega}{60} \cdot \Delta t = \frac{2\pi \cdot \Omega}{60} \cdot \frac{60}{\Omega \cdot N_{\mathrm{T}} \cdot N_{\mathrm{Tp}}} = \frac{2\pi}{N_{\mathrm{T}} \cdot N_{\mathrm{Tp}}} \tag{2-19}$$

式中，$\Delta\phi$ 为每个离散切深 Δb 所对应的转角；Ω 为主轴转速；N_{T} 为螺旋铣刀刀齿数目；N_{b} 为 $b / \Delta b$ 所得的整数部分；b_{res} 为轴向切深 b 减去 $\Delta b \cdot N_{\mathrm{b}}$ 的余数；N_{Tp} 表示刀齿切削周期离散个数，即 $T = N_{\mathrm{Tp}} \Delta t$ 。

瞬时切削厚度为

$$S_{i,j}(t) = S_z \sin(\phi_{i,j}(t)) + \begin{bmatrix} \sin(\phi_{i,j}(t)) & \cos(\phi_{i,j}(t)) \end{bmatrix} \begin{bmatrix} x(t) - x(t-T) \\ y(t) - y(t-T) \end{bmatrix} \tag{2-20}$$

式中，$\phi_{i,j}(t)$ 为刀齿位置，其表达式如下：

$$\phi_{i,j}(t) = (2\pi\Omega / 60)t + 2\pi(j-1) \cdot / N_{\mathrm{T}} - (i-1)(2\Delta b \tan\phi_{\mathrm{h}} / D_{\mathrm{T}}) \tag{2-21}$$

则在第 i 个圆盘的第 j 个刀齿上产生切削力大小为

$$\begin{bmatrix} F_{t,i,j} \\ F_{r,i,j} \end{bmatrix} = b_i \left\{ \begin{bmatrix} \xi_{\mathrm{tc}} \\ \xi_{\mathrm{nc}} \end{bmatrix} S_{i,j}(t) + \begin{bmatrix} \xi_{\mathrm{te}} \\ \xi_{\mathrm{ne}} \end{bmatrix} \right\} \tag{2-22}$$

其中，$b_i = \Delta b,\ i = 1, 2, \cdots, N_{\mathrm{b}}$ ，且 $b_{N_{\mathrm{b}}+1} = b_{\mathrm{res}}$ ；ξ_{tc} 为切向剪切力系数；ξ_{nc} 为径向剪切力系数；ξ_{te} 为切向刃口力系数；ξ_{ne} 为径向刃口力系数。

铣刀所受合力为

$$\begin{bmatrix} F_x(t) \\ F_y(t) \end{bmatrix} = \sum_{j=1}^{N_{\mathrm{T}}} g(\phi_{i,j}(t)) \begin{bmatrix} -\cos\phi_{i,j}(t) & -\sin\phi_{i,j}(t) \\ \sin\phi_{i,j}(t) & -\cos\phi_{i,j}(t) \end{bmatrix} \begin{bmatrix} F_{t,i,j} \\ F_{r,i,j} \end{bmatrix} \tag{2-23}$$

由此得出式(2-16)中 $\boldsymbol{H}^*(t)$ 和 $\boldsymbol{F}_{\mathrm{S}}^*(t)$:

$$\boldsymbol{H}^*(t) = \sum_{i=1}^{N_{\mathrm{b}}+1} \sum_{j=1}^{N_{\mathrm{T}}} g(\phi_{i,j}(t)) \cdot b_i \begin{bmatrix} -\xi_{\mathrm{tc}} s_{i,j} c_{i,j} - \xi_{\mathrm{rc}} s_{i,j}^2 & \xi_{\mathrm{tc}} c_{i,j}^2 - \xi_{\mathrm{rc}} s_{i,j} c_{i,j} \\ \xi_{\mathrm{tc}} s_{i,j}^2 - \xi_{\mathrm{rc}} s_{i,j} c_{i,j} & \xi_{\mathrm{tc}} s_{i,j} c_{i,j} - \xi_{\mathrm{rc}} c_{i,j}^2 \end{bmatrix} \tag{2-24}$$

$$\boldsymbol{F}_{\mathrm{S}}^*(t) = \sum_{i=1}^{N_{\mathrm{b}}+1} \sum_{j=1}^{N_{\mathrm{T}}} g(\phi_{i,j}(t)) \cdot b_i \left\{ S_z \cdot \begin{bmatrix} -\xi_{\mathrm{tc}} s_{i,j} c_{i,j} - \xi_{\mathrm{rc}} c_{i,j}^2 \\ \xi_{\mathrm{tc}} s_{i,j}^2 - \xi_{\mathrm{rc}} s_{i,j} c_{i,j} \end{bmatrix} + \begin{bmatrix} -\xi_{\mathrm{te}} c_{i,j} - \xi_{\mathrm{re}} s_{i,j} \\ \xi_{\mathrm{te}} s_{i,j} - \xi_{\mathrm{re}} c_{i,j} \end{bmatrix} \right\} \tag{2-25}$$

式中，$s_{i,j}$ 为 $\sin(\phi_{i,j}(t))$ ；$c_{i,j}$ 为 $\cos(\phi_{i,j}(t))$ 。

2.3　铣削过程切削力模型

根据直齿铣刀铣削动力学模型与螺旋铣刀铣削动力学模型，系统的刚度、阻尼、质量均可由系统设计参数或者实验测试得到，而切削力则成为影响系统模型与分析结果的重要因素，因此，针对铣削过程的切削力，从静态、动态切削力建模以及时变切削力识别角度进行系统论述。

2.3.1 铣削过程静态切削力建模

铣削是一种用单齿或多齿刀具进行的断续切削。每个铣刀齿经过一个次摆线路径，产生间断的厚度周期性变化的切屑。假定某把立铣刀的螺旋角为 ϕ_h 、直径为 D_T 、刀齿数目为 N_T 、轴向切削深度 b 等都为常数，接触角从法向轴 y 顺时针测量。沿铣刀轴线方向将铣刀分割成 N_b 个切削刃微元，每个微元高度为 $\Delta b = b/N_b$ 。

假定某一槽底部端点的参考接触角为 ϕ_0 ，则螺旋槽 j 底部端点的接触角为

$$\phi_{j0} = \phi_0 + j\phi_p,\ \ j = 0,1,2,\cdots,N_T - 1 \tag{2-26}$$

式中， $\phi_p = \dfrac{2\pi}{N_T}$ ，为刀具齿间角。

在轴向切削深度为 z 处的滞后角为

$$\psi = \frac{2\tan\phi_h}{D_T} z \tag{2-27}$$

因此，第 j 个刀齿上第 l 个切削刃微元处的瞬时径向接触角为

$$\phi_{jl}(z) = \phi_0 + j\phi_p - \psi \tag{2-28}$$

采用瞬时刚性力模型，作用在高度为 Δb 的螺旋槽微元上的切向和径向切削力可以表示为

$$\begin{cases} F_{s,t,jl}(\phi_{jl}) = g(\phi_{jl})\left[\xi_{tc} S_s(\phi_{jl}) + \xi_{te}\right]\Delta b \\ F_{s,n,jl}(\phi_{jl}) = g(\phi_{jl})\left[\xi_{nc} S_s(\phi_{jl}) + \xi_{ne}\right]\Delta b \end{cases} \tag{2-29}$$

式中， ξ_{tc} 、 ξ_{nc} 、 ξ_{te} 、 ξ_{ne} 的定义与(2-22)相同； $S_s(\phi_{jl})$ 为静态切削厚度； $g(\phi_{jl})$ 为单位阶跃函数。

$S_s(\phi_{jl})$ 具体形式如下：

$$S_s(\phi_{jl}) = S_z \sin\phi_{jl} \tag{2-30}$$

式中， S_z 为齿进给量。

$g(\phi_{jl})$ 用于表示当前切削刃微元是否参与切削

$$g(\phi_{jl})=\begin{cases}1, & \phi_{st}<\phi_{jl}(t)<\phi_{ex}\\ 0, & 其他\end{cases} \tag{2-31}$$

式中，ϕ_{st} 为切入角；ϕ_{ex} 为切出角。对于顺铣和逆铣，切入角和切出角定义如式(2-8)所示。

切削力的方向与沿刀具轴向的位置有关。通过下列变换可以将微元力分解到进给和法向

$$\begin{cases}F_{s,x,jl}(\phi_{jl})=-F_{s,t,jl}\cos\phi_{jl}-F_{s,n,jl}\sin\phi_{jl}\\ F_{s,y,jl}(\phi_{jl})=F_{s,t,jl}\cos\phi_{jl}-F_{s,n,jl}\sin\phi_{jl}\end{cases} \tag{2-32}$$

通过沿轴向积分和对每个刀齿求和，可得到作用于整个铣刀的进给和法线方向上的瞬时切削力

$$\begin{cases}F_{s,x}=\sum_{j=0}^{N_T-1}\sum_{l=1}^{N_b}(-F_{s,t,jl}\cos\phi_{jl}-F_{s,n,jl}\sin\phi_{jl})\\ F_{s,y}=\sum_{j=0}^{N_T-1}\sum_{l=1}^{N_b}(F_{s,t,jl}\cos\phi_{jl}-F_{s,n,jl}\sin\phi_{jl})\end{cases} \tag{2-33}$$

将式(2-29)和式(2-32)代入式(2-33)，可得

$$\begin{bmatrix}F_{s,x}\\ F_{s,y}\end{bmatrix}=\sum_{j=0}^{N_T-1}\sum_{l=1}^{N_b}\left\{\Delta b\begin{bmatrix}-(\xi_{tc}S_s(\phi_{jl})+\xi_{te})\cos\phi_{jl}-(\xi_{nc}S_s(\phi_{jl})+\xi_{ne})\sin\phi_{jl}\\ (\xi_{tc}S_s(\phi_{jl})+\xi_{te})\cos\phi_{jl}-(\xi_{nc}S_s(\phi_{jl})+\xi_{ne})\sin\phi_{jl}\end{bmatrix}g(\phi_{jl})\right\} \tag{2-34}$$

2.3.2　铣削过程动态切削力建模

当铣削过程发生颤振时，通常会引起刀具或者工件的剧烈振动，甚至颤振剧烈变形，此时静态铣削力模型无法准确地描述铣削过程。因此，有必要对铣削加工过程进行动态切削力建模。

在铣削过程动态铣削力建模中，假定某把立铣刀的螺旋角 ϕ_h、直径 D_T、刀齿数目 N_T、轴向切削深度 b 等都为常数，接触角从法向轴 y 顺时针测量。沿铣刀轴线方向将铣刀分割成 N_b 层切削刃微元，每个微元高度为 $\Delta b=b/N_b$。第 l 层切削刃微元的切削力在进给方向 x 和法向 y 激励系统结构，分别引起动态位移 $X_{xl}(t)$ 和 $X_{yl}(t)$。动态位移经过坐标变换得到刀齿 j 在第 l 层切削刃微元的径向或切削厚度方向的动态位移

$$v_{jl}(t)=-X_{xl}(t)\sin\phi_{jl}(t)-X_{yl}(t)\cos\phi_{jl}(t) \tag{2-35}$$

式中，v_{jl} 为第 j 个刀齿在第 l 层切削刃微元处的运动轨迹；$\phi_{jl}(t)$ 为刀齿 j 在第 l 层切削刃微元处的瞬时接触角。

如果主轴以速度 $\Omega/(\text{r/min})$ 旋转，$\phi_j(t)$ 随时间的变化为

$$\phi_{jl}(t)=\frac{2\pi\cdot\Omega}{60}t+\frac{2\pi j}{N_{\text{T}}}-\frac{2\Delta b\tan\phi_{\text{h}}}{D_{\text{T}}}(l-1) \tag{2-36}$$

假设刀齿周期为 $\tau=60/(N_{\text{T}}\Omega)$，前一个刀齿 $(j-1)$ 的第 1 层切削刃微元引起的径向动态位移为

$$v_{jl}(t-\tau)=-X_{xl}(t-\tau)\sin\phi_{jl}(t)-X_{yl}(t-\tau)\cos\phi_{jl}(t) \tag{2-37}$$

当前刀齿第 l 层切削刃微元和前一个刀齿第 l 层切削刃微元的振动引起的动态切削厚度变化部分 $S_{\text{D}}(\phi_{jl}(t))$ 可表示为

$$S_{\text{D}}(\phi_{jl}(t))=[v_{jl}(t-\tau)-v_{jl}(t)]g(\phi_{jl}(t)) \tag{2-38}$$

整理可得

$$S_{\text{D}}(\phi_{jl}(t))=[\Delta X_{xl}\sin\phi_{jl}(t)+\Delta X_{yl}\cos\phi_{jl}(t)]g(\phi_{jl}(t)) \tag{2-39}$$

式中，$\Delta X_{xl}=X_{xl}(t)-X_{xl}(t-\tau)$；$\Delta X_{yl}=X_{yl}(t)-X_{yl}(t-\tau)$；$(X_{xl}(t),\ X_{yl}(t))$ 和 $(X_{xl}(t-\tau),\ X_{yl}(t-\tau))$ 分别表示刀具结构当前和前一个齿切在第 l 层切削刃微元的动态位移；函数 $g(\phi_{jl}(t))$ 是单位阶跃函数，用于确定刀齿是否处于切削中，即

$$g(\phi_{jl}(t))=\begin{cases}1, & \phi_{\text{st}}<\phi_j(t)<\phi_{\text{ex}}\\ 0, & \text{其他}\end{cases} \tag{2-40}$$

式中，ϕ_{st} 为切入角；ϕ_{ex} 为切出角。

作用在刀齿 j 上第 l 层切削刃微元的切向切削力 $F_{\text{t},jl}$ 和径向切削力 $F_{\text{n},jl}$ 与轴向切削深度 Δb 及动态切削厚度 $S_{\text{D}}(\phi_{jl}(t))$ 成正比

$$F_{\text{D,t},jl}=\xi_{\text{t}}\Delta bS_{\text{D}}(\phi_{jl}(t)),\quad F_{\text{D,n},jl}=\xi_{\text{n}}\Delta bS_{\text{D}}(\phi_{jl}(t)) \tag{2-41}$$

式中，ξ_{t} 为切向切削力系数；ξ_{n} 为法向切削力系数。

为了得到 x 和 y 方向的铣削力微元，将切向和径向切削力微元在 x 和 y 方向进行分解得

$$\begin{aligned}F_{\text{D},x,jl}&=-F_{\text{D,t},jl}\cos\phi_{jl}-F_{\text{D,n},jl}\sin\phi_{jl}\\ F_{\text{D},y,jl}&=F_{\text{D,t},jl}\cos\phi_{jl}-F_{\text{D,n},jl}\sin\phi_{jl}\end{aligned} \tag{2-42}$$

将作用在所有刀齿上的切削力进行求和，得到作用在刀具上的总动态切削力为

$$\begin{cases} F_{\mathrm{D},x} = \sum_{j=0}^{N_\mathrm{T}-1}\sum_{l=1}^{N_\mathrm{b}}\left(-F_{\mathrm{D,t},jl}\cos\phi_{jl} - F_{\mathrm{D,n},jl}\sin\phi_{jl}\right) \\ F_{\mathrm{D},y} = \sum_{j=0}^{N_\mathrm{T}-1}\sum_{l=1}^{N_\mathrm{b}}\left(F_{\mathrm{D,t},jl}\cos\phi_{jl} - F_{\mathrm{D,n},jl}\sin\phi_{jl}\right) \end{cases} \tag{2-43}$$

将式(2-41)和式(2-42)代入式(2-43)，可得

$$\begin{bmatrix} F_{\mathrm{D},x} \\ F_{\mathrm{D},y} \end{bmatrix} = \sum_{j=0}^{N_\mathrm{T}-1}\sum_{l=1}^{N_\mathrm{b}}\left\{\Delta b\begin{bmatrix} -\xi_\mathrm{t}\cos\phi_{jl} - \xi_\mathrm{n}\sin\phi_{jl} \\ \xi_\mathrm{t}\cos\phi_{jl} - \xi_\mathrm{n}\sin\phi_{jl} \end{bmatrix} S_\mathrm{D}(\phi_{jl}(t))\right\} \tag{2-44}$$

2.3.3　铣削过程切削力反向辨识

铣削力建模可以从理论角度支撑铣削力模型,实际切削过程受多种因素影响,理论模型的铣削力往往存在一定的误差，测力计可以更为真实地反映实际切削力的大小，然而测力计受到价格、测试条件等诸多因素的限制。因此，本节以容易测试的加速度信号为输入，通过加速度响应实现切削力的反向辨识。

铣削过程中，铣削力持续激励铣削系统并引起相应的振动。首先考虑单自由度系统，以 x 方向为例。假设切削力到响应点之间为线性系统，且具有初始位移 x_0 和初始速度 $\dot{x}_0$，根据杜阿梅尔积分(Duhamel's integral)，在铣削力 $F_x(t)$ 作用下的响应 $x(t)$ 可计算如下：

$$\begin{aligned} x(t) &= m_x(\dot{x}_0 + 2\zeta_x\omega_{nx}x_0)h_{xx}(t) + mx_0\dot{h}_{xx}(t) \\ &\quad + \int_0^t h_{xx}(t-\tau)F_x(\tau)\mathrm{d}\tau \end{aligned} \tag{2-45}$$

式中，$h_{xx}(t)$ 为传递函数，可通过锤击实验获得；m_x、ζ_x 和 $\omega_{\mathrm{n}x}$ 分别是 x 方向的模态质量、阻尼比和固有频率。由于阻尼的存在，在实际铣削过程中，$h_{xx}(t)$ 很快趋向于零，式(2-45)与 $h_{xx}(t)$ 有关的前两项可以忽略并简化为

$$x(t) = \int_0^t h_{xx}(t-\tau)F_x(\tau)\mathrm{d}\tau \tag{2-46}$$

响应 $x(t)$ 可以是位移、速度以及加速度,那么与之对应的 $h_{xx}(t)$ 就应该是位移、速度和加速度传递函数。载荷识别中，加速度传感器由于价格便宜、安装方便等优点而得到广泛使用[4]，因此本节也采用加速度传感器用于铣削力识别。实际应用中，为了从加速度响应 $x(t)$ 中重构出切削力 $F_x(t)$，需要将式(2-46)在时间区间 $[0,t]$ 上进行离散，得到一系列离散的线性方程如下：

$$\begin{bmatrix} x(\Delta t) \\ x(2\Delta t) \\ \vdots \\ x((n-1)\Delta t) \\ x(n\Delta t) \end{bmatrix} = \Delta t \begin{bmatrix} h_{xx}(\Delta t) & 0 & \cdots & 0 & 0 \\ h(2\Delta t) & h_{xx}(\Delta t) & \cdots & 0 & 0 \\ \vdots & \vdots & \ddots & \vdots & \vdots \\ h_{xx}((n-1)\Delta t) & h_{xx}((n-2)\Delta t) & \cdots & h_{xx}(\Delta t) & 0 \\ h_{xx}(n\Delta t) & h_{xx}((n-1)\Delta t) & \cdots & h_{xx}(2\Delta t) & h_{xx}(\Delta t) \end{bmatrix} \begin{bmatrix} F_x(\Delta t) \\ F_x(2\Delta t) \\ \vdots \\ F_x((n-1)\Delta t) \\ F_x(n\Delta t) \end{bmatrix} \tag{2-47}$$

式中，$\Delta t = t/n$ 是离散的时间区间；n 是采样数。此时式(2-46)的积分方程离散为式(2-47)的线性代数方程组，可以写成紧凑的形式：

$$\boldsymbol{H}_{xx}\boldsymbol{F}_x = \boldsymbol{x} \tag{2-48}$$

式中，传递矩阵 $\boldsymbol{H}_{xx} \in \boldsymbol{R}^{n\times n}$ 是一个下三角阵，表征了系统的动态特性，与激励和响应点位置有关。式(2-48)描述了一个单输入单输出系统，即通过一个传感器反求出一个激励力。

对于承受多个激励力的系统，在线性假设下，其总响应可以写为各个激励力作用下响应的叠加。在本节中，使用 x 和 y 方向上的两个加速度传感器对两个铣削力 $F_x(t)$ 和 $F_y(t)$ 进行辨识。因此，多输入多输出系统的控制方程可以写成如下的矩阵-向量形式：

$$\begin{bmatrix} \boldsymbol{H}_{xx} & \boldsymbol{H}_{xy} \\ \boldsymbol{H}_{yx} & \boldsymbol{H}_{yy} \end{bmatrix} \begin{bmatrix} \boldsymbol{F}_x \\ \boldsymbol{F}_y \end{bmatrix} = \begin{bmatrix} \boldsymbol{x} \\ \boldsymbol{y} \end{bmatrix} \tag{2-49}$$

式中，$\boldsymbol{H}_{xy}$、$\boldsymbol{H}_{yx}$、$\boldsymbol{H}_{yy}$、$\boldsymbol{F}_y$、$\boldsymbol{y}$ 和式(2-48)中的 $\boldsymbol{H}_{xx}$、$\boldsymbol{F}_x$、$\boldsymbol{x}$ 具有相同的形式；子矩阵 $\boldsymbol{H}_{ij}$ 表示激励点 j 到响应点 i 之间的传递矩阵；$\boldsymbol{F}_x$ 和 $\boldsymbol{F}_y$ 是两个方向上的铣削力信号；$\boldsymbol{x}$ 和 $\boldsymbol{y}$ 是两个方向上的时域加速度信号。

为了方便，将式(2-49)写成紧凑形式：

$$\boldsymbol{HF} = \boldsymbol{X} \tag{2-50}$$

式中，$\boldsymbol{H} = \begin{bmatrix} \boldsymbol{H}_{xx} & \boldsymbol{H}_{xy} \\ \boldsymbol{H}_{yx} & \boldsymbol{H}_{yy} \end{bmatrix} \in \boldsymbol{R}^{2n\times 2n}$，是一个特普利茨(Toeplitz)分块矩阵；$\boldsymbol{F} = \begin{bmatrix} \boldsymbol{F}_x \\ \boldsymbol{F}_y \end{bmatrix}$ 和 $\boldsymbol{X} = \begin{bmatrix} \boldsymbol{x} \\ \boldsymbol{y} \end{bmatrix}$ 分别是不同激励和响应点的组合向量。

至此，该问题变成了如何找到一个合适的载荷向量 $\boldsymbol{F}$，使其满足 $\boldsymbol{H}$ 和 $\boldsymbol{X}$ 已知的式(2-50)。使用如下的直接矩阵求逆方法进行求解：

$$\boldsymbol{F} = \boldsymbol{H}^{-1}\boldsymbol{X} \tag{2-51}$$

这看上去很容易，然而像大多数反问题一样，铣削力辨识也是一个典型的病态问题。传递矩阵 $\boldsymbol{H}$ 通常严重病态，而且病态程度随着维度的增加越来越严重，这将会导致求解结果对响应 $\boldsymbol{X}$ 中的测量噪声十分敏感。不幸的是，在实际过程中，测量噪声总是不可避免的。大条件数的传递矩阵 $\boldsymbol{H}$ 在求逆过程中会强烈放大测量误差，这将会严重影响载荷识别的精度[5]。另外，大维度矩阵的求逆操作计算成本昂贵，这将会严重降低算法效率。

共轭梯度最小二乘迭代(CGLS)算法来自只能用于正定和非病态问题的共轭梯度方法，可以高精度高效率地解决病态反问题求解问题。对于铣削力识别问题，共轭梯度方法并不能很好地处理该病态的反问题。因此，在 CGLS 算法中将最小二乘引入到共轭梯度方法中[6]，我们可以求解一个如下的最小二乘问题：

$$\min\left\|\boldsymbol{HF}-\boldsymbol{X}\right\|_2 \tag{2-52}$$

利用共轭梯度方法得到正则方程

$$\boldsymbol{H}^{\mathrm{T}}\boldsymbol{HF}=\boldsymbol{H}^{\mathrm{T}}\boldsymbol{X} \tag{2-53}$$

在执行该算法时，避免舍入误差是很重要的。误差的一个重要来源是残余项 $\boldsymbol{H}^{\mathrm{T}}\boldsymbol{HF}-\boldsymbol{H}^{\mathrm{T}}\boldsymbol{X}$ 的估计，可以证明当分离出矩阵 $\boldsymbol{H}^{\mathrm{T}}$ 来计算 $\boldsymbol{H}^{\mathrm{T}}(\boldsymbol{HF}-\boldsymbol{X})$ 时具有更高的精度。除此之外，CGLS 算法还具有隐式正则化效应[6]。CGLS 算法的基本流程如表 2-1 所示，其中 i 表示迭代步数，α_i 是迭代步长，$\boldsymbol{r}_i$ 是残余向量，γ_i 是共轭系数，$\boldsymbol{d}_i$ 是每步迭代的搜索方向。

表 2-1　CGLS 算法基本流程

CGLS 算法	
初始化：	$\boldsymbol{F}_0=\boldsymbol{0}$ ， $\boldsymbol{r}_0=\boldsymbol{X}-\boldsymbol{HF}_0$ ， $\boldsymbol{d}_0=\boldsymbol{H}^{\mathrm{T}}\boldsymbol{r}_0$
步骤一：	$\alpha_i=\left\|\boldsymbol{H}^{\mathrm{T}}\boldsymbol{r}_{i-1}\right\|_2^2\Big/\left\|\boldsymbol{Hd}_{i-1}\right\|_2^2$
步骤二：	$\boldsymbol{F}_i=\boldsymbol{F}_{i-1}+\alpha_i\boldsymbol{d}_{i-1}$
步骤三：	$\boldsymbol{r}_i=\boldsymbol{r}_{i-1}-\alpha_i\boldsymbol{Hd}_{i-1}$
步骤四：	$\gamma_i=\left\|\boldsymbol{H}^{\mathrm{T}}\boldsymbol{r}_i\right\|_2^2\Big/\left\|\boldsymbol{Hr}_{i-1}\right\|_2^2$
步骤五：	$\boldsymbol{d}_i=\boldsymbol{H}^{\mathrm{T}}\boldsymbol{r}_i+\beta_i\boldsymbol{d}_{i-1}$
步骤六：	$i=i+1$
步骤七：	重复前述步骤直到收敛

CGLS 算法是一种解决反问题的时域迭代方法，不需要求逆运算和正则化参数的确定。迭代中，CGLS 算法只涉及向量和矩阵的乘法运算，并且不需要显式

计算耗时的$\boldsymbol{H}^{\mathrm{T}}\boldsymbol{H}$，迭代步数$i$扮演了正则化参数的角色，每次迭代中$\boldsymbol{F}_i$可认为是一个正则解。

CGLS 算法具有一个如下很重要的性质使其特别适用于不适定问题。可以证明，对于精确的计算，随着迭代次数的增加，$\|\boldsymbol{F}_i\|_2$单调上升，$\|\boldsymbol{HF}_i-\boldsymbol{X}\|_2$单调下降[7]。可以使用这一性质和偏差原则[8]获得正则化解，当$\|\boldsymbol{HF}_i-\boldsymbol{X}\|_2<\delta$时，CGLS 迭代停止，其中$\delta$是可接受误差。实际中，该算法具有高效和快速收敛的特点，在迭代次数很少的情况下，通常能给出很好的解。

2.4　铣削稳定性分析方法

铣削稳定性分析是从加工参数的角度避免颤振发生的有效手段，也是进行主、被动颤振抑制的基础。半离散法是最先被提出的时域法，之后又产生了全离散法、差分离散及其各种改进形式。

2.4.1　半离散稳定性分析方法

半离散法由 Insperger 和 Stepan 提出并改进，该方法通过构造单周期上逼近原微分系统的离散系统，获得单周期内的状态转移矩阵，最后利用状态转移矩阵的特征值，即弗洛凯(Floquet)乘子进行判稳。

半离散法基于状态空间表达形式，对于一般周期系统

$$\dot{\boldsymbol{X}}_{\mathrm{p}}(t)=\boldsymbol{A}(t)\boldsymbol{X}_{\mathrm{p}}(t)+\boldsymbol{B}(t)\boldsymbol{X}_{\mathrm{p}}(t-\tau) \tag{2-54}$$

式中，$\boldsymbol{A}(t)$、$\boldsymbol{B}(t)$是周期性因子矩阵，$\boldsymbol{A}(t)=\boldsymbol{A}(t+T)$，$\boldsymbol{B}(t)=\boldsymbol{B}(t+T)$；$\tau$表示系统状态时延；$T$表示系统周期。对于铣削过程，时延$\tau$和系统周期$T$相等。半离散法首先需要将系统在一个周期$T$内进行离散，分成$n$个长度为$\Delta t$的区间，即$T=n\Delta t$，其中第$i$个区间为$[t_i,t_{i+1}]$，$i=0,1,\cdots,n-1$，这个过程类似于以采用周期$\Delta t$对原系统重采样，时延$\tau$被离散成$l$个区间；由于时延和周期相等，在相同采样周期下$l=n$；半离散法时延离散及估计原理如图 2-3 所示。

经过离散化后，在第i个区间

$$\boldsymbol{X}_{\mathrm{p}}(t-\tau)\approx\boldsymbol{X}_{\mathrm{p}}(t_i+\Delta t/2-\tau)\approx w_{\mathrm{a}}\boldsymbol{X}_{\mathrm{p}(i-n+1)}+w_{\mathrm{b}}\boldsymbol{X}_{\mathrm{p}(i-n)}=\boldsymbol{X}_{\mathrm{p}(\tau,i)} \tag{2-55}$$

式中，w_{a}和w_{b}表示权重参数，最终时延项被表示成前后状态$\boldsymbol{X}_{\mathrm{p}(i-n)}$和$\boldsymbol{X}_{\mathrm{p}(i-n+1)}$的线性组合进行估计。将式(2-12)向量形式的铣削过程两自由度铣削动力学模型写成完整时延微分方程形式，忽略其中对稳定性无影响的静态切削力，即

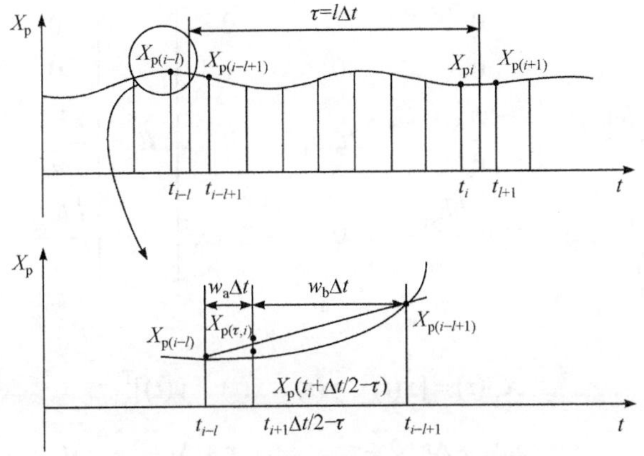

图 2-3　半离散法时延离散及估计原理

$$\begin{bmatrix}\ddot{x}(t)\\ \ddot{y}(t)\end{bmatrix}+\begin{bmatrix}2\zeta\omega_n & 0\\ 0 & 2\zeta\omega_n\end{bmatrix}\begin{bmatrix}\dot{x}(t)\\ \dot{y}(t)\end{bmatrix}+\begin{bmatrix}\omega_n^2+bh_{xx}(t)/m_t & bh_{xy}(t)/m_t\\ bh_{yx}(t)/m_t & \omega_n^2+bh_{yy}(t)/m_t\end{bmatrix}\begin{bmatrix}x(t)\\ y(t)\end{bmatrix}$$
$$=\frac{1}{m_t}\begin{bmatrix}bh_{xx}(t) & bh_{xy}(t)\\ bh_{yx}(t) & bh_{yy}(t)\end{bmatrix}\begin{bmatrix}x(t-\tau)\\ y(t-\tau)\end{bmatrix} \tag{2-56}$$

式中，$h_{xx}(t)$、$h_{xy}(t)$、$h_{yx}(t)$ 和 $h_{yy}(t)$ 的具体形式见式(2-13)。设刀具为对称结构，因此其中阻尼比 ζ、固有频率 ω_n 和刀具模态质量 m_t 在 x 和 y 方向认为相等，参数之间关系满足

$$\begin{aligned}&c_x/m_t=2\zeta\omega_n,\quad c_y/m_t=2\zeta\omega_n,\\&k_x/m_t=\omega_n^2,\quad k_y/m_t=\omega_n^2\end{aligned} \tag{2-57}$$

在第 i 个离散区间，方程(2-56)可近似为

$$\begin{bmatrix}\ddot{x}(t)\\ \ddot{y}(t)\end{bmatrix}+\begin{bmatrix}2\zeta\omega_n & 0\\ 0 & 2\zeta\omega_n\end{bmatrix}\begin{bmatrix}\dot{x}(t)\\ \dot{y}(t)\end{bmatrix}+\begin{bmatrix}\omega_n^2+bh_{xx}(t)/m_t & bh_{xy}(t)/m_t\\ bh_{yx}(t)/m_t & \omega_n^2+bh_{yy}(t)/m_t\end{bmatrix}\begin{bmatrix}x(t)\\ y(t)\end{bmatrix}$$
$$=\frac{1}{m_t}\begin{bmatrix}bh_{xx}(t) & bh_{xy}(t)\\ bh_{yx}(t) & bh_{yy}(t)\end{bmatrix}\begin{bmatrix}x(t-\tau)\\ y(t-\tau)\end{bmatrix} \tag{2-58}$$

其中，$h_{xxi}(t)$、$h_{xyi}(t)$、$h_{yxi}(t)$ 和 $h_{yyi}(t)$ 表示第 i 个离散区间切削力变化矩阵的相应元素值。将方程(2-56)写成状态空间形式为

$$\dot{\boldsymbol{X}}_p(t)=\boldsymbol{A}_i\boldsymbol{X}_p(t)+w_a\boldsymbol{B}_i\boldsymbol{X}_{p(i-n+1)}+w_b\boldsymbol{B}_i\boldsymbol{X}_{p(i-n)} \tag{2-59}$$

其中

$$\boldsymbol{A}_i=\begin{bmatrix} 0 & 0 & 1 & 0 \\ 0 & 0 & 0 & 1 \\ -\omega_{\rm n}^2-\dfrac{-bh_{xxi}}{m_t} & \dfrac{-bh_{xyi}}{m_t} & -2\zeta\omega_{\rm n} & 0 \\ -\dfrac{bh_{xyi}}{m_t} & -\omega_{\rm n}^2-\dfrac{bh_{yyi}}{m_t} & 0 & -2\zeta\omega_{\rm n} \end{bmatrix},\ \boldsymbol{B}_i=\begin{bmatrix} 0 & 0 & 0 & 0 \\ 0 & 0 & 0 & 0 \\ \dfrac{bh_{xxi}}{m_{\rm t}} & \dfrac{bh_{xyi}}{m_{\rm t}} & 0 & 0 \\ \dfrac{bh_{yxi}}{m_{\rm t}} & \dfrac{bh_{yyi}}{m_{\rm t}} & 0 & 0 \end{bmatrix} \tag{2-60}$$

$$\boldsymbol{X}_{\rm p}(t)=[x(t)\quad y(t)\quad \dot{x}(t)\quad \dot{y}(t)]^{\rm T} \tag{2-61}$$

$$w_{\rm a}=\frac{n\Delta t+\Delta t/2-\tau}{\Delta t},\quad w_{\rm b}=\frac{\tau+\Delta t/2-n\Delta t}{\Delta t} \tag{2-62}$$

在初始条件 $\boldsymbol{X}_{\rm p}(t_i)=\boldsymbol{X}_{{\rm p}i}$ 下，方程(2-59)的解为

$$\boldsymbol{X}_{\rm p}(t)=\exp(\boldsymbol{A}_i(t-t_i))(\boldsymbol{X}_{{\rm p}i}+\boldsymbol{A}_i^{-1}\boldsymbol{B}\boldsymbol{X}_{{\rm p}(\tau,i)})-\boldsymbol{A}_i^{-1}\boldsymbol{B}\boldsymbol{X}_{{\rm p}(\tau,i)} \tag{2-63}$$

其中，$\boldsymbol{X}_{{\rm p}(\tau,i)}=w_{\rm a}\boldsymbol{X}_{{\rm p}(i-n+1)}+w_{\rm b}\boldsymbol{X}_{{\rm p}(i-n)}$。再令 $t = t_i+1$，$\boldsymbol{X}_{{\rm p}(i+1)}=\boldsymbol{X}_{\rm p}(t_{i+1})$，式(2-63)改写为

$$\boldsymbol{X}_{{\rm p}(i+1)}=\boldsymbol{P}_i\boldsymbol{X}_{{\rm p}i}+w_{\rm a}\boldsymbol{R}_i\boldsymbol{X}_{{\rm p}(i-n+1)}+w_{\rm b}\boldsymbol{R}_i\boldsymbol{X}_{{\rm p}(i-n)} \tag{2-64}$$

其中

$$\boldsymbol{P}_i=\exp(\boldsymbol{A}_i\Delta t) \tag{2-65}$$

$$\boldsymbol{R}_i=(\exp(\boldsymbol{A}_i\Delta t)-\boldsymbol{I})\boldsymbol{A}_i^{-1}\boldsymbol{B}_i \tag{2-66}$$

$\dot{x}(t-\tau)$ 和 $\dot{y}(t-\tau)$ 并没有出现在方程(2-58)中，因此 $\boldsymbol{X}_{{\rm p}(i+1)}$ 取决于 x_i、y_i、$\dot{x}_i$、$\dot{y}_i$、x_{i-n+1}、y_{i-n+1}、x_{i-n} 和 y_{i-n}，而不取决于 $\dot{x}_{i-n+1}$、$\dot{y}_{i-n+1}$、$\dot{x}_{i-n}$ 和 $\dot{y}_{i-n}$；相应地，矩阵 $\boldsymbol{B}_i$ 和 $\boldsymbol{R}_i$ 的第三列、第四列都为0，去除这无关的 $2n$ 个向量，令 $2n+4$ 维状态空间向量

$$\boldsymbol{X}_{{\rm pd}i}=[x_i\quad y_i\quad \dot{x}_i\quad \dot{y}_i\quad x_{i-1}\quad y_{i-1}\quad \cdots\quad x_{i-n}\quad y_{i-n}]^{\rm T} \tag{2-67}$$

得到的离散映射为

$$\boldsymbol{X}_{{\rm pd}(i+1)}=\boldsymbol{D}_i\boldsymbol{X}_{{\rm pd}i},\quad (i=0,1,\cdots,n-1) \tag{2-68}$$

其中，$\boldsymbol{D}_i$ 为 $2n+4$ 维的系数矩阵。

$$
\boldsymbol{D}_i = \begin{bmatrix}
P_{i,11} & P_{i,12} & P_{i,13} & P_{i,14} & 0 & \cdots & 0 & w_{\mathrm{a}}R_{i,11} & w_{\mathrm{a}}R_{i,11} & w_{\mathrm{b}}R_{i,11} & w_{\mathrm{b}}R_{i,11} \\
P_{i,21} & P_{i,22} & P_{i,23} & P_{i,24} & 0 & \cdots & 0 & w_{\mathrm{a}}R_{i,21} & w_{\mathrm{a}}R_{i,22} & w_{\mathrm{b}}R_{i,21} & w_{\mathrm{b}}R_{i,22} \\
P_{i,31} & P_{i,32} & P_{i,33} & P_{i,34} & 0 & \cdots & 0 & w_{\mathrm{a}}R_{i,31} & w_{\mathrm{a}}R_{i,32} & w_{\mathrm{b}}R_{i,31} & w_{\mathrm{b}}R_{i,32} \\
P_{i,41} & P_{i,42} & P_{i,43} & P_{i,44} & 0 & \cdots & 0 & w_{\mathrm{a}}R_{i,41} & w_{\mathrm{a}}R_{i,42} & w_{\mathrm{b}}R_{i,41} & w_{\mathrm{b}}R_{i,42} \\
1 & 0 & 0 & 0 & 0 & \cdots & 0 & 0 & 0 & 0 & 0 \\
0 & 1 & 0 & 0 & 0 & \cdots & 0 & 0 & 0 & 0 & 0 \\
0 & 0 & 0 & 0 & 1 & \cdots & 0 & 0 & 0 & 0 & 0 \\
\vdots & \vdots & \vdots & \vdots & \vdots & \ddots & \vdots & \vdots & \vdots & \vdots & \vdots \\
0 & 0 & 0 & 0 & 0 & \cdots & 1 & 0 & 0 & 0 & 0 \\
0 & 0 & 0 & 0 & 0 & \cdots & 0 & 1 & 0 & 0 & 0 \\
0 & 0 & 0 & 0 & 0 & \cdots & 0 & 0 & 1 & 0 & 0
\end{bmatrix} \tag{2-69}
$$

式中，$P_{i,hj}$ 和 $R_{i,hj}$ 分别是矩阵 $\boldsymbol{P}_i$ 和 $\boldsymbol{R}_i$ 在第 h 行第 j 列的元素。从而得到一个周期内的 $2n+4$ 维的状态转移矩阵 $\boldsymbol{\Phi}$，即

$$
\boldsymbol{\Phi} = \boldsymbol{D}_{n-1}\boldsymbol{D}_{n-2}\cdots\boldsymbol{D}_1\boldsymbol{D}_0 \tag{2-70}
$$

状态转移矩阵 $\boldsymbol{\Phi}$ 的特征值为 Floquet 乘子，根据 Floquet 定理，系统的稳定性取决于特征乘子，将 Floquet 乘子模的最大值与 1 进行比较，实现系统判稳。

Floquet 乘子的求解步骤如下：

(1) 将一个周期 T 离散成 n 个等间隔时间，$t_1, t_2, \cdots, t_n$。

(2) 计算 t_1 时刻到 t_2 时刻对应的状态转移矩阵 $\boldsymbol{\Phi}_1$，t_2 时刻到 t_3 时刻对应一个矩阵 $\boldsymbol{\Phi}_2$；依次类推，最后求解 $\boldsymbol{\Phi} = \boldsymbol{\Phi}_1 \times \boldsymbol{\Phi}_2 \times \cdots \times \boldsymbol{\Phi}_n$，得到一个周期 T 内总状态转移矩阵 $\boldsymbol{\Phi}$。

(3) 求解状态转移矩阵 $\boldsymbol{\Phi}$ 的特征值，即 Floquet 乘子。离散步长越小，Floquet 乘子越精确；数值计算选用方法精度越高，Floquet 乘子计算越准确。

2.4.2　简化半离散稳定性分析方法

传统的半离散法虽然可以适用小径向切深和大径向切深的复杂工况，可以准确分析铣削过程的稳定性，但它存在耗时长、计算效率低的缺点。简化并利用该方法进行铣削过程稳定性分析有着重要的意义。

传统的半离散法在求解铣削动力学模型的时候，是通过计算出在所有转速离散段 n_Ω 对应的轴向切深离散段 n_{s} 的状态转移矩阵 $\boldsymbol{\Phi}$ 的模，从而得到一个由转速、切深与转移矩阵 $\boldsymbol{\Phi}$ 的模所构成的一个三维的稳定性叶瓣图，最后取转移矩阵 $\boldsymbol{\Phi}$ 的模为1，从而得到转移矩阵 $\boldsymbol{\Phi}$ 的模为1得到的截面，利用该截面去截取得到的三维稳定性叶瓣图，从而获得铣削过程稳定性叶瓣图。计算流程如图 2-4(a)所示。

转移矩阵 $\boldsymbol{\Phi}$ 的模大于1即表示系统不稳定，所以当转移矩阵 $\boldsymbol{\Phi}$ 的模大于1时即可不再进行计算。因此简化计算流程为，将转速和切深分别离散为 n_Ω 个离散段和 n_s 个离散段，在某一固定转速下，当切深每增加一个离散段的时候，计算在该转速切深下的转移矩阵 $\boldsymbol{\Phi}$ 的模，直到转移矩阵 $\boldsymbol{\Phi}$ 的模的计算结果大于1时，将转移矩阵 $\boldsymbol{\Phi}$ 的模大于1时对应的极限切深与之前小于1时所对应的极限切深进行线性插值作为在该转速下的极限不稳定切深，最终得到铣削稳定性叶瓣图。计算流程如图 2-4(b)所示。

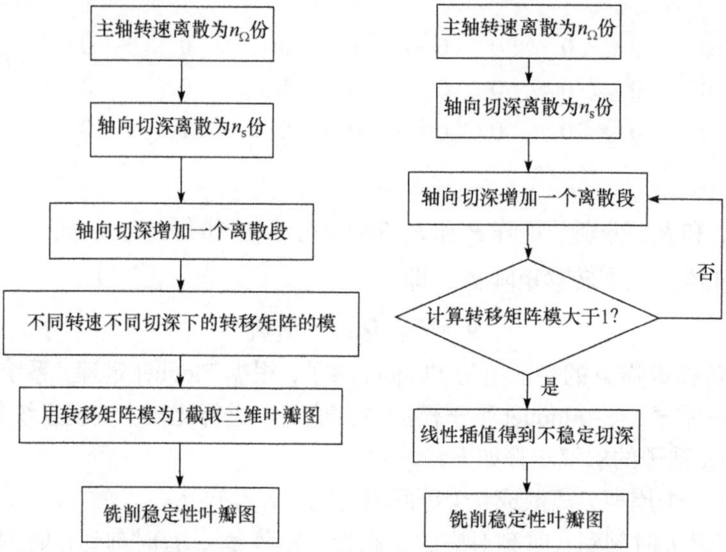

(a) 半离散法流程图　　　　(b) 简化半离散法流程图

图 2-4　半离散法和简化半离散法流程图

2.4.3　全离散稳定性分析方法

全离散法同样基于状态空间形式进行处理，不同之处在于微分项的处理。在离散化之前，将方程(2-58)转为连续状态空间形式为

$$\dot{\boldsymbol{X}}_{\mathrm{p}}(t)=\boldsymbol{A}(t)\boldsymbol{X}_{\mathrm{p}}(t)+\boldsymbol{B}(t)\boldsymbol{X}_{\mathrm{p}}(t-\tau) \tag{2-71}$$

式中，参数定义与式(2-54)相同，对于铣削过程来说 $T=\tau$ 。完全离散算法第一步同样是对连续时间 t 进行离散化处理，构建一个小的时间区间 $[t_i,t_{i+1}]$ ，其离散时间区间长度为 Δt ， $i\in Z$ ，令 $T=\tau=n\Delta t=l\Delta t$ ， $l\in Z$ ，则 l 是关于时间周期的近似参数。

在第 i 个离散时间区间内，式(2-71)可以被完全离散成

$$\dot{\boldsymbol{X}}_{\mathrm{p}}(t_i)=\boldsymbol{A}_i\boldsymbol{X}_{\mathrm{p}}(t_i)+\boldsymbol{B}_i\boldsymbol{X}_{\mathrm{p}(n,i)} \tag{2-72}$$

其中，$\boldsymbol{A}_i=\dfrac{1}{\Delta t}\int_{t_i}^{t_{i+1}}\boldsymbol{A}(t)\mathrm{d}t$；$\boldsymbol{B}_i=\dfrac{1}{\Delta t}\int_{t_i}^{t_{i+1}}\boldsymbol{B}(t)\mathrm{d}t$。在时间段$[t_{i-n},t_{i-n+1}]$内，对时延部分进行线性插值近似为

$$\boldsymbol{X}_{\mathrm{p}}(t-\tau)\approx\boldsymbol{X}_{\mathrm{p}(i-n)}+\frac{\gamma_{\mathrm{w}}}{\Delta t}(\boldsymbol{X}_{\mathrm{p}(i-n+1)}-\boldsymbol{X}_{\mathrm{p}(i-n)})=\boldsymbol{X}_{\mathrm{p}(n,i)} \tag{2-73}$$

式中，γ_{w} 为插值比例系数；Δt 为离散时间区间长度。如果令 $\gamma_{\mathrm{w}}/\Delta t=0.5$，即采用中点插值。在时间段$[t_{i-n},t_{i-n+1}]$上的时域部分 $\boldsymbol{X}_{\mathrm{p}}(t)$ 通过中点线性插值法进行逼近可以得到

$$\boldsymbol{X}_{\mathrm{p}}(t_i)\approx\boldsymbol{X}_{\mathrm{p}i}+\frac{\gamma_{\mathrm{w}}}{\Delta t}(\boldsymbol{X}_{\mathrm{p}(i+1)}-\boldsymbol{X}_{\mathrm{p}i}) \tag{2-74}$$

全离散法和半离散法最大的区别在于处理微分部分的方法，全离散法将通过数字迭代法替代半离散中的直接积分法。其中微分项通过欧拉法进行离散化，即

$$\dot{\boldsymbol{X}}_{\mathrm{p}}(t_i)\approx\frac{\boldsymbol{X}_{\mathrm{p}(i+1)}-\boldsymbol{X}_{\mathrm{p}i}}{\Delta t}=\boldsymbol{X}_{\mathrm{p}}(t_i) \tag{2-75}$$

将式(2-71)各部分通过相应的式(2-72)～式(2-75)进行替换，实现状态方程的完全离散化，从而推导出迭代公式为

$$\boldsymbol{X}_{\mathrm{p}(i+1)}=\boldsymbol{X}_{\mathrm{p}i}+\Delta t\left\{\boldsymbol{A}_i\left[\boldsymbol{X}_{\mathrm{p}i}+\frac{\gamma_{\mathrm{w}}}{\Delta t}(\boldsymbol{X}_{\mathrm{p}(i+1)}-\boldsymbol{X}_{\mathrm{p}i})\right]+\boldsymbol{B}_i\left[\boldsymbol{X}_{\mathrm{p}(i-j)}+\frac{\gamma_{\mathrm{w}}}{\Delta t}(\boldsymbol{X}_{\mathrm{p}(i-j+1)}-\boldsymbol{X}_{\mathrm{p}(i-j)})\right]\right\} \tag{2-76}$$

整理式(2-76)，将

$$(\boldsymbol{I}-\gamma_{\mathrm{w}}\boldsymbol{A}_i)\boldsymbol{X}_{\mathrm{p}(i+1)}=\left[\boldsymbol{I}+(1-\gamma_{\mathrm{w}})\boldsymbol{A}_i\right]\boldsymbol{X}_{\mathrm{p}i}+\gamma_{\mathrm{w}}\boldsymbol{B}_i\boldsymbol{X}_{\mathrm{p}(i-n+1)}+(1-\gamma_{\mathrm{w}})\boldsymbol{B}_i\boldsymbol{X}_{\mathrm{p}(i-n)} \tag{2-77}$$

整理后得出总迭代公式为

$$\begin{aligned}\boldsymbol{X}_{\mathrm{p}(i+1)}=&(\boldsymbol{I}-\gamma_{\mathrm{w}}\boldsymbol{A}_i)^{-1}\left[\boldsymbol{I}+(\Delta t-\gamma_{\mathrm{w}})\boldsymbol{A}_i\right]\boldsymbol{X}_{\mathrm{p}i}\\&+(\boldsymbol{I}-\gamma_{\mathrm{w}}\boldsymbol{A}_i)^{-1}\gamma_{\mathrm{w}}\boldsymbol{B}_i\boldsymbol{X}_{\mathrm{p}(i-n+1)}\\&+(\boldsymbol{I}-\gamma_{\mathrm{w}}\boldsymbol{A}_i)^{-1}(\Delta t-\gamma_{\mathrm{w}})\boldsymbol{B}_i\boldsymbol{X}_{\mathrm{p}(i-n)}\end{aligned} \tag{2-78}$$

全离散法的迭代公式(2-78)中无矩阵指数函数项，而在半离散法中最终迭代公式(2-64)包含矩阵指数函数，因此全离散法可以极大地提高计算效率，其离散化映射表示为

$$\boldsymbol{X}_{\mathrm{pd}(i+1)}=\boldsymbol{D}_i\boldsymbol{X}_{\mathrm{pd}i},\quad i=0,1,\cdots,n_{\Omega}-1 \tag{2-79}$$

同样，式(2-79)中 $2n+4$ 维向量 $\boldsymbol{X}_{\mathrm{pd}i}$ 可以表示为

$$\boldsymbol{X}_{\mathrm{pd}i}=[x_i\quad y_i\quad \dot{x}_i\quad \dot{y}_i\quad x_{i-1}\quad y_{i-1}\quad\cdots\quad x_{i-n}\quad y_{i-n}]^{\mathrm{T}} \tag{2-80}$$

相应的 $\boldsymbol{D}_i$ 构建如下：

$$
\boldsymbol{D}_i=\begin{bmatrix}
P_{i,11} & P_{i,12} & P_{i,13} & P_{i,14} & 0 & \cdots & 0 & R_{i1,11} & R_{i1,11} & R_{i2,11} & R_{i2,11}\\
P_{i,21} & P_{i,22} & P_{i,23} & P_{i,24} & 0 & \cdots & 0 & R_{i1,21} & R_{i1,22} & R_{i2,21} & R_{i2,22}\\
P_{i,31} & P_{i,32} & P_{i,33} & P_{i,34} & 0 & \cdots & 0 & R_{i1,31} & R_{i1,32} & R_{i2,31} & R_{i2,32}\\
P_{i,41} & P_{i,42} & P_{i,43} & P_{i,44} & 0 & \cdots & 0 & R_{i1,41} & R_{i1,42} & R_{i2,41} & R_{i2,42}\\
1 & 0 & 0 & 0 & 0 & \cdots & 0 & 0 & 0 & 0 & 0\\
0 & 1 & 0 & 0 & 0 & \cdots & 0 & 0 & 0 & 0 & 0\\
0 & 0 & 0 & 0 & 1 & \cdots & 0 & 0 & 0 & 0 & 0\\
\vdots & \vdots & \vdots & \vdots & \vdots & \ddots & \vdots & \vdots & \vdots & \vdots & \vdots\\
0 & 0 & 0 & 0 & 0 & \cdots & 0 & 1 & 0 & 0 & 0\\
0 & 0 & 0 & 0 & 0 & \cdots & 0 & 0 & 1 & 0 & 0\\
0 & 0 & 0 & 0 & 0 & \cdots & 0 & 0 & 0 & 1 & 0
\end{bmatrix} \tag{2-81}
$$

其中

$$
\begin{aligned}
\boldsymbol{P}_i &= (\boldsymbol{I}-\gamma_{\mathrm{w}}\boldsymbol{A}_i)^{-1}\left[\boldsymbol{I}+(\Delta t-\gamma_{\mathrm{w}})\boldsymbol{A}_i\right]\\
\boldsymbol{R}_{i1} &= (\boldsymbol{I}-\gamma_{\mathrm{w}}\boldsymbol{A}_i)^{-1}\gamma_{\mathrm{w}}\boldsymbol{B}_i\\
\boldsymbol{R}_{i2} &= (\boldsymbol{I}-\gamma_{\mathrm{w}}\boldsymbol{A}_i)^{-1}(\Delta t-\gamma_{\mathrm{w}})\boldsymbol{B}_i
\end{aligned} \tag{2-82}
$$

同样，这里 $P_{i,hn}$ 和 $R_{i,hn}$ 分别是矩阵 $\boldsymbol{P}_i$ 和 $\boldsymbol{R}_i$ 在第 h 行第 n 列的元素，差异之处在于其计算方式不同，式(2-77)中需要计算矩阵指数函数。最终得到一个周期内的 $2n+4$ 维的状态转移矩阵 $\boldsymbol{\Phi}$，同样利用 Folquet 定理判稳。

$$
\boldsymbol{\Phi}=\boldsymbol{D}_{n-1}\boldsymbol{D}_{n-2}\cdots\boldsymbol{D}_1\boldsymbol{D}_0 \tag{2-83}
$$

2.5 铣削稳定性特性分析

螺旋铣刀的螺旋角效应使得瞬时切削厚度与刀齿位置发生改变，从而使得螺旋铣刀铣削过程中的动态切削力发生变化，进而影响到铣削过程的稳定性。利用半离散法对该模型进行稳定性仿真分析，如表 2-2 为螺旋铣刀铣削过程稳定性叶瓣图的仿真参数。

表 2-2 螺旋铣刀仿真参数

符号	物理量	数值
N_{T}	刀齿个数	3
ϕ_{h}	螺旋角	30°
m_{t}	模态质量	0.0399kg

续表

符号	物理量	数值
ζ	阻尼比	0.011
ω_n	固有频率	922Hz
ξ_{tc}	切向切削力系数	600N/mm^2
ξ_{rc}	法向切削力系数	200N/mm^2

图 2-5 为螺旋铣刀铣削过程稳定性叶瓣图，在主轴转速上升到 11000r/min 附近时，螺旋铣刀铣削稳定叶瓣图中出现了两个“孤岛”，而在主轴转速上升到 20000r/min 左右时，图中又出现了一个“孤岛”。该“孤岛”是存在于螺旋铣刀的稳定性叶瓣图曲线之下，即相比原有的直齿铣刀，在铣削过程的稳定区域出现了一个“孤岛”的不稳定区域。分析该现象产生的原因，主要考虑以下三个方面。

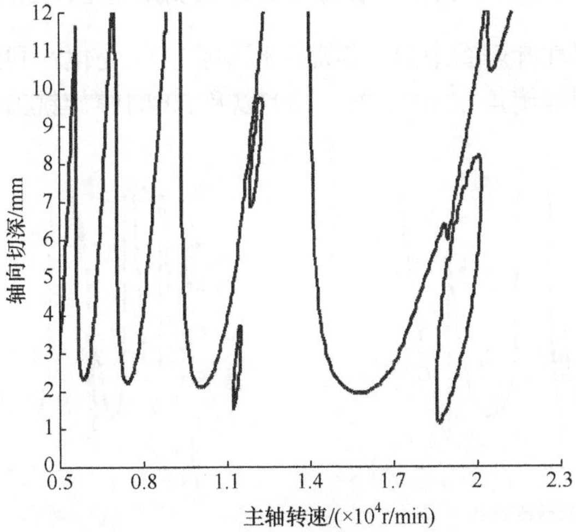

图 2-5　螺旋铣刀的铣削稳定性叶瓣图

螺旋立铣刀相比直齿立铣刀，螺旋角可以使得施加在单位长度刀刃上的径向切削阻力减小，但同时带来了负面影响：第一，在铣削过程中，螺旋铣刀由于螺旋角的存在会出现轴向分力，使得铣刀在轴向更易出现振动；第二，螺旋铣刀切削刃与被切削面的接触点多，更易出现磨损情况；第三，螺旋铣刀由于刀刃很锋利，刀具的刚性变差。

如图 2-6 所示，利用表 2-2 中的螺旋铣刀的仿真参数仿真得到径向切深比分别为 0.05 与 0.1 时的铣削过程稳定性叶瓣图。与图 2-5 所示径向切深比为 0.02 所得的铣削过程稳定性叶瓣图比较可以看出，随着径向切深比的增加，由于铣刀螺旋角产生的“孤岛”现象消失。也就是说，螺旋角在小径向切深比时对铣削过程稳定性有较为明显的影响，而在大径向切深比时螺旋角对铣削过程稳定性没有太大影响。

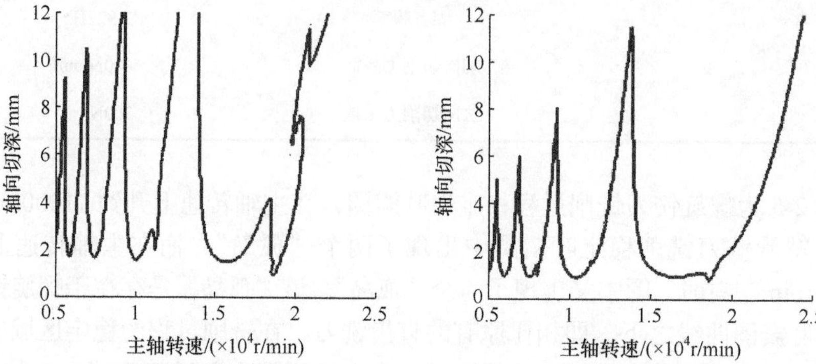

(a) 径向切深比为0.05　(b) 径向切深比为0.1

图 2-6　不同径向切深比螺旋铣刀铣削稳定性叶瓣图

铣削过程稳定性叶瓣图中的“孤岛”现象会有何变化？利用表 2-2 中的螺旋铣刀仿真参数得到螺旋角在 10°、20°、30°以及 50°时螺旋铣刀的稳定性叶瓣图，如图 2-7 所示。

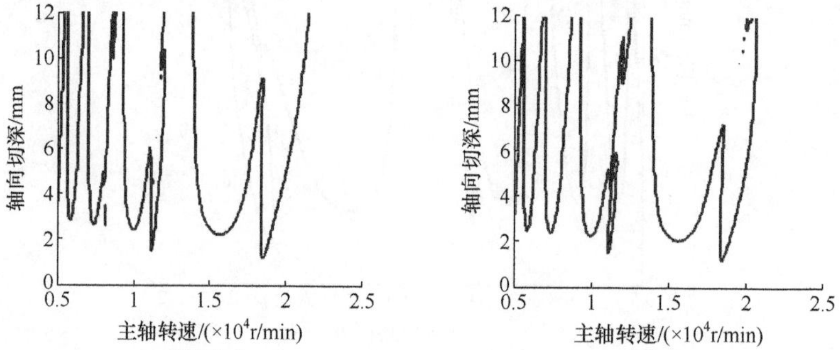

(a) 螺旋角为10°　(b) 螺旋角为20°

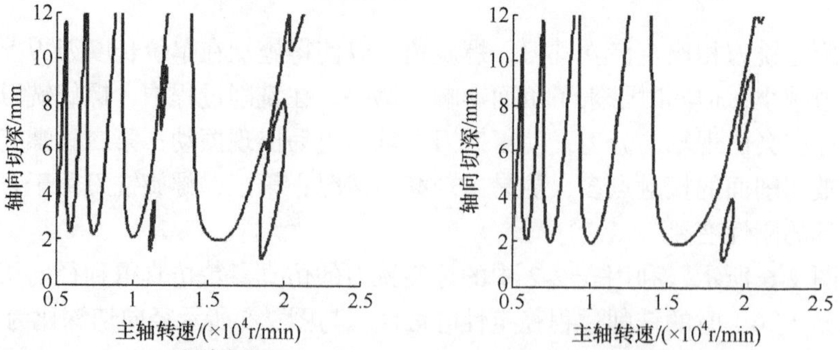

(c) 螺旋角为30°　(d) 螺旋角为50°

图 2-7　螺旋铣刀的铣削稳定性叶瓣图

对比图 2-7 不同螺旋角的螺旋铣刀铣削过程稳定性叶瓣图，在铣刀螺旋角为 10°时，如图 2-7(a)所示，除在铣削过程稳定性叶瓣图中的微高转速 8000r/min 出现了微小的“孤岛”，整个铣削稳定性叶瓣图中基本没有出现“孤岛”现象；在铣刀螺旋角为 20°时，如图 2-7(b)所示，在铣削过程稳定性叶瓣图中较高转速 11000r/min 出现了明显的“孤岛”现象，而在铣刀螺旋角为 10°时铣削过程稳定性叶瓣图 8000r/min 出现的微小的“孤岛”消失不见；在铣刀螺旋角为 30°时，如图 2-7(c)所示，在铣削过程稳定性叶瓣图中较高转速 11000r/min 和高转速 20000r/min 出现了明显的“孤岛”现象，相比铣刀螺旋角为 20°时，高转速 11000r/min、小轴向切深出现的“孤岛”变小，并在该“孤岛”上方大轴向切深、高转速 20000r/min 时新增“孤岛”；在铣刀螺旋角为 50°时，如图 2-7(d)所示，在铣削过程稳定性叶瓣图中高转速 20000r/min 出现“孤岛”，相比铣刀螺旋角为 30°，在较高转速 11000r/min 出现的“孤岛”消失不见，原来在 20000r/min 小轴向切深出现的“孤岛”变小，在该“孤岛”上方大轴向切深出现“孤岛”。

对比图 2-7 中(a)、(b)、(c)和(d)中不同螺旋角铣刀的铣削过程稳定性叶瓣图可以看出：首先，“孤岛”现象总紧贴着铣削稳定性叶瓣图中上升沿右侧出现；其次，随着铣刀螺旋角的增大，铣削稳定性叶瓣图中的“孤岛”现象在低转速中消失，并逐渐出现在高转速中，呈现出“孤岛”由左向右移动的趋势；最后，在某一固定转速附近的“孤岛”，随着铣刀螺旋角的增大，小轴向切深“孤岛”减小，大轴向切深“孤岛”出现。

参考文献

[1] Altintas Y, Budak E. Analytical prediction of stability lobes in milling[J]. CIRP, 1995, 44(1): 357-362.

[2] Insperger T, Gradisek J, Kalveram M, et al. Machine tool chatter and surface location error in milling processes[J]. Journal of Manufacturing Science and Engineering-Transactions of the ASME, 2006, 128 (4): 913-920.

[3] Schmitz T L, Mann B P. Closed-form solutions for surface location error in milling[J]. International Journal of Machine Tools & Manufacture, 2006, 46 (12-13): 1369-1377.

[4] Qiao B, Zhang X, Wang C, et al. Sparse regularization for force identification using dictionaries[J]. Journal of Sound and Vibration, 2016, 368: 71-86.

[5] Qiao B, Zhang X, Gao J, et al. Sparse deconvolution for the large-scale ill-posed inverse problem of impact force reconstruction[J]. Mechanical Systems and Signal Processing, 2017, 83: 93-115.

[6] Aster R C, Thurber C H, Borchers B. Parameter Estimation and Inverse Problems[M]. New York:

Academic Press, 2013.

[7] Hansen P C. Rank-Deficient and Discrete Ill-Posed Problems[M]. Philadelphia: Society for Industrial and Applied Mathematics, 1998.

[8] 卢立勤, 乔百杰, 张兴武等. 共轭梯度最小二乘迭代正则化算法在冲击载荷识别中的应用[J]. 振动与冲击, 2016, 35(22): 176-182.

第 3 章　高速铣削颤振变参数抑制

3.1　引　　言

从第 2 章高速铣削动力学模型中可以看出，系统参数以及转速、切深等加工参数会直接影响到铣削颤振的发生，选择合理的切深以及转速可有效抑制颤振的发生。然而，在实际铣削过程中，随着切削发热、材料去除等的影响，系统的参数也会发生变化。因此，采用固定的合理切削参数，也不能保证颤振在整个加工过程中得到有效抑制。本章针对铣削时变过程，从刚度和转速角度实现颤振的变参数抑制。

3.2　多频变转速高速铣削颤振抑制

转速的变化可直接影响到系统的稳定性叶瓣图，直接影响铣削过程的稳定性。因此，通过调整转速的变化，实现颤振抑制也可以有效提升铣削稳定性与加工效果。

3.2.1　多频变转速铣削动力学模型

如图 3-1 所示，铣削过程可以简化为两自由度质量-弹簧-阻尼系统。假设工件是刚性的，不会发生变形，假设铣刀在 x 和 y 方向是柔性的，其中 x 表示进给方向，y 表示垂直于进给方向。不考虑两个方向的耦合效应，那么铣削过程中的控制方程可以写为

$$\begin{bmatrix} m_x & 0 \\ 0 & m_y \end{bmatrix}\begin{bmatrix} \ddot{x}(t) \\ \ddot{y}(t) \end{bmatrix}+\begin{bmatrix} c_x & 0 \\ 0 & c_y \end{bmatrix}\begin{bmatrix} \dot{x}(t) \\ \dot{y}(t) \end{bmatrix}+\begin{bmatrix} k_x & 0 \\ 0 & k_y \end{bmatrix}\begin{bmatrix} x(t) \\ y(t) \end{bmatrix}=\begin{bmatrix} F_x(t) \\ F_y(t) \end{bmatrix} \tag{3-1}$$

式中，m_x 和 m_y、c_x 和 c_y、k_x 和 k_y、F_x 和 F_y 分别是 x 和 y 方向的模态质量、模态阻尼、模态刚度以及铣削力；$x(t)$ 和 $y(t)$ 表示刀尖在两个方向的位移。式(3-1)可以写成矩阵的形式

$$\boldsymbol{M}\ddot{\boldsymbol{X}}(t)+\boldsymbol{C}\dot{\boldsymbol{X}}(t)+\boldsymbol{K}\boldsymbol{X}(t)=\boldsymbol{F}(t) \tag{3-2}$$

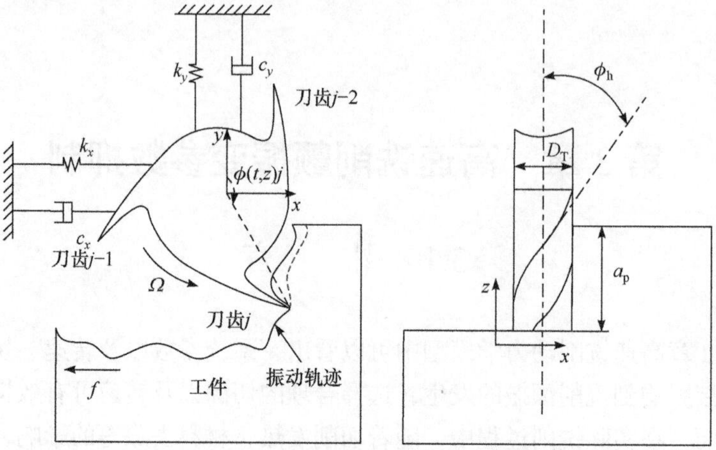

图 3-1　两自由度铣削动力学模型

考虑到螺旋角效应，铣削力$\begin{bmatrix} F_x(t) & F_y(t) \end{bmatrix}^T$可以写为

$$\begin{bmatrix} F_x(t) \\ F_y(t) \end{bmatrix} = \begin{bmatrix} \sum_{j=1}^{N_T} \int_{z_1(t)}^{z_2(t)} dF_{jx}(t,z) \\ \sum_{j=1}^{N_T} \int_{z_1(t)}^{z_2(t)} dF_{jy}(t,z) \end{bmatrix} \tag{3-3}$$

式中，N_T是铣刀刀齿数；$z_1(t)$和$z_2(t)$分别是刀齿的切入点和切出点。$dF_{jx}(t,z)$和$dF_{jy}(t,z)$是t时刻，第j个刀齿在高度z处所受到的微元铣削力

$$\begin{aligned} dF_{jx}(t,z) &= -dF_{jt}(t,z)\cos(\phi_j(t,z)) - dF_{jn}(t,z)\sin(\phi_j(t,z)) \\ dF_{jy}(t,z) &= dF_{jt}(t,z)\sin(\phi_j(t,z)) - dF_{jn}(t,z)\cos(\phi_j(t,z)) \end{aligned} \tag{3-4}$$

第j个刀齿在高度z处的角位置可以定义为

$$\phi_j(t,z) = \frac{2\pi}{60}\int_0^t \Omega(s)ds + (j-1)2\pi / N_T - z\frac{2\tan\phi_h}{D_T} \tag{3-5}$$

式中，$\Omega(t)$是时变的主轴转速；ϕ_h和D_T分别是螺旋角和铣刀直径。切向和法向微元铣削力可以表示为

$$\begin{aligned} dF_{jt}(t,z) &= g(\phi_j(t,z))\xi_t S_D(t,z)dz \\ dF_{jn}(t,z) &= g(\phi_j(t,z))\xi_n S_D(t,z)dz \end{aligned} \tag{3-6}$$

式中，ξ_t和ξ_n分别是切向和法向铣削力系数。$g(\phi_j(t,z))$是阶跃函数

$$g(\phi_j(t,z)) = \begin{cases} 1, & \phi_{st} < \phi_j(t,z) < \phi_{ex} \\ 0, & \text{其他} \end{cases} \tag{3-7}$$

式中，ϕ_{st} 和 ϕ_{ex} 分别是切入角和切出角。动态切削厚度 $S_{\mathrm{D}}(t,z)$ 可以表示为

$$\begin{aligned}S_{\mathrm{D}}(t,z)=&(x(t)-x(t-\tau(t)))\sin(\phi_j(t,z))\\&+(y(t)-y(t-\tau(t)))\cos(\phi_j(t,z))\end{aligned}\tag{3-8}$$

式中，$\tau(t)$ 是主轴转速变化导致的时变时延。

在本节中，采用多谐波的转速变化形式。因此，主轴转速可以表示为

$$\varOmega(t)=\varOmega_0\left[1+\sum_{i=1}^{l}\mathrm{RVA}_i\sin\left(\mathrm{RVF}_i\frac{2\pi}{60}\varOmega_0 t+\varphi_i\right)\right]\tag{3-9}$$

式中，$\varOmega_0$ 是名义转速；RVA_i 是第 i 个谐波主轴转速变化幅值与名义转速变化幅值的比值；φ_i 是第 i 个谐波主轴转速变化的相位；RVF_i 是第 i 个谐波主轴转速变化的频率，可以表示为 $\mathrm{RVF}_i=i\cdot\mathrm{RVF}_1$，其中 RVF_1 是第一个谐波主轴转速变化的频率。

将式(3-9)代入式(3-5)可以得到

$$\begin{aligned}\phi_j(t,z)=&\frac{2\pi}{60}\left[\varOmega_0 t+\sum_{i=1}^{l}\frac{60\mathrm{RVA}_i}{\pi\mathrm{RVF}_i}\left(\cos(\varphi_i)-\cos\left(\mathrm{RVF}_i\frac{2\pi}{60}\varOmega_0 t+\varphi_i\right)\right)\right]\\&+(j-1)2\pi/N_{\mathrm{T}}-z\frac{2\tan\phi_{\mathrm{h}}}{D_{\mathrm{T}}}\end{aligned}\tag{3-10}$$

从而可以隐性地给出时变时延的表达式

$$\int_{t-\tau(t)}^{t}\varOmega(s)/60\mathrm{d}s=\frac{1}{N_{\mathrm{T}}}\tag{3-11}$$

在这种情况下，$\tau(t)$ 无法给出解析表达式。幸运的是，对于小幅值比 RVF_i 和 RVA_i，$\tau(t)$ 可以近似表达为

$$\tau(t)=\tau_0\left[1-\sum_{i=1}^{l}\mathrm{RVA}_i\sin\left(\mathrm{RVF}_i\frac{2\pi}{60}\varOmega_0 t+\varphi_i\right)\right]\tag{3-12}$$

式中，$\tau_0=60/(N_{\mathrm{T}}\varOmega_0)$，是名义时延。

式(3-12)显示时变时延 $\tau(t)$ 有统一的周期 $T=60/(\mathrm{RVF}\varOmega_0)$。为了利用基于 Floquet 理论的稳定性分析方法，动力学方程必须是周期的才可以[1]，比如

$$pT=q\tau_0\tag{3-13}$$

式中，p 和 q 是互质的。因此，T 和 τ_0 的最小公倍数 pT 可以用来作为 Floquet 周期。值得注意的是，如果 T 和 τ_0 不是有理数，那么系统就是准周期的，便不能用 Floquet 理论进行稳定性分析[2]。在本节中，所选的调制参数均是满足式(3-13)的，无理数的情况不予讨论。

根据上述分析，可以得到描述多频变转速铣削过程的控制方程。同时，螺旋角的影响也需要加以说明。如图 3-2 所示，积分上下限 $z_1(t)$ 和 $z_2(t)$ 可分别表示为

实例 1

$$\begin{cases} \text{如果}\ \phi_{\text{st}} < \phi_j(t,z)|_{z=0} < \phi_{\text{ex}}, & \text{则}\ z_{j,1} = 0 \\ \text{如果}\ \phi_{\text{st}} < \phi_j(t,z)|_{z=a_\text{p}} < \phi_{\text{ex}}, & \text{则}\ z_{j,2} = a_\text{p} \end{cases} \tag{3-14}$$

实例 2

$$\begin{cases} \text{如果}\ \phi_{\text{st}} < \phi_j(t,z)|_{z=0} < \phi_{\text{ex}}, & \text{则}\ z_{j,1} = 0 \\ \text{如果}\ \phi_j(t,z)|_{z=a_\text{p}} < \phi_{\text{st}}, & \text{则}\ z_{j,2} = (\phi_j(t,z)|_{z=0} - \phi_{\text{st}})/k_\theta \end{cases} \tag{3-15}$$

实例 3

$$\begin{cases} \text{如果}\ \phi_j(t,z)|_{z=0} > \phi_{\text{ex}}, & \text{则}\ z_{j,1} = (\phi_j(t,z)|_{z=0} - \phi_{\text{ex}})/k_\theta \\ \text{如果}\ \phi_{\text{st}} < \phi_j(t,z)|_{z=b} < \phi_{\text{ex}}, & \text{则}\ z_{j,2} = b \end{cases} \tag{3-16}$$

实例 4

$$\begin{cases} \text{如果}\ \phi_j(t,z)|_{z=0} > \phi_{\text{ex}}, & \text{则}\ z_{j,1} = (\phi_j(t,z)|_{z=0} - \phi_{\text{ex}})/k_\theta \\ \text{如果}\ \phi_j(t,z)|_{z=a_\text{p}} < \phi_{\text{st}}, & \text{则}\ z_{j,2} = (\phi_j(t,z)|_{z=0} - \phi_{\text{st}})/k_\theta \end{cases} \tag{3-17}$$

实例 5

$$\begin{cases} \text{如果}\ \phi_j(t,z)|_{z=0} > \phi_{\text{ex}}\ \text{并且}\ \phi_j(t,z)|_{z=a_\text{p}} > \phi_{\text{ex}} \\ \text{刀齿不参与切削} \end{cases} \tag{3-18}$$

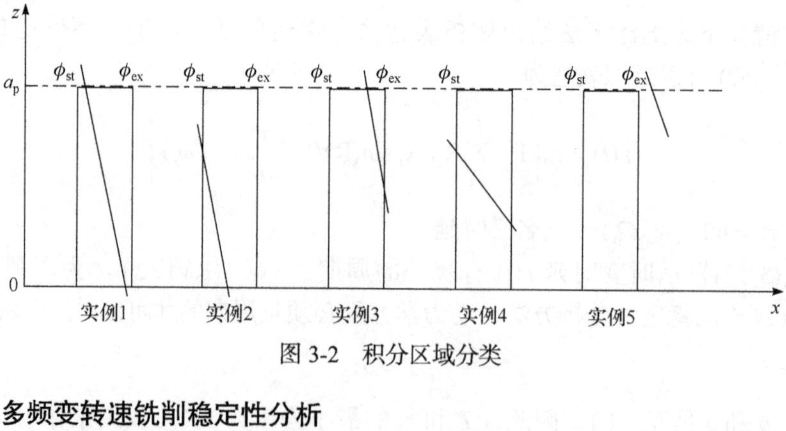

图 3-2　积分区域分类

3.2.2　多频变转速铣削稳定性分析

要进行多频变转速铣削稳定性分析，首先要进行系统动力学方程的状态空间转换。令 $\boldsymbol{X}(t) = [x(t), y(t)]^\text{T}$，以及 $\boldsymbol{Y}(t) = [\boldsymbol{X}(t), \boldsymbol{M}\dot{\boldsymbol{X}}(t) + \boldsymbol{C}\boldsymbol{X}(t)/2]^\text{T}$，则两自由度铣

削动力学方程(3-2)可以表示为

$$\dot{\boldsymbol{Y}}(t)=\boldsymbol{A}_0\boldsymbol{Y}(t)+\boldsymbol{A}(t)[\boldsymbol{Y}(t)-\boldsymbol{Y}(t-\tau(t))] \tag{3-19}$$

式中，$\boldsymbol{A}_0$ 和 $\boldsymbol{A}(t)$ 分别是时不变和时变的系数矩阵，可分别表示为

$$\boldsymbol{A}_0=\begin{bmatrix} -\boldsymbol{M}^{-1}\boldsymbol{C}/2 & \boldsymbol{M}^{-1} \\ \boldsymbol{C}\boldsymbol{M}^{-1}\boldsymbol{C}/4-\boldsymbol{K} & -\boldsymbol{C}\boldsymbol{M}^{-1}/2 \end{bmatrix} \tag{3-20}$$

$$\boldsymbol{A}(t)=\begin{bmatrix} 0 & 0 & 0 & 0 \\ 0 & 0 & 0 & 0 \\ H_{xx}(t) & H_{xy}(t) & 0 & 0 \\ H_{yx}(t) & H_{yy}(t) & 0 & 0 \end{bmatrix} \tag{3-21}$$

式中，

$$\begin{aligned}
H_{xx}(t)&=-\sum_{j=1}^{N_\mathrm{T}}\int_{z_{j,1}}^{z_{j,2}} g(\phi_j(t,z))(\xi_\mathrm{t}\cos(\phi_j(t,z))+\xi_\mathrm{n}\sin(\phi_j(t,z)))\sin(\phi_j(t,z))\mathrm{d}z \\
H_{xy}(t)&=-\sum_{j=1}^{N_\mathrm{T}}\int_{z_{j,1}}^{z_{j,2}} g(\phi_j(t,z))(\xi_\mathrm{t}\cos(\phi_j(t,z))+\xi_\mathrm{n}\sin(\phi_j(t,z)))\cos(\phi_j(t,z))\mathrm{d}z \\
H_{yx}(t)&=-\sum_{j=1}^{N_\mathrm{T}}\int_{z_{j,1}}^{z_{j,2}} g(\phi_j(t,z))(-\xi_\mathrm{t}\sin(\phi_j(t,z))+\xi_\mathrm{n}\cos\phi_j(t,z)))\sin(\phi_j(t,z))\mathrm{d}z \\
H_{yy}(t)&=-\sum_{j=1}^{N_\mathrm{T}}\int_{z_{j,1}}^{z_{j,2}} g(\phi_j(t,z))(-\xi_\mathrm{t}\sin(\phi_j(t,z))+\xi_\mathrm{n}\cos\phi_j(t,z)))\cos(\phi_j(t,z))\mathrm{d}z
\end{aligned} \tag{3-22}$$

式(3-19)数值求解的第一步是将时间周期 T 进行离散，将 T 等距离散为 n 个小的时间区间 $T=n\cdot\Delta t$，其中 n 是关于时间周期的近似参数。因此，时间区间长度 Δt 可以写为

$$\Delta t=t_{i+1}-t_i=\frac{T}{n}=\frac{60}{n\cdot\mathrm{RVF}\cdot\Omega_0} \tag{3-23}$$

在每个小的时间区间 $[t_i,t_{i+1}]$ 内，平均时延可以计算为

$$\tau_i=\frac{1}{\Delta t}\int_{t_i}^{t_{i+1}}\tau(t)\mathrm{d}z \tag{3-24}$$

引入一组序列 n_i 来统一表示平均时延

$$n_i=\mathrm{int}\left(\frac{\tau_i+\Delta t/2}{\Delta t}\right)=\mathrm{int}\left(\frac{\tau_i}{\Delta t}+0.5\right) \tag{3-25}$$

式中，int(·)表示向零取整函数。时延是周期变化的，因此 n_i 的最大值可用来作为关于时延长度的近似参数

$$N_{\tau} = \max\{n_i\}, \quad i = 1,2,\cdots,n \tag{3-26}$$

因为

$$\frac{\tau_i}{\Delta t} = \frac{n \cdot \mathrm{RVF}}{N_{\mathrm{T}}}(1 - c_i) \tag{3-27}$$

并且

$$c_i = \frac{n}{2\pi}\sum_{i=1}^{l}\frac{\mathrm{RVA}_i}{i}\int_{\frac{2\pi}{n}j+\varphi_i}^{\frac{2\pi}{n}(j+1)+\varphi_i}\sin t\mathrm{d}t \tag{3-28}$$

所以，n_i 可以写成

$$n_i = \mathrm{int}\left[\frac{n \cdot \mathrm{RVF}}{N_{\mathrm{T}}}(1 - c_i) + 0.5\right] \tag{3-29}$$

至此可以看出，主轴转速变化的相位会影响式(3-28)的积分上下限，从而影响铣削稳定性。在区间 $[t_i, t_{i+1}]$ 上，记 $\boldsymbol{Y}_i = \boldsymbol{Y}(t_i)$ 为初始条件，利用直接积分方法可得到式(3-19)的响应

$$\boldsymbol{Y}(t) = \mathrm{e}^{\boldsymbol{A}_0(t-t_i)}\boldsymbol{Y}_i + \int_{t_i}^{t}\left\{\mathrm{e}^{\boldsymbol{A}_0(t-\chi)}A(\chi)[\boldsymbol{Y}(\chi) - \boldsymbol{Y}(\chi - \tau_i)]\right\}\mathrm{d}\chi \tag{3-30}$$

式(3-30)可等效表达为

$$\boldsymbol{Y}_{i+1} = \mathrm{e}^{\boldsymbol{A}_0\Delta t}\boldsymbol{Y}_i + \int_{t_i}^{t_{i+1}}\left\{\mathrm{e}^{\boldsymbol{A}_0(t_{i+1}-\chi)}A(\chi)[\boldsymbol{Y}(\chi) - \boldsymbol{Y}(\chi - \tau_i)]\right\}\mathrm{d}\chi \tag{3-31}$$

式中，$t_i = i \cdot \Delta t$ ，并且

$$\boldsymbol{A}(t) = \boldsymbol{A}_i + \frac{\boldsymbol{A}_{i+1} - \boldsymbol{A}_i}{\Delta t}(t - t_i) \tag{3-32}$$

$$\boldsymbol{Y}(t) = \boldsymbol{Y}_i + \frac{\boldsymbol{Y}_{i+1} - \boldsymbol{Y}_i}{\Delta t}(t - t_i) \tag{3-33}$$

$$\boldsymbol{Y}(t - \tau_i) = w_{\beta i}\boldsymbol{Y}_{i-N_{\tau}} + w_{\alpha i}\boldsymbol{Y}_{i+1-N_{\tau}} \tag{3-34}$$

式中，$\boldsymbol{A}_i = \boldsymbol{A}(t_i)$ ；$w_{\alpha i} = \dfrac{n_i\Delta t + \Delta t/2 - \tau_i}{\Delta t}$ ；$w_{\beta i} = \dfrac{-n_i\Delta t + \Delta t/2 + \tau_i}{\Delta t}$ 。根据式(3-27)，权重 $w_{\alpha i}$ 和 $w_{\beta i}$ 又可以表示为

$$w_{\alpha i} = n_i + 0.5 - \frac{n \cdot \mathrm{RVF}(1 - c_i)}{N_{\mathrm{T}}} \tag{3-35}$$

$$w_{\beta i} = \frac{n \cdot \mathrm{RVF}(1 - c_i)}{N_{\mathrm{T}}} + 0.5 - n_i \tag{3-36}$$

将式(3-32)、式(3-33)和式(3-34)代入式(3-31)，可得

$$\boldsymbol{Y}_{i+1}=(\boldsymbol{\Phi}_0+\boldsymbol{F}_i)\boldsymbol{Y}_i+\boldsymbol{P}_i\boldsymbol{Y}_{i+1}-\omega_{\beta i}\boldsymbol{R}_i\boldsymbol{Y}_{i-N_\tau}-\omega_{\alpha i}\boldsymbol{R}_i\boldsymbol{Y}_{i+1-N_\tau} \tag{3-37}$$

式中

$$\boldsymbol{F}_i=\left(\boldsymbol{\Phi}_1-\frac{2}{\Delta t}\boldsymbol{\Phi}_2+\frac{1}{\Delta t^2}\boldsymbol{\Phi}_3\right)\boldsymbol{A}_i+\left(\frac{1}{\Delta t}\boldsymbol{\Phi}_2-\frac{1}{\Delta t^2}\boldsymbol{\Phi}_3\right)\boldsymbol{A}_{i+1} \tag{3-38}$$

$$\boldsymbol{P}_i=\left(\frac{1}{\Delta t}\boldsymbol{\Phi}_2-\frac{1}{\Delta t^2}\boldsymbol{\Phi}_3\right)\boldsymbol{A}_i+\frac{1}{\Delta t^2}\boldsymbol{\Phi}_3\boldsymbol{A}_{i+1} \tag{3-39}$$

$$\boldsymbol{R}_i=\left(\boldsymbol{\Phi}_1-\frac{1}{\Delta t}\boldsymbol{\Phi}_2\right)\boldsymbol{A}_i+\frac{1}{\Delta t^2}\boldsymbol{\Phi}_2\boldsymbol{A}_{i+1} \tag{3-40}$$

明显地，$\boldsymbol{\Phi}_0$、$\boldsymbol{\Phi}_1$、$\boldsymbol{\Phi}_2$ 和 $\boldsymbol{\Phi}_3$ 的表达式为

$$\boldsymbol{\Phi}_0=\mathrm{e}^{\boldsymbol{A}_0\Delta t} \tag{3-41}$$

$$\boldsymbol{\Phi}_1=\int_0^{\Delta t}\mathrm{e}^{\boldsymbol{A}_0(\Delta t-\chi)}\mathrm{d}\chi=\boldsymbol{A}_0^{-1}(\boldsymbol{\Phi}_0-\boldsymbol{I}) \tag{3-42}$$

$$\boldsymbol{\Phi}_2=\int_0^{\Delta t}\chi\mathrm{e}^{\boldsymbol{A}_0(\Delta t-\chi)}\mathrm{d}\chi=\boldsymbol{A}_0^{-1}(\boldsymbol{\Phi}_1-\Delta t\cdot\boldsymbol{I}) \tag{3-43}$$

$$\boldsymbol{\Phi}_3=\int_0^{\Delta t}\chi^2\mathrm{e}^{\boldsymbol{A}_0(\Delta t-\chi)}\mathrm{d}\chi=\boldsymbol{A}_0^{-1}(2\boldsymbol{\Phi}_2-\Delta t^2\cdot\boldsymbol{I}) \tag{3-44}$$

式中，$\boldsymbol{I}$ 表示单位矩阵。

对式(3-37)进行变换，可以得到区间 $[t_i,t_{i+1}]$ 上 $4(k+1)$ 维的离散映射

$$\boldsymbol{X}_{z(i+1)}=\boldsymbol{D}_i\boldsymbol{X}_{zi} \tag{3-45}$$

式中，$\boldsymbol{X}_{zi}=\cos(\boldsymbol{Y}_i,\boldsymbol{Y}_{i-1},\cdots,\boldsymbol{Y}_{i-N_\tau})$，并且有

$$\boldsymbol{D}_i=\begin{bmatrix}\boldsymbol{H}_i(\boldsymbol{\Phi}_0+\boldsymbol{F}_i) & 0 & \cdots & 0 & -\boldsymbol{H}_i w_{\alpha i}\boldsymbol{R}_i & -\boldsymbol{H}_i w_{\beta i}\boldsymbol{R}_i\\ \boldsymbol{I} & 0 & \cdots & 0 & 0 & 0\\ 0 & \boldsymbol{I} & \cdots & 0 & 0 & 0\\ \vdots & \vdots & \ddots & \vdots & \vdots & \vdots\\ 0 & 0 & \cdots & 0 & \boldsymbol{I} & 0\end{bmatrix} \tag{3-46}$$

式中，$\boldsymbol{H}_i=(\boldsymbol{I}-\boldsymbol{P}_i)^{-1}$。因此，整个 Floquet 周期上的整体状态转移矩阵可以表示为

$$\boldsymbol{\Phi}=\boldsymbol{D}_{n-1}\boldsymbol{D}_{n-2}\cdots\boldsymbol{D}_0 \tag{3-47}$$

根据 Floquet 理论，系统稳定性取决于下述准则：如果状态转移矩阵 $\boldsymbol{\Phi}$ 所有特征值模的最大值小于 1，系统是稳定的；大于 1，系统是不稳定的；等于 1，系统临界稳定。因此，可以根据 Floquet 理论计算铣削过程稳定性极限。

3.2.3　多频变转速铣削参数优化

由式(3-9)可知，多频主轴转速变化可以用一些特定的参数进行描述，因此可以采用遗传算法对这些参数进行优化，最大限度地提升铣削稳定性极限。

决策变量：截断系数γ_{n}，幅值比RVA_i，相位φ_i以及基频RVF。

目标函数：$J=\sum_{i=1}^{\Omega_{\mathrm{n}}} J_i$，$J_i$是各个转速下临界轴向切削深度，$\Omega_{\mathrm{n}}$是转速区$[4000\mathrm{r/min}, 16000\mathrm{r/min}]$上转速的离散数。

约束条件：$1\leqslant\gamma_{\mathrm{n}}\leqslant 3$，$0.01\leqslant\mathrm{RVF}\leqslant 0.5$，$0\leqslant\varphi_i\leqslant 2\pi$，考虑到合理的切削条件[3]

$$0.01\leqslant\max\left\{\mathrm{abs}\left[\sum_{i=1}^{\gamma_{\mathrm{n}}}\mathrm{RVA}_i\sin\left(\mathrm{RVF}_i\frac{2\pi}{60}\Omega_0 t+\varphi_i\right)\right]\right\}\leqslant 0.4 \tag{3-48}$$

式中，max 和 abs 分别表示最大值和绝对值运算。

在遗传算法执行过程中，其参数设置如下：个体数 40，最大遗传代数 50，交叉概率 0.7，变异概率 0.1。切削参数：顺铣，径向切深比 0.1，两齿铣刀，直径 12.7mm，螺旋角 30°，固有频率 922Hz，阻尼比 0.011，模态质量 0.03993kg，切向铣削力系数$6\times10^8\mathrm{N/m^2}$，法向铣削力系数$2\times10^8\mathrm{N/m^2}$。目标函数随遗传代数的进化结果如图 3-3 所示，目标函数值随着遗传逐步增大，并在第 19 代开始之后稳定在 0.3867m。优化结果见表 3-1，原始的和优化后的铣削稳定性叶瓣图见图 3-4。从图中可以看出，优化后的叶瓣图有更高的铣削稳定性极限，优化前后目标函数从 0.2259m 增加到 0.3867m，验证了所提方法的有效性。除此之外，从图 3-4 还可以看出，优化后的铣削稳定性极限明显得到提升，尤其是在高速铣削区域稳定

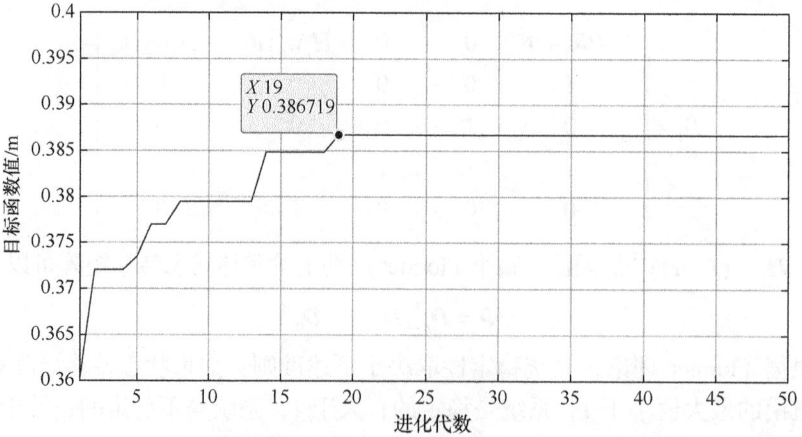

图 3-3　优化过程中的目标函数值

性极限也得以大幅度提升，可以证明多频变转速克服了传统主轴转速变化不能应用于高速铣削颤振抑制的缺点。

表 3-1　遗传算法优化结果

参数	值
截断系数 γ_n	2
幅值比 RVA_1	0.085714
幅值比 RVA_2	0.3
相位 φ_1	2.6928rad
相位 φ_2	6.2832rad
基频 RVF	0.43571

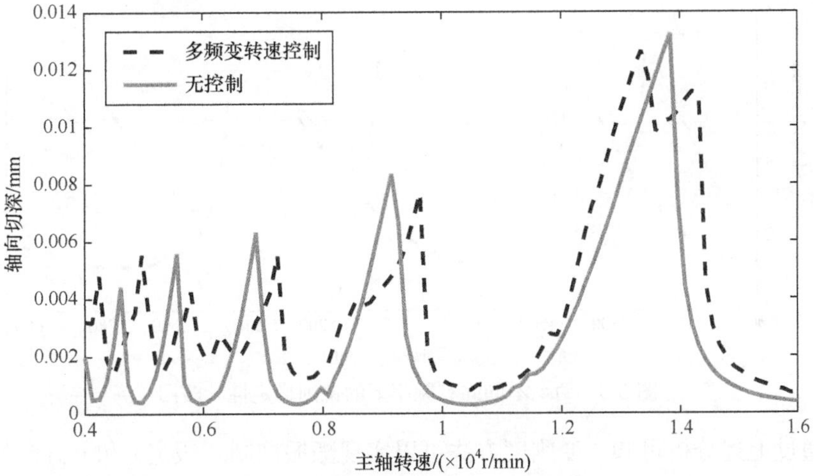

图 3-4　优化前后的铣削稳定性叶瓣图

3.3　时变刚度激励高速铣削颤振抑制

通过外部系统施加激励力，可实现系统刚度的变化，考虑单频、多频，采用正弦激励以及随机激励，通过优化调整激励参数，可实现颤振的抑制。单频变刚度通过调制铣削系统刚度的方法来抑制颤振，在中低转速下变刚度方法可以大幅提高叶瓣图的稳定性极限。多频刚度激励和随机刚度激励方法，分别利用遗传算法和随机游走算法对两种控制算法进行优化，可提升全转速范围内的颤振抑制效果。

3.3.1 单频变刚度铣削颤振抑制

1. 单频变刚度铣削动力学模型

对于铣削系统，通过压电堆施加外部激励，系统刚度会随着压电堆预紧力的变化而发生变化，而刚度的变化会导致系统固有频率发生变化。如图 3-5 所示，图中实线和虚线分别表示两个不同刚度下的铣削稳定性叶瓣图。随着铣削系统刚度的变化，图中的切削点 A 交替地出现在稳定和不稳定区域内。在不稳定区域，铣削系统会储存能量，从而导致颤振，而在稳定区域，系统会耗散能量，从而消除颤振。因此，刚度变化会使得叶瓣图交叉区域的点交替地处于稳定和不稳定的状态，由于发生颤振所需要的能量不会持续得到累积，颤振得以抑制。

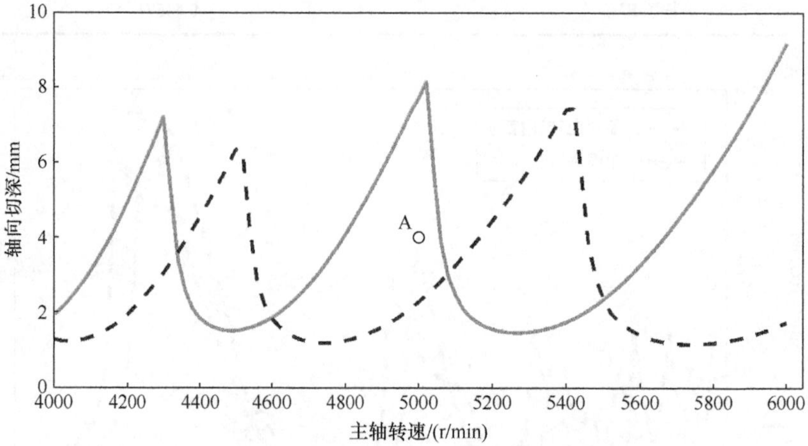

图 3-5　两个不同固有频率下的铣削稳定性叶瓣图

通过上述分析可知，变刚度方法可以实现颤振抑制。假定 x 和 y 方向的刚度以 $f_x(t)$ 和 $f_y(t)$ 的方式发生变化，那么系统刚度具有如下的变化形式：

$$\boldsymbol{K}(t)=\begin{bmatrix} k_x(1+f_x(t)) & 0 \\ 0 & k_y(1+f_y(t)) \end{bmatrix} \tag{3-49}$$

假设刀具相对于刚性工件是柔性的，铣削过程可简化为两自由度数学振动方程，不考虑两个方向的耦合效应，则该动力学方程可表示为如下形式：

$$\begin{bmatrix} \ddot{x} \\ \ddot{y} \end{bmatrix}+\begin{bmatrix} 2\zeta_x\omega_{\mathrm{n}x} & 0 \\ 0 & 2\zeta_y\omega_{\mathrm{n}y} \end{bmatrix}\begin{bmatrix} \dot{x} \\ \dot{y} \end{bmatrix}+\begin{bmatrix} {\omega_{\mathrm{n}x}}^2(1+f_x(t)) & 0 \\ 0 & {\omega_{\mathrm{n}y}}^2(1+f_y(t)) \end{bmatrix}\begin{bmatrix} x \\ y \end{bmatrix}$$
$$=\boldsymbol{M}^{-1}\boldsymbol{K}_{\mathrm{c}}a\begin{bmatrix} x(t-\tau)-x(t) \\ y(t-\tau)-y(t) \end{bmatrix} \tag{3-50}$$

式(3-49)和式(3-50)中，k_x 和 k_y 、ζ_x 和 ζ_y 、ω_{nx} 和 ω_{ny} 分别是 x 和 y 方向的刚度、阻尼比、模态固有频率；$\boldsymbol{K}_c$ 的表达式为式(3-51)。此外，$f_x(t)$ 和 $f_y(t)$ 可以是各种不同的函数，如随机波形、正弦波、三角波、方波等，其幅值和频率也是可调节的。

$$\boldsymbol{K}_c(t)=\sum_{i=1}^{N_b}\sum_{j=1}^{N}g(\phi_j(z,t))\Delta b\begin{bmatrix}-\xi_t sc-\xi_n s^2 & -\xi_t c^2-\xi_n sc\\ \xi_t s^2-\xi_n sc & \xi_t sc-\xi_n c^2\end{bmatrix}\tag{3-51}$$

式中，$c=\cos(\phi_j(z,t))$；$s=\sin(\phi_j(z,t))$；其他参数已在第 2 章给出。

2. 单频变刚度铣削稳定性分析

为了采用半离散方法分析基于变刚度铣削动力学方程的稳定性，该方程需要变化为状态空间的形式。对于式(3-50)，采用柯西变换，利用 $\boldsymbol{X}(t)=[x(t)\ \ y(t)]^{\mathrm{T}}$ 和 $\boldsymbol{X}_p(t)=[\boldsymbol{X}(t)\ \ \dot{\boldsymbol{X}}(t)]^{\mathrm{T}}$ 进行代换，可得

$$\dot{\boldsymbol{X}}_p(t)=\boldsymbol{A}(t)\boldsymbol{X}_p(t)+\boldsymbol{B}(t)\boldsymbol{X}_p(t-\tau)\tag{3-52}$$

式中，$\boldsymbol{A}(t)$ 和 $\boldsymbol{B}(t)$ 可以表示成如下形式：

$$\boldsymbol{A}(t)=\begin{bmatrix}0 & 0 & 1 & 0\\ 0 & 0 & 0 & 1\\ -\omega_n^2[1+f_x(t)]-\dfrac{ah_{xx}(t)}{m_x} & -\dfrac{ah_{xy}(t)}{m_x} & -2\zeta_x\omega_{nx} & 0\\ -\dfrac{ah_{yx}(t)}{m_y} & -\omega_n^2[1+f_y(t)]-\dfrac{ah_{yy}(t)}{m_y} & 0 & -2\zeta_y\omega_{ny}\end{bmatrix}\tag{3-53}$$

$$\boldsymbol{B}(t)=\begin{bmatrix}0 & 0 & 0 & 0\\ 0 & 0 & 0 & 0\\ \dfrac{ah_{xx}(t)}{m_x} & \dfrac{ah_{xy}(t)}{m_x} & 0 & 0\\ \dfrac{ah_{yx}(t)}{m_y} & \dfrac{ah_{yy}(t)}{m_y} & 0 & 0\end{bmatrix}\tag{3-54}$$

采用半离散方法可以完成式(3-52)的稳定性分析。值得注意的是，在式(3-52)中，存在两个周期：刀尖穿越周期 T_1 和刚度变化周期 T_2 。为同时将这两个周期考虑进入半离散方法，此处的 Floquet 周期 T 采用的是刀尖穿越周期 T_1 和刚度变化周期 T_2 的最小公倍数，这样就可以保证在每个 Floquet 周期 T 的起始时间点上，

刀具的运动以及刚度变化状态是一致的。将该 Floquet 周期应用到经典的半离散方法中，具体的执行步骤如下：

(1) 构造长度为 Δt 的区间 $[t_i, t_{i+1}]$，其中 $T = n\Delta t$，n 表示 Floquet 周期离散份数；

(2) 使用 $\boldsymbol{X}_{\mathrm{p}}(t_j) = \boldsymbol{X}_{\mathrm{p}j}$ 简化公式；

(3) 采用线性插值方法近似时延项；

(4) 整理上面得到的公式，得到每个离散区间的映射；

(5) 将每个离散区间的映射矩阵相乘，得到整个 Floquet 周期的传递矩阵；

(6) 根据传递矩阵的最大特征值判断方程的稳定性。

基于上述分析，采用半离散方法可以得到刚度变化条件下的叶瓣图。仿真参数定义如下：刀齿数 $N_{\mathrm{T}} = 2$；切削力系数 $\xi_{\mathrm{t}} = 6\times10^{8}\,\mathrm{N/m^2}$ 和 $\xi_{\mathrm{n}} = 2\times10^{8}\,\mathrm{N/m^2}$；固有频率 $\omega_{\mathrm{n}x} = \omega_{\mathrm{n}y} = 922\,\mathrm{Hz}$；阻尼比 $\zeta_x = \zeta_y = 0.011$；模态质量 $m_x = m_y = 0.03993\mathrm{kg}$；径向切深比 0.1；逆铣。采用一些常见的函数作为刚度变化函数，如正弦波、方波以及三角波函数。此处为了简化，x 和 y 方向选用相同的刚度变化方式，也就意味着 $f_x(t) = f_y(t) = f(t)$。定义幅值比($\max(f(t))$)为刚度变化幅值与系统原始刚度之间的比值。在仿真中，刚度变化的幅值比为 0.1，变化频率为 50Hz。关于刚度变化参数对铣削稳定性叶瓣图的影响，随后小节中进行详细讨论，此处仅验证变刚度方法的有效性。仿真结果如图 3-6 所示，从整体上来看，刚度变化下的叶瓣图要比原始的叶瓣图高，这就意味着变刚度方法对于颤振抑制是有效的。刚度变化函数可以很方便地由信号发生器产生，因而该方法可以方便并广泛地应用于实际工业生产。

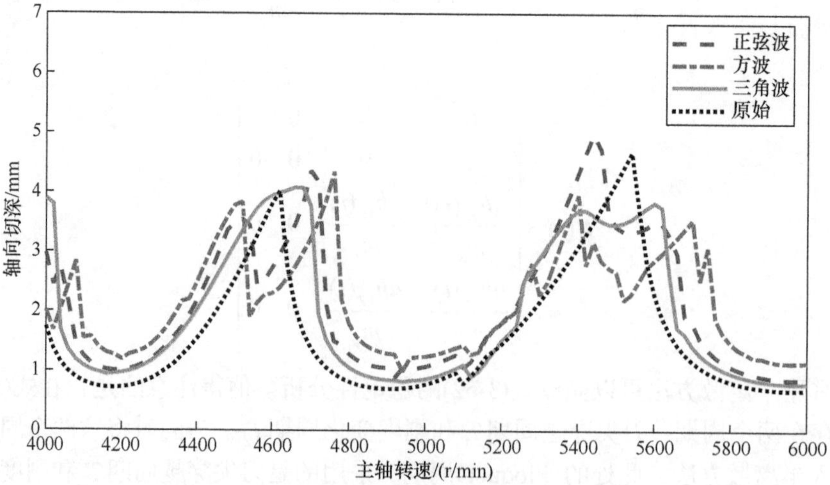

图 3-6　不同刚度变化下的铣削稳定性叶瓣图

为了验证刚度变化下叶瓣图的准确性，如图 3-7 所示，选取四组切削参数作为验证点进行验证：A(4400r/min，2mm)，B(4400r/min，2.5mm)，C(5500r/min，3mm)，D(4400r/min，4mm)；其中正方形(□)和圆圈(○)分别表示切削点参数位于稳定性叶瓣图的下侧和上侧，此处的刚度变化采用正弦，幅值比 0.1，频率 50Hz 的仿真参数。时域数值仿真采用 MATLAB 自带的时滞微分方程求解函数 DDE23，计算结果如图 3-8 所示：位于稳定区域点 A 和点 C 的时域仿真结果是收敛的，然而另外两个点的结果是发散的，说明基于刚度变化绘制的叶瓣图是正确的。

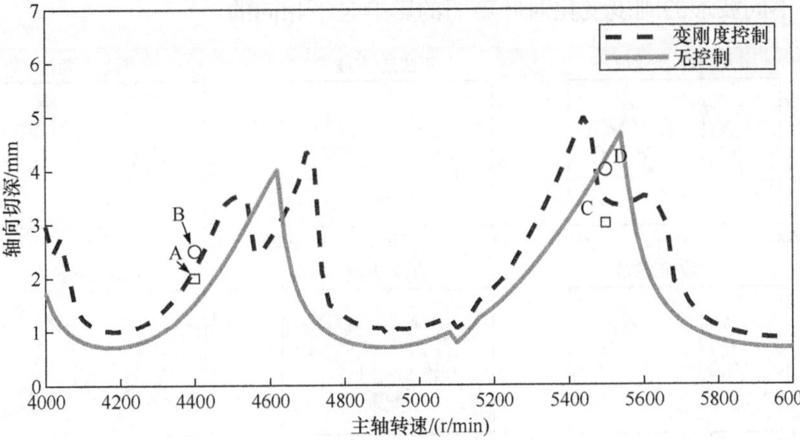

图 3-7　铣削稳定性叶瓣图及验证点

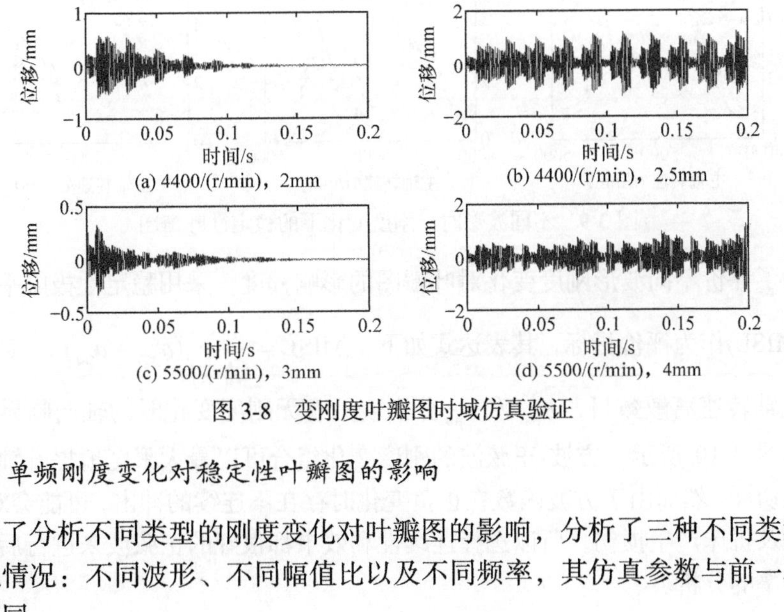

图 3-8　变刚度叶瓣图时域仿真验证

3. 单频刚度变化对稳定性叶瓣图的影响

为了分析不同类型的刚度变化对叶瓣图的影响，分析了三种不同类型的刚度变化情况：不同波形、不同幅值比以及不同频率，其仿真参数与前一小节的参数相同。

1) 不同波形时，刚度变化对叶瓣图的影响

选择常见的波形函数，如正弦波、方波、三角波等来讨论不同波形刚度变化对叶瓣图的影响。因此，x 和 y 两个方向的波形组合 $f_x(t)$-$f_y(t)$ 可分为 9 种：正弦波-正弦波、正弦波-方波、正弦波-三角波、方波-正弦波、方波-方波、方波-三角波、三角波-正弦波、三角波-方波、三角波-三角波。为保证变量的单一性，刚度变化的幅值比和频率在两个方向都是 0.1 和 50Hz。仿真结果如图 3-9 所示，其中实线和虚线分别表示刚度变化下的和原始的稳定性叶瓣图。该图显示在不同的转速下，不同波形的刚度变化对叶瓣图的影响是不相同的。

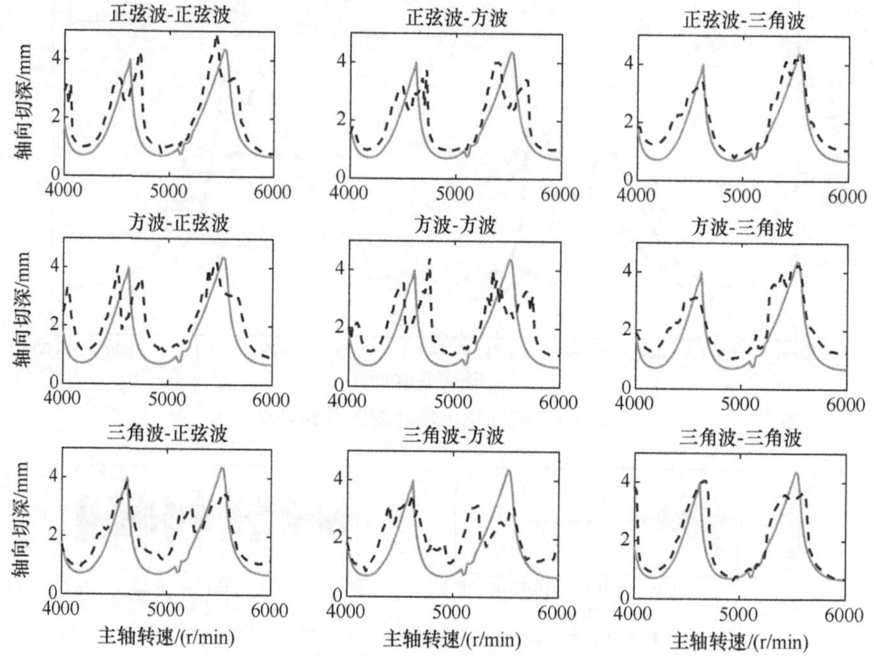

图 3-9　不同波形时，刚度变化下的稳定性叶瓣图

为了评价不同波形刚度变化对叶瓣图的影响程度，采用稳定性极限平均增加高度(MISL)作为评价指标，其表达式如下：$\mathrm{MISL}=\dfrac{1}{\Omega_\mathrm{n}}\sum_{i=1}^{\Omega_\mathrm{n}}(a_\mathrm{psv}-a_\mathrm{po})$，其中，$\Omega_\mathrm{n}$ 表示主轴转速离散数目，a_psv 和 a_po 分别表示有无刚度变化时的轴向临界切削深度。如图 3-10 所示，方波-正弦波的刚度变化组合可以最大限度地提升轴向临界稳定性切深。然而由于方波函数在正负变化时存在不连续的冲击，可能会对刀具、工件以及机床产生损伤，所以选择连续性和效果都很好的正弦波来进行后续幅值比和频率的分析。

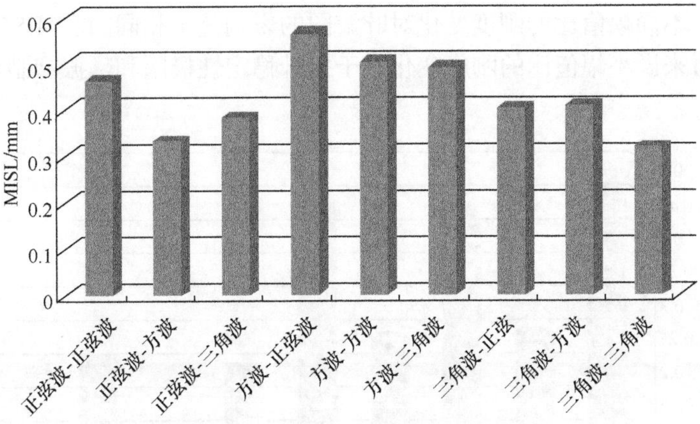

图 3-10　不同波形时，刚度变化下的 MISL

2) 不同幅值比时，刚度变化对叶瓣图的影响

根据上述分析，本节采用正弦波-正弦波形以及 50Hz 的刚度变化来探究不同幅值比刚度变化对叶瓣图的影响。因此，x 和 y 两个方程不同幅值比的刚度变化组合 $f_x(t)$-$f_y(t)$ 可分为 9 种：0.1-0.1、0.1-0.3、0.1-0.5、0.3-0.1、0.3-0.3、0.3-0.5、0.5-0.1、0.5-0.3 和 0.5-0.5，其中数字表示幅值比的大小。仿真结果如图 3-11 所示，其中虚线和实线分别表示刚度变化下的和原始的稳定性叶瓣图，该图显示在不同

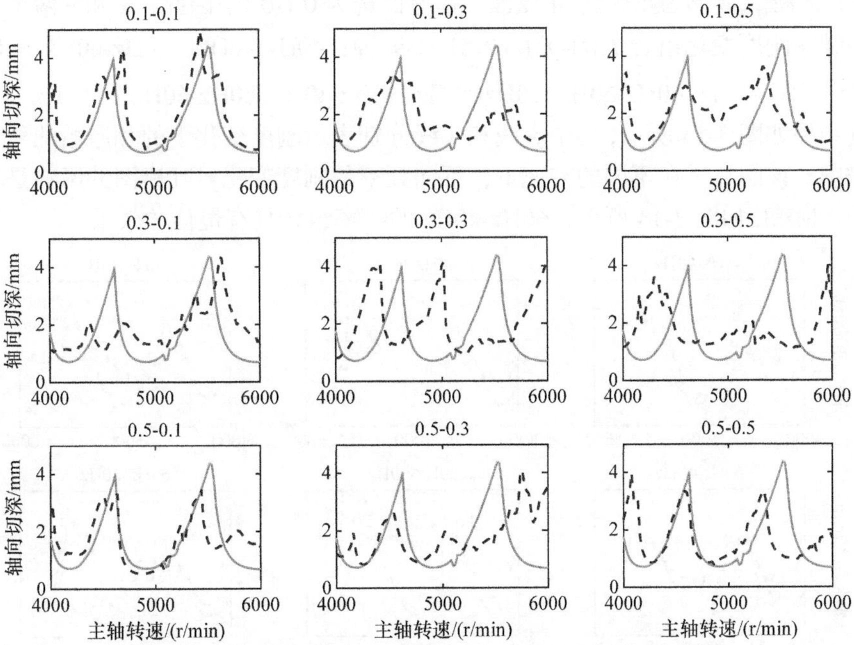

图 3-11　不同幅值比时，刚度变化下的稳定性叶瓣图

的转速下，不同幅值比的刚度变化对叶瓣图的影响是不相同的。MISL 如图 3-12 所示，相对来说小幅值比的刚度变化对于提升稳定性极限和颤振抑制可以起到更好的效果。

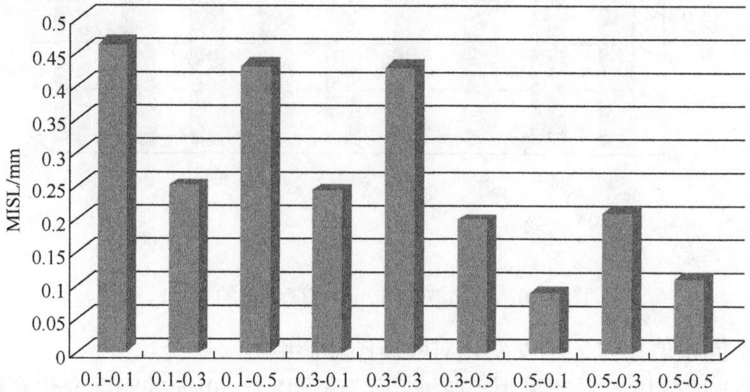

图 3-12　不同幅值比时，刚度变化下的 MISL

3) 不同频率时，刚度变化对叶瓣图的影响

文献[4]建议刚度调制频率在主轴旋转频率的一半左右比较好，因此，在本节中选择与 50Hz 对应的 4000～6000r/min 的转速来进行叶瓣图的绘制，调制频率选为 40~80Hz，波形为正弦波-正弦波，幅值比选为 0.1-0.1。因此，x 和 y 两个方向不同频率刚度变化组合 $f_x(t)$- $f_y(t)$ 可分为 9 种：40Hz-40Hz、40Hz-60Hz、40Hz-80Hz、60Hz-40Hz、60Hz-60Hz、60Hz-80Hz、80Hz-40Hz、80Hz-60Hz 和 80Hz-80Hz。仿真结果如图 3-13 所示，其中虚线和实线分别表示刚度变化下的和原始的稳定性叶瓣图，该图显示在不同的转速下，不同频率的刚度变化对叶瓣图的影响是不相同的。MISL 如图 3-14 所示，60Hz-40Hz 的频率组合具有最佳的效果。

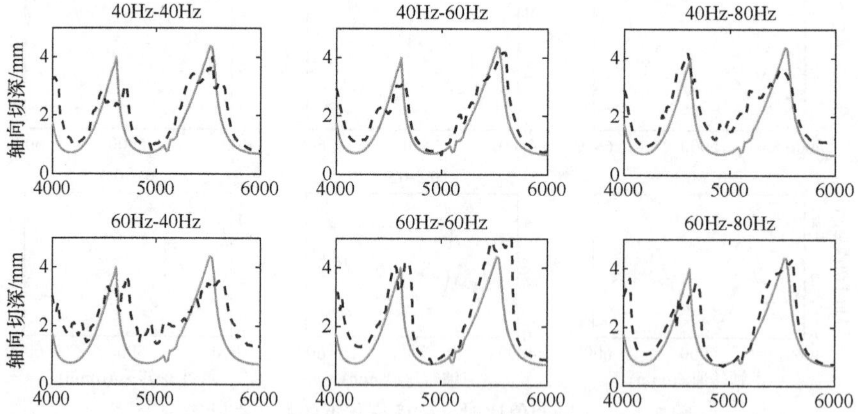

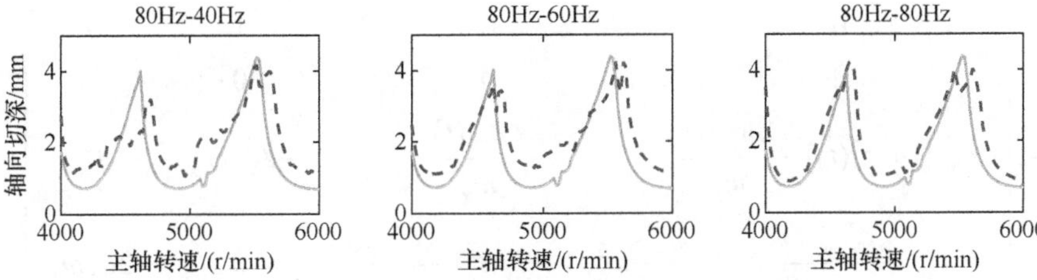

图 3-13　不同频率时，刚度变化下的稳定性叶瓣图

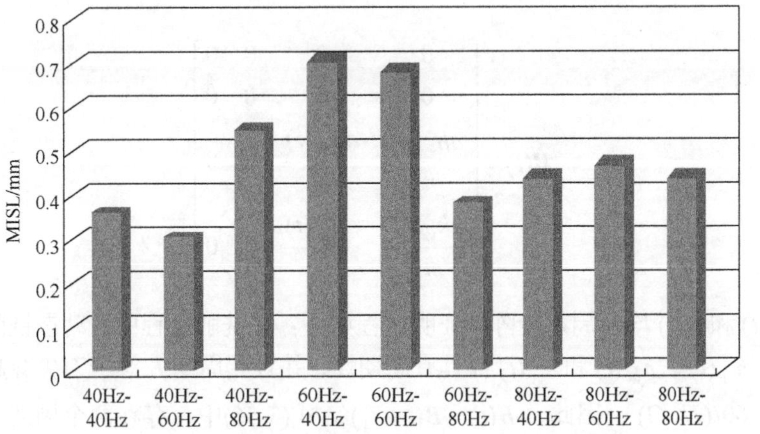

图 3-14　不同频率时，刚度变化下的 MISL

3.3.2　多频变刚度铣削颤振抑制

1. 多频变刚度铣削稳定性分析

类似于单频刚度变化，多频变刚度铣削动力学方程如下：

$$\begin{bmatrix}\ddot{x}(t)\\ \ddot{y}(t)\end{bmatrix}+\begin{bmatrix}2\zeta_x\omega_{\mathrm{n}x} & 0\\ 0 & 2\zeta_y\omega_{\mathrm{n}y}\end{bmatrix}\begin{bmatrix}\dot{x}(t)\\ \dot{y}(t)\end{bmatrix}+\begin{bmatrix}\omega_{\mathrm{n}x}{}^2[1+f_x(t)] & 0\\ 0 & \omega_{\mathrm{n}y}{}^2[1+f_y(t)]\end{bmatrix}\begin{bmatrix}x(t)\\ y(t)\end{bmatrix}$$
$$=\boldsymbol{M}^{-1}\boldsymbol{K}_{\mathrm{c}}a\begin{bmatrix}x(t-\tau)-x(t)\\ y(t-\tau)-y(t)\end{bmatrix}\tag{3-55}$$

式中，$f_x(t)$ 和 $f_y(t)$ 表示两个方向上零均值的周期性刚度激励函数。

为了分析带有周期性刚度激励的时延微分方程的稳定性，首先需要将二阶铣削动力学方程转化为状态空间的形式。利用柯西变换 $\boldsymbol{X}(t)=[x(t)\ \ y(t)]^{\mathrm{T}}$ 和 $\boldsymbol{X}_{\mathrm{p}}(t)=[\boldsymbol{X}(t)\ \ \dot{\boldsymbol{X}}(t)]^{\mathrm{T}}$，式(3-55)可以转化为如下形式：

$$\dot{\boldsymbol{X}}_{\mathrm{p}}(t)=\boldsymbol{A}(t)\boldsymbol{X}_{\mathrm{p}}(t)+\boldsymbol{B}(t)\boldsymbol{X}_{\mathrm{p}}(t-\tau)\tag{3-56}$$

式中，$\boldsymbol{A}(t)$ 和 $\boldsymbol{B}(t)$ 是时变周期性矩阵：

$$\boldsymbol{A}(t)=\begin{bmatrix} 0 & 0 & 1 & 0 \\ 0 & 0 & 0 & 1 \\ -\omega_{\text{nx}}^2[1+f_x(t)]-\dfrac{ah_{xx}(t)}{m_x} & -\dfrac{ah_{xy}(t)}{m_x} & -2\zeta_x\omega_{\text{nx}} & 0 \\ -\dfrac{ah_{yx}(t)}{m_y} & -\omega_{\text{ny}}^2[1+f_y(t)]-\dfrac{ah_{yy}(t)}{m_y} & 0 & -2\zeta_y\omega_{\text{ny}} \end{bmatrix} \tag{3-57}$$

$$\boldsymbol{B}(t)=\begin{bmatrix} 0 & 0 & 0 & 0 \\ 0 & 0 & 0 & 0 \\ \dfrac{ah_{xx}(t)}{m_x} & \dfrac{ah_{xy}(t)}{m_x} & 0 & 0 \\ \dfrac{ah_{yx}(t)}{m_y} & \dfrac{ah_{yy}(t)}{m_y} & 0 & 0 \end{bmatrix} \tag{3-58}$$

$\boldsymbol{A}(t)$ 和 $\boldsymbol{B}(t)$ 均是周期矩阵，证明过程如下：在铣削过程中，动态铣削力系数 $h_{xx}(t)$、$h_{xy}(t)$、$h_{yx}(t)$ 和 $h_{yy}(t)$ 都具有周期性，并且其周期 T_1 等于刀尖穿越周期或时延 $\tau=60/(N_{\text{T}}\Omega)$，因此，$\boldsymbol{B}(t)=\boldsymbol{B}(t+T_1)$。式(3-56)中，存在两个周期：刀尖穿越周期 T_1 和刚度激励周期 T_2。两个周期函数的加和仍然是周期函数，并且新的周期等于原有两个周期的最小公倍数，因此可知矩阵 $\boldsymbol{A}(t)$ 是周期的并且 $\boldsymbol{A}(t)=\boldsymbol{A}(t+T)$，其中 T 是 T_1 和 T_2 的最小公倍数。证毕。

周期 T 可以作为稳定性分析中的 Floquet 周期。利用半离散法，其稳定性分析步骤与单频刚度变化稳定性分析相同。

2. 多频变刚度铣削参数优化

1) 周期性刚度激励函数的傅里叶展开

刚度激励函数是周期的，因此两个方向上的 $f_x(t)$ 和 $f_y(t)$ 可分别展开成为周期为 T_x 和 T_y 的傅里叶级数的形式：

$$\begin{cases} f_x(t)=p_{x0}+\sum\limits_{i=1}^{\infty}p_{xi}\sin(\mathrm{i}\omega_x t+\varphi_{xi}) \\ f_y(t)=p_{y0}+\sum\limits_{i=1}^{\infty}p_{yi}\sin(\mathrm{i}\omega_y t+\varphi_{yi}) \end{cases} \tag{3-59}$$

式中，$p_{x0}=p_{y0}=0$ 是一个周期内刚度变化的平均值；$\omega_x=2\pi/T_x$ 和 $\omega_y=2\pi/T_y$ 是基频；i 表示第 i 个谐波；p_{xi} 和 p_{yi}、φ_{xi} 和 φ_{yi} 分别是两个方向上第 i 个谐波的幅

值和相位。将式(3-59)代入到式(3-57)可以得到

$$
\boldsymbol{A}(t) = \begin{bmatrix} 0 & 0 & 1 & 0 \\ 0 & 0 & 0 & 1 \\ -\omega_{\mathrm{nx}}^2\left[1+\sum_{i=1}^{\infty} p_{xi}\sin(\mathrm{i}\omega_x t+\varphi_{xi})\right]-\dfrac{ah_{xx}(t)}{m_x} & -\dfrac{ah_{xy}(t)}{m_x} & -2\zeta_x\omega_{\mathrm{nx}} & 0 \\ -\dfrac{ah_{yx}(t)}{m_y} & -\omega_{\mathrm{ny}}^2\left[1+\sum_{i=1}^{\infty} p_{yi}\sin(\mathrm{i}\omega_y t+\varphi_{yi})\right]-\dfrac{ah_{yy}(t)}{m_y} & 0 & -2\zeta_y\omega_{\mathrm{ny}} \end{bmatrix}
\tag{3-60}
$$

尽管 $\sum_{i=1}^{\infty} p_{xi}\sin(\mathrm{i}\omega_x t+\varphi_{xi})$ 和 $\sum_{i=1}^{\infty} p_{yi}\sin(\mathrm{i}\omega_y t+\varphi_{yi})$ 有很多谐波，但它们有统一的周期 T_x 和 T_y。式(3-60)有三个周期：两个方向上的刚度激励周期 T_x 和 T_y，以及刀尖穿越周期 T_1。半离散要求在整个 Floquet 周期上计算传递矩阵，因此可以采用这三个周期的最小公倍数来作为 Floquet 周期 T。在确定了 Floquet 周期以后，就可以利用半离散法来进行稳定性分析。

2) 基于遗传算法的多频变刚度铣削参数优化

遗传算法是一种用于优化的基于自然选择和遗传学机理的全局搜索算法，具有鲁棒性高、随机性好、启发式搜索等优点[5]。详细的描述如下。

式(3-59)中的参数是无限多的，因此需要利用截断系数 γ_{n} 来定义最大的谐波数：

$$
\begin{cases} f_x(t) = p_{x0} + \sum_{i=1}^{n} p_{xi}\sin(\mathrm{i}\omega_x t+\varphi_{xi}) \\ f_y(t) = p_{y0} + \sum_{i=1}^{n} p_{yi}\sin(\mathrm{i}\omega_y t+\varphi_{yi}) \end{cases}
\tag{3-61}
$$

因此,遗传算法中的决策变量可表示为截断系数 γ_{n}、幅值 p_{xi} 和 p_{yi}、相位 φ_{xi} 和 φ_{yi} 以及基频 ω_x 和 ω_y。

不同的目标函数会产生不同的优化结果,这取决于最终想要达到的优化目标。此处遗传算法优化目的是提升铣削稳定性极限。因此，采用稳定性叶瓣图的临界轴向切削深度作为目标函数，目标函数越大表示铣削过程越稳定。为了兼顾到不同转速的影响，本小节采用转速区间[4000r/min,8000r/min]上的临界轴向切削深度之和作为目标函数：

$$
J = \sum_{i=1}^{m} J_i \tag{3-62}
$$

式中，J 是目标函数值；J_i 是各个转速下临界轴向切削深度；Ω_{n} 是转速区[4000r/min,8000r/min]上转速的离散数。在遗传算法优化中，必须要考虑到约束条件的影响，具体阐述如下。

首先，随着截断系数 γ_{n} 的增长，所需要优化的参数也会急剧增长。考虑到巨大的计算量，本小节截断系数限制为

$$1 \leqslant \gamma_{\mathrm{n}} \leqslant 5, \quad \gamma_{\mathrm{n}}\text{是整数} \tag{3-63}$$

其次，考虑真实作动器的频响范围，基频限制为

$$20\mathrm{Hz} \leqslant \omega_x, \quad \omega_y \leqslant 120\mathrm{Hz} \tag{3-64}$$

然后，根据相位的物理含义，可知相位约束条件为

$$0 \leqslant \varphi_{xi}, \quad \varphi_{yi} \leqslant 2\pi \tag{3-65}$$

最后，考虑到合理的切削条件，幅值的约束条件为

$$\begin{cases} \max\left\{\mathrm{abs}\left[\sum_{i=1}^{n} p_{xi}\sin(\mathrm{i}\omega_x t+\varphi_{xi})\right]\right\}<1 \\ \max\left\{\mathrm{abs}\left[\sum_{i=1}^{n} p_{yi}\sin(\mathrm{i}\omega_y t+\varphi_{yi})\right]\right\}<1 \end{cases} \tag{3-66}$$

式中，max 和 abs 分别表示最大值和绝对值运算。

在遗传算法执行过程中，其参数设置如下：个体数 40，最大遗传代数 50，交叉概率 0.7，变异概率 0.1。切削参数与 3.2.3 小节的相同：顺铣，径向切深比 0.1，两齿铣刀，直径 12.7mm，螺旋角 30°，固有频率 922Hz，阻尼比 0.011，模态质量 0.03993kg，切向铣削力系数 $6\times10^8\mathrm{N/m^2}$，法向铣削力系数 $2\times10^8\mathrm{N/m^2}$。目标函数随进化代数的变化结果如图 3-15 所示，目标函数值随着进化逐步增大，并在第 28 代开始之后稳定在 0.3196m。优化结果见表 3-2，原始的和优化后的铣削稳

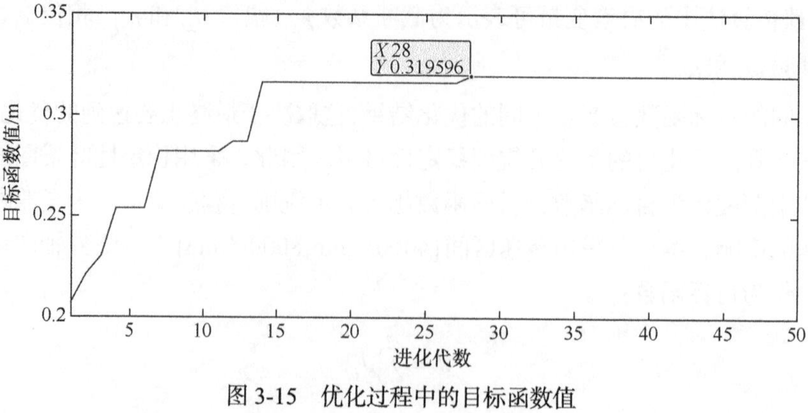

图 3-15　优化过程中的目标函数值

定性叶瓣图见图 3-16。从上述图表中可以看出，优化后的叶瓣图具有更高的铣削稳定性极限，优化前后目标函数从 0.1677m 增加到 0.3196m，从而验证了所提方法的有效性。除此之外，还可以看出多谐波刚度激励稳定性叶瓣图的稳定区域明显高于单频刚度激励的叶瓣图。同时值得注意的是，利用半离散法单次计算叶瓣图需要花费时间 101.63s，但在遗传算法中需要多次计算，总共优化所需时间超过 31.7h。因此，第 2 章中开发的高效快速计算叶瓣图的差分离散方法对此处的参数优化具有重大意义。

表 3-2　遗传算法优化结果

参数	值
截断系数 γ_n	3
幅值 p_{x1}	0.48571
幅值 p_{x2}	0.35714
幅值 p_{x3}	0.48571
幅值 p_{y1}	0.35714
幅值 p_{y2}	0.48571
幅值 p_{y3}	0.35714
相位 φ_{x1}	0.8976rad
相位 φ_{x2}	2.6928rad
相位 φ_{x3}	1.7952rad
相位 φ_{y1}	0rad
相位 φ_{y2}	1.7952rad
相位 φ_{y3}	0.8976rad
基频 ω_x	77.1429Hz
基频 ω_y	120Hz

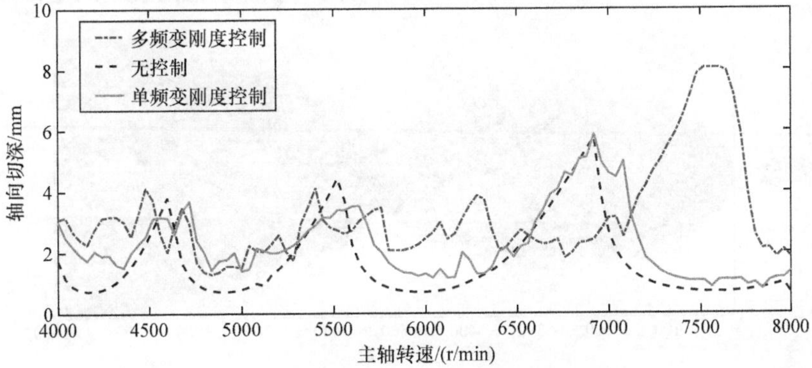

图 3-16　优化前后铣削稳定性叶瓣图

3.3.3　随机变刚度铣削颤振抑制

本小节提出随机刚度激励，从整体上看，该激励函数仍然是周期的，但在每一个周期内，其波形是随机变化的。该随机波形不能进行参数化表示，因此无法利用现有的智能算法进行优化。因此，为了实现该随机波形的优化，本小节采用随机游走策略进行函数波形优化(也称为广义参数优化)。与多频变刚度类似，带有随机刚度变化的控制方程也是周期性的，可以利用半离散方法进行稳定性分析。随机游走的概念比较接近于布朗运动，这在数学上是一种比较理想的状态。随机游走可以描述为一种概率路径，其在每个时间步的运动变化仅仅取决于当前位置，而与路径过去所有的位置均无关，可以认为是一种马尔可夫链。本小节采用的是基于正态分布的随机游走策略，也就是说每个步长的选取是符合正态分布规律的。

为了方便阐述，设定 $t=0$ 时 x 的初始位置为 0。后续在任意时间点 t_i 的位置是前一时刻位置和一个正态分布随机量的加和

$$x(t_i)=x(t_{i-1})+N(\mu,\sigma) \tag{3-67}$$

式中，$N(\mu,\sigma)$ 表示均值为 μ，标准差为 σ 的正态分布。注意，在未来任何时间的值仅仅依赖于当前状态，与前面任意状态均无关[6]。因此未来的时间步和方向均是不可预测的，详细描述可以参见文献[6]。

利用式(3-67)，可以生成两点之间的大量路径。当路径的数目足够多时，可以假定认为最优的路径就在这些路径中并可以想办法将其找出来。尽管这个优化出来的路径很可能并不是全局最优的路径，但它仍可以有效地抑制铣削颤振，并且不会带来巨大的计算量。

首先，利用随机游走策略生成 1000 个点的采样路径。在半离散法中，Floquet 周期的离散份数为 n。因此，需要在这 1000 个点中选择 $n+1$ 个点来作为随机刚度激励，比如，本小节便选用[500,540]。同时需要进行一些限制如下：幅值不得超过 1，均值尽可能接近 0。根据上述要求，我们利用均值为 0，标准差为 0.5 的正态分布生成了 20000 条采样路径，如图 3-17 所示。其中，框内表示的是[500,540]

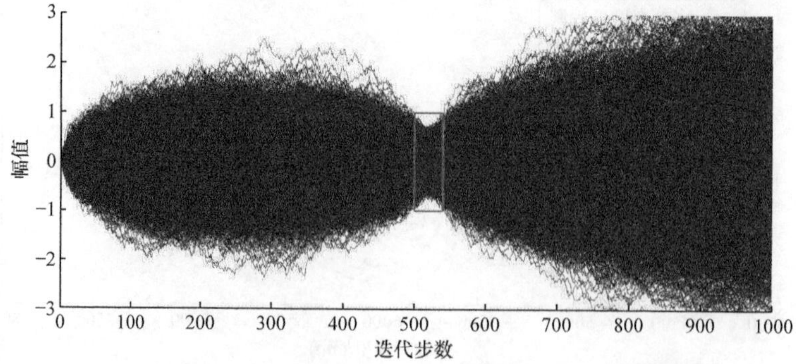

图 3-17　均值为 0，标准差为 0.5 的正态分布生成的采样路径

内符合要求的采样路径。

接下来，利用生成的采样路径作为刚度激励函数绘制稳定性叶瓣图。优化目标函数与前一节相同。最后找到目标函数最大值的随机刚度激励函数。

在优化过程中，采用的参数与前面的相同，最终获得的两个方向的刚度激励函数如图 3-18 所示。优化前后的稳定性叶瓣图如图 3-19 所示，结果显示随机刚度激励可以有效地提升叶瓣图稳定区域，从而验证了所提方法的有效性。并且值得注意的是，随机刚度激励颤振抑制效果要比单频刚度激励具有更好的效果。

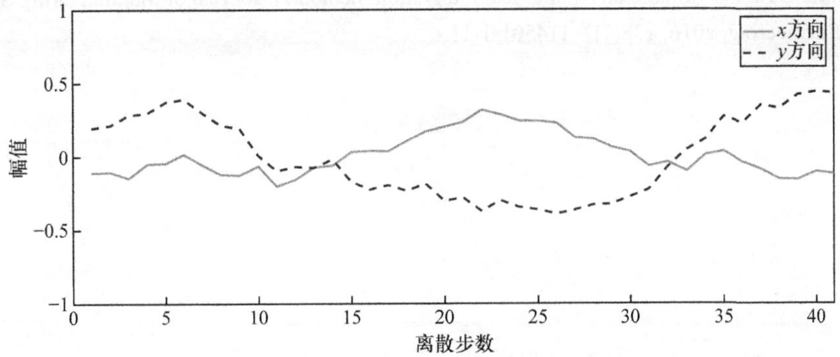

图 3-18　优化后的随机刚度激励函数

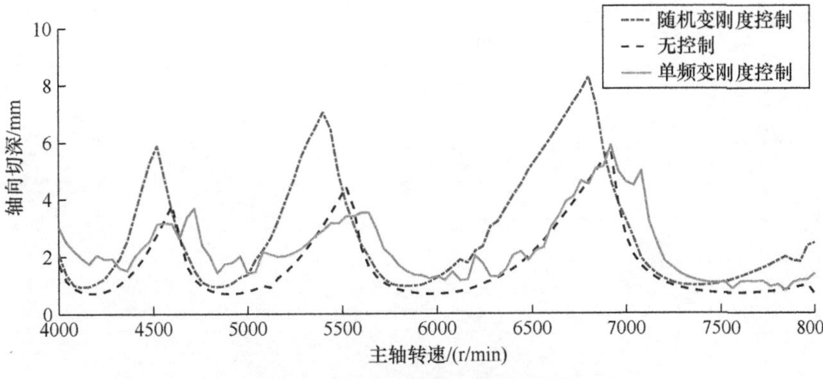

图 3-19　优化前后的稳定性叶瓣图

参 考 文 献

[1] Insperger T, Stépán G. Semi-Discretization for Time-Delay Systems[M]. New York: Springer 2011: 73-113.

[2] Xie Q, Zhang Q, Wang W, et al. Stability analysis for variable spindle speed milling with helix angle using an improved semi-discretization method[J]. Science China-Technological Sciences, 2013, 56 (3): 648-655.

[3] Wang C, Zhang X, Liu Y, et al. Stiffness variation method for milling chatter suppression via

piezoelectric stack actuators[J]. International Journal of Machine Tools & Manufacture, 2018, 124: 53-66.

[4] Karandikar J, Traverso M, Abbas A, et al. Bayesian inference for milling stability using a random walk approach[J]. Journal of Manufacturing Science and Engineering-Transactions of the ASME, 2014, 136 (3): 031015-1-11.

[5] Dym C L. Effects of prestress on acoustic behavior of panels [J]. Journal of the Acoustical Society of America, 1974, 55 (5): 1018-1021.

[6] Niu J, Ding Y, Zhu L M, et al. Stability analysis of milling processes with periodic spindle speed variation via the variable-step numerical integration method[J]. Journal of Manufacturing Science & Engineering, 2016, 138(11): 114501-1-11.

第 4 章 高速铣削颤振离散时延主动抑制

4.1 引 言

颤振是一种典型的时延和时变耦合系统。因此，本章引入主动控制力，将铣削稳定性时域法与计算机控制理论相结合，将时变时延相耦合的复杂铣削过程作为控制对象，构造离散时延主动控制算法，对不稳定颤振系统进行镇定。对于铣削模型的时延和时变特性，采用傅里叶级数零阶展开进行平均化，以处理周期时变的系统矩阵，从而实现模型简化。与铣削稳定性时域法类似，针对连续系统状态空间模型进行离散化和状态增广可以将包含时延的系统转化为形式上不包含时延的状态方程，最终将时延系统的控制问题转化为标准的最优控制问题进行设计。

4.2 周期时变主动控制系统平均化

刀具的旋转运动和相邻刀齿运动的时间间隔导致铣削过程的周期时变和时延特性。通常对于完全时变系统的控制律设计较为困难，而铣削过程的时变具有周期性，因此可以利用周期系统的处理方式进行系统简化。

根据 2.4.1 节中提出的主轴的铣削动力学模型(2-56)，考虑在主轴系统中施加主动控制力，颤振主动控制系统的物理模型如图 4-1 所示。

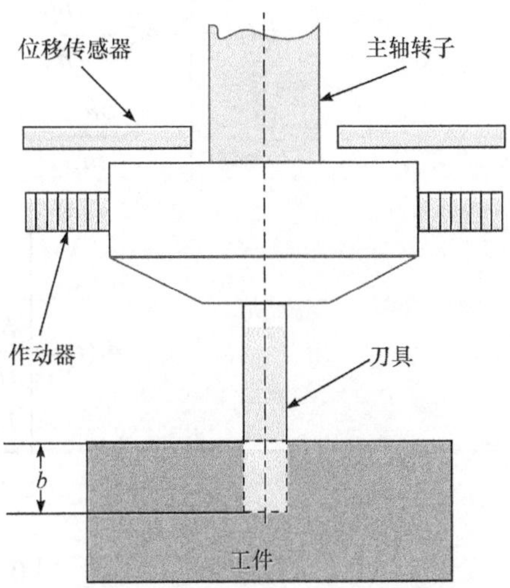

图 4-1 颤振主动控制系统物理模型

图中 b 为轴向切深，即叶瓣图的纵坐标参数；智能主轴系统通过位移传感器进行采集，作动器进行控制力输出，从而构成闭环控制系统。由于静态切削力对系统稳定性没有影响，因而在控制过程中将其省略，得到颤振主动控制模型为

$$\begin{bmatrix} \ddot{x}(t) \\ \ddot{y}(t) \end{bmatrix} + \begin{bmatrix} 2\zeta\omega_{\mathrm{n}} & 0 \\ 0 & 2\zeta\omega_{\mathrm{n}} \end{bmatrix} \begin{bmatrix} \dot{x}(t) \\ \dot{y}(t) \end{bmatrix} + \begin{bmatrix} \omega_{\mathrm{n}}^2 + bh_{xx}(t)/m_{\mathrm{t}} & bh_{xy}(t)/m_{\mathrm{t}} \\ bh_{yx}(t)/m_{\mathrm{t}} & \omega_{\mathrm{n}}^2 + bh_{yy}(t)/m_{\mathrm{t}} \end{bmatrix} \begin{bmatrix} x(t) \\ y(t) \end{bmatrix}$$
$$= \frac{1}{m_{\mathrm{t}}} \begin{bmatrix} bh_{xx}(t) & bh_{xy}(t) \\ bh_{yx}(t) & bh_{yy}(t) \end{bmatrix} \begin{bmatrix} x(t-\tau) \\ y(t-\tau) \end{bmatrix} + \boldsymbol{F}_{\mathrm{a}}(t) \tag{4-1}$$

上述方程也可以写成矩阵形式为

$$\boldsymbol{M}\ddot{\boldsymbol{X}}(t) + \boldsymbol{C}\dot{\boldsymbol{X}}(t) + \boldsymbol{K}\boldsymbol{X}(t) = b\boldsymbol{H}(t)[\boldsymbol{X}(t-\tau) - \boldsymbol{X}(t)] + \boldsymbol{F}_{\mathrm{a}}(t) \tag{4-2}$$

式中，$\boldsymbol{M}$ 、$\boldsymbol{C}$ 、$\boldsymbol{K}$ 分别为质量、阻尼和刚度构成的二维对角矩阵；$\boldsymbol{F}_{\mathrm{a}}(t)$ 为主动控制力；$\boldsymbol{H}(t)$ 为切削力变化矩阵，其具体表达形式在第 2 章已作陈述。

$$\boldsymbol{H}(t) = \begin{bmatrix} h_{xx}(t) & h_{xy}(t) \\ h_{yx}(t) & h_{yy}(t) \end{bmatrix} \tag{4-3}$$

将式(4-1)整理成状态空间形式：

$$\dot{\boldsymbol{X}}_{\mathrm{p}}(t) = \boldsymbol{A}_0(t)\boldsymbol{X}_{\mathrm{p}}(t) + \boldsymbol{A}_1(t)\boldsymbol{X}_{\mathrm{p}}(t-\tau) + \boldsymbol{B}\boldsymbol{F}_{\mathrm{a}}(t) \tag{4-4}$$

其中

$$\boldsymbol{A}_0(t) = \begin{bmatrix} 0 & 0 & 1 & 0 \\ 0 & 0 & 0 & 1 \\ -\omega_{\mathrm{n}}^2 - \dfrac{-bh_{xx}}{m_{\mathrm{t}}} & \dfrac{-bh_{xy}}{m_{\mathrm{t}}} & -2\zeta\omega_{\mathrm{n}} & 0 \\ -\dfrac{bh_{yx}}{m_{\mathrm{t}}} & -\omega_{\mathrm{n}}^2 - \dfrac{bh_{yy}}{m_{\mathrm{t}}} & 0 & -2\zeta\omega_{\mathrm{n}} \end{bmatrix} \tag{4-5}$$

$$\boldsymbol{A}_1(t) = \begin{bmatrix} 0 & 0 & 0 & 0 \\ 0 & 0 & 0 & 0 \\ \dfrac{bh_{xx}}{m_{\mathrm{t}}} & \dfrac{bh_{xy}}{m_{\mathrm{t}}} & 0 & 0 \\ \dfrac{bh_{yx}}{m_{\mathrm{t}}} & \dfrac{bh_{yy}}{m_{\mathrm{t}}} & 0 & 0 \end{bmatrix} \tag{4-6}$$

$$\boldsymbol{B} = \begin{bmatrix} 0 & 0 & \dfrac{1}{m_{\mathrm{t}}} & 0 \\ 0 & 0 & 0 & \dfrac{1}{m_{\mathrm{t}}} \end{bmatrix}^{\mathrm{T}} \tag{4-7}$$

$$X_p(t)=\left[x(t) \quad y(t) \quad \dot{x}(t) \quad \dot{y}(t)\right]^{T} \tag{4-8}$$

式(4-4)为颤振主动控制系统的状态方程，该方程基于两自由度铣削动力学模型，表现为周期时变和状态时延相耦合的系统。在方程中，$h_{xx}(t)$、$h_{xy}(t)$、$h_{yx}(t)$和$h_{yy}(t)$是以时延 τ 为周期的函数，因此系统矩阵 $\boldsymbol{A}_0(t)\in\boldsymbol{R}^{4\times4}$ 和 $\boldsymbol{A}_1(t)\in\boldsymbol{R}^{4\times4}$ 是周期时变矩阵。$\boldsymbol{A}_0(t)=\boldsymbol{A}_0(t+\tau)$、$\boldsymbol{A}_1(t)=\boldsymbol{A}_1(t+\tau)$、$\boldsymbol{B}\in\boldsymbol{R}^{2\times4}$ 表示输入矩阵，$\boldsymbol{F}_a(t)\in\boldsymbol{R}^2$ 是 x 和 y 方向构成的主动控制力向量，$\boldsymbol{X}_p(t)\in\boldsymbol{R}^4$ 表示由 x 方向和 y 方向的位移、速度组成的状态向量。

一般来讲，对于时变系统的控制律设计较困难。根据系统本身的实际运行情况，可将时变系统分为参数时变、结构时变以及扰动不确定三类[1]，铣削过程的时变来源于系统模型本身，属于参数时变。从控制角度出发，时变系统分为快时变系统、慢时变系统及周期时变系统，铣削过程属于周期时变。

周期信号中傅里叶系数的高频谐波成分往往幅值较低，而高频振动成分通常也被机械结构低通滤波，所以最终的高频成分较少且振动幅值较低。对于周期时变系统，只保留傅里叶级数的常数项可以将时变系统(LTV)转化为时不变(LTI)系统进行分析。事实上，这种平均化的方法曾经被成功应用在风机控制的设计中来设计常增益控制器，并和直接周期设计方法相比较，结果表明常增益控制器的控制效果和周期增益的控制效果几乎一致[2]。本书将这种平均化方法引入主轴颤振主动控制算法的设计中，实现了周期时变系统到时不变系统的简化，从而解决控制对象的周期时变问题。切削力变化矩阵的直流分量(DDC)即周期信号在一个周期内的平均值，即

$$\begin{aligned}
\bar{h}_{xx}&=\frac{1}{\tau}\int_0^{\tau}h_{xx}(t)\mathrm{d}t=\frac{1}{\phi_p}\int_{\phi_{st}}^{\phi_{ex}}h_{xx}(\phi)\mathrm{d}\phi=-\left(\frac{N}{8\pi}\xi_t\cos2\phi-2\xi_n\phi+\xi_n\sin2\phi\bigg|_{\phi_{st}}^{\phi_{ex}}\right)\\
\bar{h}_{xy}&=\frac{1}{\tau}\int_0^{\tau}h_{xy}(t)\mathrm{d}t=\frac{1}{\phi_p}\int_{\phi_{st}}^{\phi_{ex}}h_{xy}(\phi)\mathrm{d}\phi=\left(-\frac{N}{8\pi}-\xi_t\sin2\phi-2\xi_t\phi+\xi_n\cos2\phi\bigg|_{\phi_{st}}^{\phi_{ex}}\right)\\
\bar{h}_{yx}&=\frac{1}{\tau}\int_0^{\tau}h_{yx}(t)\mathrm{d}t=\frac{1}{\phi_p}\int_{\phi_{st}}^{\phi_{ex}}h_{yx}(\phi)\mathrm{d}\phi=\left(-\frac{N}{8\pi}-\xi_t\sin2\phi+2\xi_t\phi+\xi_n\cos2\phi\bigg|_{\phi_{st}}^{\phi_{ex}}\right)\\
\bar{h}_{yy}&=\frac{1}{\tau}\int_0^{\tau}h_{yy}(t)\mathrm{d}t=\frac{1}{\phi_p}\int_{\phi_{st}}^{\phi_{ex}}h_{yy}(\phi)\mathrm{d}\phi=\left(-\frac{N}{8\pi}-\xi_t\cos2\phi-2\xi_n\phi-\xi_n\sin2\phi\bigg|_{\phi_{st}}^{\phi_{ex}}\right)
\end{aligned} \tag{4-9}$$

式中相关符号在 2.2.1 节中已作陈述，将式(4-9)代入式(4-4)后得平均化后的状态空间模型，从而将颤振主动控制模型转化为线性时不变系统，即

$$\dot{\boldsymbol{X}}_p(t)=\boldsymbol{A}_0\boldsymbol{X}_p(t)+\boldsymbol{A}_1\boldsymbol{X}_p(t-\tau)+\boldsymbol{B}\boldsymbol{F}_a(t) \tag{4-10}$$

经过简化后的系统控制方程只包含状态时延，相对于周期系统，这将大大简化控制律的设计。平均化作为一种模型简化的处理方式需要考虑其和原有模型的误差，下面通过一个仿真案例来进一步分析，仿真参数如表 4-1 所示，仿真结果如图 4-2 所示。

表 4-1　铣削稳定性叶瓣图仿真数据

符号	物理量	数值
N_T	刀齿数目	2
m_t	模态质量	0.04kg
ζ	阻尼比	0.012
ω_n	固有频率	2π×922rad/s
ξ_t	切向切削力系数	6×10^8 N/m²
ξ_n	法向切削力系数	2×10^8 N/m²
$w_{a,b}$	半离散法权重系数	0.5
m	离散区间个数	40

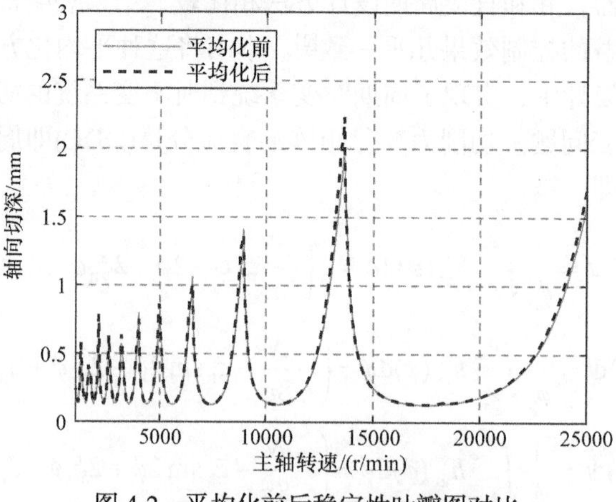

图 4-2　平均化前后稳定性叶瓣图对比

图 4-2 中虚线表示平均化后的叶瓣，实线表示平均化前的叶瓣。在转速 5000r/min 到 25000r/min 之间两者几乎重合，平均误差为 4.47%，表明平均化对原系统的稳定特性影响很小。事实上平均化处理方法与 Altintas 的零阶求解法主体思想一致，零阶求解法目的是通过模型简化在频域求解以获得尽可能准确的叶瓣图。平均化以设计常增益控制器为目的，实现对原周期时变系统到时不变系统的简化，只需保留系统的原有特性而对叶瓣的精度没有要求。

4.3　离散时延最优控制方法

目前基于现代控制理论的各类算法已趋于成熟，但是研究的控制对象模型较为简单，对于涉及时延和时变特性复杂系统的控制算法研究较少。控制系统中包含两者的任一个因素都无法直接利用现有的控制理论进行控制律设计，因此控制器的首要设计难点在于模型的合理简化。

铣削过程的周期时变特性在 4.2 节中已经详细阐述并利用平均化进行处理，铣削过程的时延由相邻刀齿的齿过周期所引起，其加剧了控制对象的复杂性，是导致系统不稳定(颤振)的根本原因。在控制系统中常见的时延为控制时延，即从控制器下达控制指令到作动器施加到结构上这段时间产生的延迟。对于控制时延较短的系统对控制器效果影响不大，如本书的智能主轴主动控制系统。另一类时延是状态时延，这种时延存在于控制对象本身，如本书铣削过程中相邻的两刀齿间隙产生的时延，这类时延也常常是系统不稳定的根本原因。

本节通过对连续时间的被控对象离散化并作状态增广，重构系统方程保留原系统的时延特性，将其转化为不包含时延的标准控制对象进行处理。针对被控对象模型，常用各阶保持器进行离散化，控制器常用离散化方法包括：数值积分法(前向差分、后向差分、双线性变换等)、输入响应不变法(阶跃、冲激响应不变法等)等。经过以上这些步骤的处理，复杂系统控制问题可以转化为常规控制器的设计。

4.3.1　时延主动控制系统离散化

对于颤振主动控制模型，通过离散化并进行状态增广可以将包含时延的系统转化为形式上不包含时延的状态方程，实现将时延控制问题转化为标准的最优控制问题进行设计。

设离散系统的采样周期为

$$\Delta T = \tau / l \tag{4-11}$$

其中，l 为时延 τ 被离散化后的区间个数，在实际应用中，通常采样周期远小于时延，因此可以假设时延为采样周期的整数倍。

在第 i 个时间区间 $[t_i, t_{i+1}]$，方程(4-10)可以被离散化为

$$\dot{\boldsymbol{X}}_{\mathrm{p}}(t_i) = \boldsymbol{A}_0 \boldsymbol{X}_{\mathrm{p}}(t_i) + \boldsymbol{A}_1 \boldsymbol{X}_{\mathrm{p}}(t_i - \tau) + \boldsymbol{B} \boldsymbol{F}_{\mathrm{a}}(t_i) \tag{4-12}$$

仿照铣削稳定性中全离散法的处理方式，状态向量 $\boldsymbol{X}_{\mathrm{p}}(t_i)$ 和 $\boldsymbol{X}_{\mathrm{p}}(t_i - \tau)$ 的值通过在时间区间 $[t_i, t_{i+1}]$ 和 $[t_{i-l}, t_{i-l+1}]$ 进行线性插值来近似代替，即

$$\begin{aligned} \boldsymbol{X}_{\mathrm{p}}(t_i) &\approx \boldsymbol{X}_{\mathrm{p}(i)} + w(\boldsymbol{X}_{\mathrm{p}(i+1)} - \boldsymbol{X}_{\mathrm{p}(i)}) \\ \boldsymbol{X}_{\mathrm{p}}(t_i-\tau) &\approx \boldsymbol{X}_{\mathrm{p}(i-l)} + w(\boldsymbol{X}_{\mathrm{p}(i-l+1)} - \boldsymbol{X}_{\mathrm{p}(i-l)}) \end{aligned} \tag{4-13}$$

其中，w 是线性插值的权重。在采样周期足够小时，线性插值足够保持离散化的精度，推导过程中采用中点插值。同时，对方程左端的微分项用欧拉法进行离散：

$$\dot{\boldsymbol{X}}_{\mathrm{p}}(t_i) \approx \frac{\boldsymbol{X}_{\mathrm{p}(i+1)} - \boldsymbol{X}_{\mathrm{p}(i)}}{\Delta T} \tag{4-14}$$

将式(4-13)和式(4-14)代入式(4-12)，得到离散时间颤振主动控制状态方程：

$$\boldsymbol{X}_{\mathrm{p}}(i+1) = \boldsymbol{E}\boldsymbol{X}_{\mathrm{p}}(i) + \boldsymbol{V}\boldsymbol{X}_{\mathrm{p}}(i-l) + \boldsymbol{V}\boldsymbol{X}_{\mathrm{p}}(i-l+1) + \boldsymbol{B}\boldsymbol{F}_{\mathrm{a}}(i) \tag{4-15}$$

其中，$\boldsymbol{E} = (\boldsymbol{I} - w\Delta t\boldsymbol{A}_0)^{-1}(\boldsymbol{I} + w\Delta t\boldsymbol{A}_0)$；$\boldsymbol{V} = w\Delta t(\boldsymbol{I} - w\Delta t\boldsymbol{A}_0)^{-1}\boldsymbol{A}_1$；$\boldsymbol{I}$ 为单位矩阵。令增广向量

$$\overline{\boldsymbol{X}}_{\mathrm{p}}(i) = [x_i \quad y_i \quad \dot{x}_i \quad \dot{y}_i \quad x_{i-l} \quad y_{i-l} \quad \dot{x}_{i-l} \quad \dot{y}_{i-l} \quad \cdots \quad \dot{x}_{i-1} \quad \dot{x}_{i-1}]^{\mathrm{T}} \tag{4-16}$$

将方程(4-15)转化为不包含时延的标准离散时间状态方程，并包含输出方程

$$\begin{aligned} \overline{\boldsymbol{X}}_{\mathrm{p}}(i+1) &= \overline{\boldsymbol{A}}\,\overline{\boldsymbol{X}}_{\mathrm{p}}(i) + \overline{\boldsymbol{B}}\boldsymbol{F}_{\mathrm{a}}(i) \\ \overline{\boldsymbol{Y}}(i) &= \overline{\boldsymbol{C}}\,\overline{\boldsymbol{X}}_{\mathrm{p}}(i) \end{aligned} \tag{4-17}$$

其中

$$\overline{\boldsymbol{A}} = \begin{bmatrix} \boldsymbol{E} & \boldsymbol{V} & \boldsymbol{V} & \cdots & 0 \\ 0 & 0 & \boldsymbol{I} & \cdots & 0 \\ \vdots & \vdots & \vdots & \ddots & \vdots \\ 0 & 0 & 0 & \cdots & \boldsymbol{I} \\ \boldsymbol{I} & 0 & 0 & \cdots & 0 \end{bmatrix} \quad \overline{\boldsymbol{B}} = \begin{bmatrix} \boldsymbol{B} \\ 0 \\ 0 \\ \vdots \\ 0 \end{bmatrix} \quad \overline{\boldsymbol{C}} = \begin{pmatrix} 1 & 0 & 1 & 0 & 0 & \cdots & 0 \\ 0 & 1 & 0 & 1 & 0 & \cdots & 0 \end{pmatrix} \tag{4-18}$$

在方程中，$\overline{\boldsymbol{A}} \in \boldsymbol{R}^{(4l+4)\times(4l+4)}$ 为离散时间系统的系统矩阵，$\overline{\boldsymbol{B}} \in \boldsymbol{R}^{(4l+4)\times 2}$ 为离散时间系统的输入矩阵，$\overline{\boldsymbol{C}} \in \boldsymbol{R}^{2\times(4l+4)}$ 为离散时间系统的输出矩阵。对于标准离散时间系统，当最优控制存在时，最优状态反馈控制增益可以通过离散线性二次型调节器(LQR)获得。

在进行控制器设计之前，需要分析系统的能控性和能观性，对于 L 维离散时间线性系统完全能控的充要条件是如下可控性矩阵满秩，即

$$\operatorname{rank} \quad \boldsymbol{Q}_{\mathrm{c}}[\overline{\boldsymbol{B}}, \overline{\boldsymbol{A}}\,\overline{\boldsymbol{B}}, \cdots, \overline{\boldsymbol{A}}^{L-1}] = L \tag{4-19}$$

同样，离散时间线性系统完全能观的充要条件是如下可观性矩阵满秩，即

$$\operatorname{rank} \quad \boldsymbol{Q}_{\mathrm{o}} \begin{bmatrix} \overline{\boldsymbol{C}} \\ \overline{\boldsymbol{C}}\,\overline{\boldsymbol{A}} \\ \vdots \\ \overline{\boldsymbol{C}}\,\overline{\boldsymbol{A}}^{L-1} \end{bmatrix} = L \tag{4-20}$$

由于主动控制系统模型(4-1)中不包含 $\dot{x}(t-\tau)$ 和 $\dot{y}(t-\tau)$，因而矩阵 $\boldsymbol{A}_1(t)$ 的第三列和第四列为 0，并且 $\boldsymbol{X}_{\mathrm{p}}(i+1)$ 也不依赖于状态变量 $\dot{x}_{i-1}$、$\dot{y}_{i-1}$、$\cdots$、$\dot{x}_{i-2}$、$\dot{y}_{i-2}$、$\dot{x}_{i-1}$ 和 $\dot{y}_{i-1}$，即这些状态变量是不可观测的，如果去除这 $2l$ 个状态变量，那么系统将成为完全能控能观系统。此外，能控性和能观性也可以利用数值方法通过计算 Gramians 矩阵来进行判断，经过验证，结果与之相符。在去除不可观测变量后，令增广向量

$$\overline{\boldsymbol{X}}_{\mathrm{pd}}(i)=[x_i \quad y_i \quad \dot{x}_i \quad \dot{y}_i \quad x_{i-l} \quad y_{i-l} \quad x_{i-l-1} \quad y_{i-l-1} \quad \cdots \quad x_{i-1} \quad x_{i-1}]^{\mathrm{T}} \tag{4-21}$$

考虑系统的输出后，最终得到降阶后的不包含时延的标准离散时间状态方程为

$$\begin{aligned} \overline{\boldsymbol{X}}_{\mathrm{pd}}(i+1) &= \overline{\boldsymbol{A}}_{\mathrm{pd}}\overline{\boldsymbol{X}}_{\mathrm{pd}}(i)+\overline{\boldsymbol{B}}_{\mathrm{pd}}\boldsymbol{F}_{\mathrm{a}}(i) \\ \boldsymbol{Y}(i) &= \overline{\boldsymbol{C}}_{\mathrm{pd}}\overline{\boldsymbol{X}}_{\mathrm{pd}}(i) \end{aligned} \tag{4-22}$$

其中，$\overline{\boldsymbol{A}}_{\mathrm{pd}}\in\boldsymbol{R}^{(2l+4)\times(2l+4)}$ 为降阶后离散时间系统矩阵；$\overline{\boldsymbol{B}}_{\mathrm{pd}}\in\boldsymbol{R}^{(2l+4)\times 2}$ 为降阶后离散时间系统的输入矩阵；$\overline{\boldsymbol{C}}_{\mathrm{pd}}\in\boldsymbol{R}^{2\times(2l+4)}$ 为降阶后离散时间系统的输出矩阵。状态方程中各矩阵的具体形式为

$$\overline{\boldsymbol{A}}_{\mathrm{pd}}=\begin{bmatrix} E_{11} & E_{12} & E_{13} & E_{14} & V_{11} & V_{12} & V_{11} & V_{12} & 0 & \cdots & 0 \\ E_{21} & E_{22} & E_{23} & E_{24} & V_{21} & V_{22} & V_{21} & V_{22} & 0 & \cdots & 0 \\ E_{31} & E_{32} & E_{33} & E_{34} & V_{31} & V_{32} & V_{31} & V_{32} & 0 & \cdots & 0 \\ E_{41} & E_{42} & E_{43} & E_{44} & V_{41} & V_{42} & V_{41} & V_{42} & 0 & \cdots & 0 \\ 0 & 0 & 0 & 0 & 0 & 0 & 1 & 0 & \cdots & 0 & 0 \\ 0 & 0 & 0 & 0 & 0 & 0 & 0 & 1 & \cdots & 0 & 0 \\ \vdots & \vdots & \vdots & \vdots & \vdots & \vdots & \vdots & \vdots & \ddots & \vdots & \vdots \\ 0 & 0 & 0 & 0 & 0 & 0 & 0 & 0 & \cdots & 1 & 0 \\ 0 & 0 & 0 & 0 & 0 & 0 & 0 & 0 & \cdots & 0 & 1 \\ 1 & 0 & 0 & 0 & 0 & 0 & 0 & 0 & \cdots & 0 & 0 \\ 0 & 1 & 0 & 0 & 0 & 0 & 0 & 0 & \cdots & 0 & 0 \end{bmatrix}_{(2l+4)\times(2l+4)} \tag{4-23}$$

$$\overline{\boldsymbol{B}}_{\mathrm{pd}}=\begin{bmatrix} 0 & 0 \\ 0 & 0 \\ \dfrac{1}{m} & 0 \\ 0 & \dfrac{1}{m} \\ 0 & 0 \\ \vdots & \vdots \\ 0 & 0 \end{bmatrix}_{(2l+4)\times 2}, \quad \overline{\boldsymbol{C}}_{\mathrm{pd}}=\begin{pmatrix} 1 & 0 & 1 & 0 & 0 & \cdots & 0 \\ 0 & 1 & 0 & 1 & 0 & \cdots & 0 \end{pmatrix}_{2\times(2l+4)} \tag{4-24}$$

对于铣削颤振主动控制系统，系统输出包括 x 方向和 y 方向位移和速度，位移和速度信号通过在主轴内部集成位移和速度传感器进行信号采集。

4.3.2　最优控制律设计

当控制对象被转化成离散线性时不变(LTI)系统，其不包含状态时延，问题就可简化为利用最优控制理论进行不稳定切削状态的镇定。当切削参数位于叶瓣下方，表示稳态切削，此时无需引入主动控制；当切削参数位于叶瓣上方，表明该参数下会发生颤振，则需要引入主动控制力。对于离散时间系统，设最优控制的性能函数为

$$J=\sum_{k=0}^{\infty}(\overline{\boldsymbol{X}}_{\mathrm{pd}}^{\mathrm{T}}(i)\boldsymbol{W}_{\mathrm{Q}}\overline{\boldsymbol{X}}_{\mathrm{pd}}(i)+\boldsymbol{F}_{\mathrm{a}}^{\mathrm{T}}(i)\boldsymbol{W}_{\mathrm{R}}\boldsymbol{F}_{\mathrm{a}}(i)),\quad \boldsymbol{W}_{\mathrm{Q}}\geqslant 0,\boldsymbol{W}_{\mathrm{R}}>0 \tag{4-25}$$

其中，$\boldsymbol{W}_{\mathrm{Q}}$ 为半正定对称权重矩阵；$\boldsymbol{W}_{\mathrm{R}}$ 为正定对称权重矩阵。最优控制的目标是使性能函数最小。根据最优控制理论，当权重矩阵 $\boldsymbol{W}_{\mathrm{Q}}$ 和 $\boldsymbol{W}_{\mathrm{R}}$ 确定，则状态反馈控制器也唯一确定。$\boldsymbol{W}_{\mathrm{Q}}$ 为性能指标函数对于状态量的权重矩阵，元素越大，意味着对应的变量在性能函数中越重要。$\boldsymbol{W}_{\mathrm{R}}$ 为控制量的权重矩阵，同样元素越大，意味着相应的控制约束越大。

在实际应用中，权重的选取通常基于经验和试凑，下面引入平衡实现法进行状态变量重要性的评估。通常平衡实现法根据计算的汉克尔(Hankel)奇异值，用于能控、能观、渐进稳定系统的模型降阶。但是，对于系统(4-22)，其所有的状态变量都是可以观测的，因此采用全状态反馈保留系统阶数而不进行降阶理论上可以获得更好的控制效果。

当切削参数在叶瓣的上方时，系统不稳定而发生颤振。对于不稳定系统，需要利用特殊的能控性和能观性 Gramians 矩阵进行系统输入输出特性的判断。定义不稳定系统的能控性和能观性矩阵 $\boldsymbol{Q}_{\mathrm{uc}}$ 和 $\boldsymbol{Q}_{\mathrm{uo}}$ 分别如下[3,4]：

$$\begin{aligned}
\boldsymbol{Q}_{\mathrm{uc}}&=\frac{1}{2\pi}\int_{-\pi}^{\pi}(\mathrm{e}^{\mathrm{j}\omega}\boldsymbol{I}-\overline{\boldsymbol{A}}_{\mathrm{d}})^{-1}\overline{\boldsymbol{B}}_{\mathrm{d}}\overline{\boldsymbol{B}}_{\mathrm{d}}^{\mathrm{T}}(\mathrm{e}^{-\mathrm{j}\omega}\boldsymbol{I}-\overline{\boldsymbol{A}}_{\mathrm{d}}^{\mathrm{T}})^{-1}\mathrm{d}\omega\\
\boldsymbol{Q}_{\mathrm{uo}}&=\frac{1}{2\pi}\int_{-\pi}^{\pi}(\mathrm{e}^{\mathrm{j}\omega}\boldsymbol{I}-\overline{\boldsymbol{A}}_{\mathrm{d}}^{\mathrm{T}})^{-1}\overline{\boldsymbol{C}}_{\mathrm{d}}^{\mathrm{T}}\overline{\boldsymbol{C}}_{\mathrm{d}}(\mathrm{e}^{-\mathrm{j}\omega}\boldsymbol{I}-\overline{\boldsymbol{A}}_{\mathrm{d}})^{-1}\mathrm{d}\omega
\end{aligned} \tag{4-26}$$

令

$$\begin{aligned}
\boldsymbol{H}&=\boldsymbol{I}+\overline{\boldsymbol{B}}_{\mathrm{d}}^{\mathrm{T}}\boldsymbol{X}\overline{\boldsymbol{B}}_{\mathrm{d}}\\
\boldsymbol{F}&=-\boldsymbol{H}^{-1}\overline{\boldsymbol{B}}_{\mathrm{d}}^{\mathrm{T}}\boldsymbol{X}\overline{\boldsymbol{A}}_{\mathrm{d}}\\
\boldsymbol{Z}&=\boldsymbol{I}+\overline{\boldsymbol{C}}_{\mathrm{d}}\boldsymbol{Y}\overline{\boldsymbol{C}}_{\mathrm{d}}^{\mathrm{T}}\\
\boldsymbol{L}&=-\overline{\boldsymbol{A}}_{\mathrm{d}}\boldsymbol{Y}\overline{\boldsymbol{C}}_{\mathrm{d}}^{\mathrm{T}}\boldsymbol{Z}^{-1}
\end{aligned} \tag{4-27}$$

其中，$\boldsymbol{X}=\boldsymbol{X}^{\mathrm{T}}\geqslant 0,\boldsymbol{Y}=\boldsymbol{Y}^{\mathrm{T}}\geqslant 0$ 分别是下面里卡蒂(Riccati)方程的唯一稳定解，即

$$\begin{aligned}&\overline{\boldsymbol{A}}_{\mathrm{d}}^{\mathrm{T}}\boldsymbol{X}(\boldsymbol{I}+\overline{\boldsymbol{B}}_{\mathrm{d}}\overline{\boldsymbol{B}}_{\mathrm{d}}^{\mathrm{T}}\boldsymbol{X})^{-1}\overline{\boldsymbol{A}}_{\mathrm{d}}-\boldsymbol{X}=0\\&\overline{\boldsymbol{A}}_{\mathrm{d}}\boldsymbol{Y}(\boldsymbol{I}+\overline{\boldsymbol{C}}_{\mathrm{d}}^{\mathrm{T}}\overline{\boldsymbol{C}}_{\mathrm{d}}\boldsymbol{Y})^{-1}\overline{\boldsymbol{A}}_{\mathrm{d}}^{\mathrm{T}}-\boldsymbol{Y}=0\end{aligned}\tag{4-28}$$

通过对 $\boldsymbol{Q}_{\mathrm{uc}}$ 和 $\boldsymbol{Q}_{\mathrm{uo}}$ 进行楚列斯基(Cholesky)分解，然后对分解后因子乘积 $\boldsymbol{L}_{\mathrm{c}}^{\mathrm{T}}\boldsymbol{L}_{\mathrm{o}}$ 进行奇异值分解得到 Hankel 奇异值，即

$$\begin{aligned}\boldsymbol{Q}_{\mathrm{uc}}&=\boldsymbol{L}_{\mathrm{c}}\boldsymbol{L}_{\mathrm{c}}^{\mathrm{T}}\\\boldsymbol{Q}_{\mathrm{uo}}&=\boldsymbol{L}_{\mathrm{o}}\boldsymbol{L}_{\mathrm{o}}^{\mathrm{T}}\\\boldsymbol{L}_{\mathrm{c}}^{\mathrm{T}}\boldsymbol{L}_{\mathrm{o}}&=\boldsymbol{U\Sigma V}\end{aligned}\tag{4-29}$$

其中 $\boldsymbol{\Sigma}\in\boldsymbol{R}^{(2l+4)\times(2l+4)}$ 是 Hankel 奇异值矩阵，并且 $\sigma_1\geqslant\sigma_2\geqslant\cdots\geqslant\sigma_{2l+4}$。在平衡实现法中，当特征值 σ_n 满足 $\sigma_n\geqslant\sigma_{n+1}$，$n$ 之后的状态变量将被截断。特征值越大表明状态变量重要性越大，因此可以设权重矩阵 $\boldsymbol{W}_{\mathrm{Q}}$ 的前 n 个对角元素为 1，剩下的元素为 0，输入权重 $\boldsymbol{W}_{\mathrm{R}}$ 设为单位矩阵。利用这种方式，权重矩阵就可以进行合理地选定，最终得到最优控制的状态反馈增益，结果的表达形式是原系统的分布时延的最优反馈，相应的最优主动控制力为

$$\boldsymbol{F}_{\mathrm{a}}(i)=-\boldsymbol{\Gamma}\overline{\boldsymbol{X}}_{\mathrm{d}}(i)=-\boldsymbol{\Gamma}_1\boldsymbol{X}(i)-\boldsymbol{\Gamma}_2\boldsymbol{X}_{\mathrm{d}}(i-l)-\cdots-\boldsymbol{\Gamma}_{l+1}\boldsymbol{X}_{\mathrm{d}}(i-1)\tag{4-30}$$

其中状态反馈控制增益矩阵为

$$\boldsymbol{\Gamma}=(\boldsymbol{W}_R+\overline{\boldsymbol{B}}_{\mathrm{d}}^{\mathrm{T}}\boldsymbol{P}\overline{\boldsymbol{B}}_{\mathrm{d}})^{-1}\overline{\boldsymbol{B}}_{\mathrm{d}}^{\mathrm{T}}\boldsymbol{P}\overline{\boldsymbol{A}}_{\mathrm{d}}\tag{4-31}$$

$\boldsymbol{\Gamma}_1,\boldsymbol{\Gamma}_2,\cdots,\boldsymbol{\Gamma}_{l+1}$ 是相应维数的分块矩阵，$\boldsymbol{P}>0$ 为如下 Riccati 方程的唯一对称半正定解

$$\boldsymbol{P}=\overline{\boldsymbol{A}}_{\mathrm{d}}^{\mathrm{T}}\boldsymbol{P}\overline{\boldsymbol{A}}_{\mathrm{d}}+\boldsymbol{W}_{\mathrm{Q}}-\overline{\boldsymbol{A}}_{\mathrm{d}}^{\mathrm{T}}\boldsymbol{P}\overline{\boldsymbol{B}}_{\mathrm{d}}(\boldsymbol{W}_{\mathrm{R}}+\overline{\boldsymbol{B}}_{\mathrm{d}}^{\mathrm{T}}\boldsymbol{P}\overline{\boldsymbol{B}}_{\mathrm{d}})^{-1}\overline{\boldsymbol{B}}_{\mathrm{d}}^{\mathrm{T}}\boldsymbol{P}\overline{\boldsymbol{A}}_{\mathrm{d}}\tag{4-32}$$

此时，最优反馈控制系统的结构如图 4-3 所示。

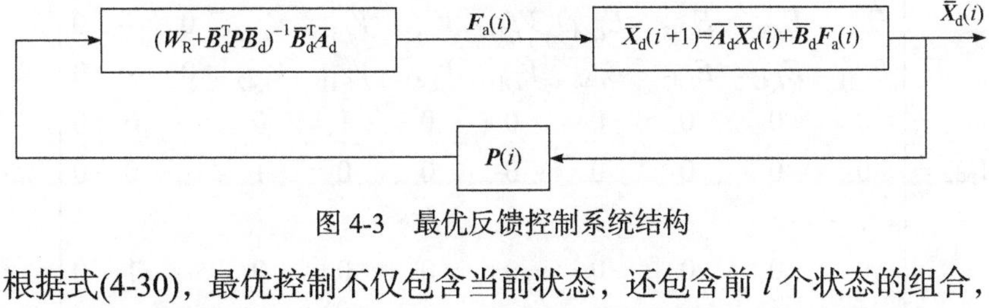

图 4-3　最优反馈控制系统结构

根据式(4-30)，最优控制不仅包含当前状态，还包含前 l 个状态的组合，这些状态为当前时刻的位移和速度，离散时延最优控制的原理如图 4-4 所示。

4.3.3　控制算法闭环稳定性分析

为了区别于下面即将介绍的闭环叶叶瓣图，将不引入主动控制力下绘制的叶

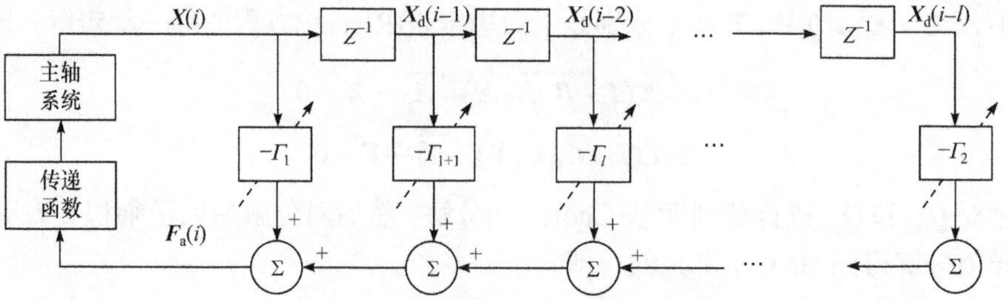

图 4-4　离散时延最优控制原理图

瓣图，称为开环稳定性叶瓣图(OLSLD)。开环稳定性叶瓣图目前已经被广泛应用于评估机床的切削性能，其基本获取原理已经通过半离散法和全离散法进行了详细阐述。为了能够实现主动控制作用下切削稳定性的合理预测，本书提出一种获取闭环稳定性叶瓣图(CLSLD)的方法，用于实现主动控制算法效果的评估。

根据 Floquet 理论，线性周期时变系统的稳定性取决于特征乘子，状态转移矩阵的特征值为 Floquet 乘子，步长越小，乘子越精确；当 Floquet 乘子的模的最大值小于 1 时系统稳定，大于 1 时系统不稳定。本书提出的闭环稳定性分析同样基于 Floquet 理论，将计算出的最优主动控制力方程(4-30)代入系统控制方程(4-22)中，同时恢复原系统的周期性，从而构造一个采样周期内的闭环离散映射，即

$$\overline{\boldsymbol{X}}_{\mathrm{pd}}(i+1)=\boldsymbol{\Phi}_i\overline{\boldsymbol{X}}_{\mathrm{pd}}(i) \tag{4-33}$$

$$\boldsymbol{\Phi}_i=\overline{\boldsymbol{A}}_{\mathrm{pd},i}-\overline{\boldsymbol{B}}_{\mathrm{pd}}\boldsymbol{\Gamma} \tag{4-34}$$

$\boldsymbol{\Phi}_i$ 表示在主动控制作用下，第 i 个时间区间到第 $i+1$ 个时间区间的闭环状态转移矩阵。其中 $\overline{\boldsymbol{A}}_{\mathrm{pd},i}$ 表示考虑系统周期性时第 i 个区间的 $2l+4$ 维系统矩阵，其具体形式为

$$\overline{\boldsymbol{A}}_{\mathrm{pd},i}=\begin{bmatrix} E_{i,11} & E_{i,12} & E_{i,13} & E_{i,14} & V_{i,11} & V_{i,12} & V_{i,11} & V_{i,12} & 0 & \cdots & 0 \\ E_{i,21} & E_{i,22} & E_{i,23} & E_{i,24} & V_{i,21} & V_{i,22} & V_{i,21} & V_{i,22} & 0 & \cdots & 0 \\ E_{i,31} & E_{i,32} & E_{i,33} & E_{i,34} & V_{i,31} & V_{i,32} & V_{i,31} & V_{i,32} & 0 & \cdots & 0 \\ E_{i,41} & E_{i,42} & E_{i,43} & E_{i,44} & V_{i,41} & V_{i,42} & V_{i,41} & V_{i,42} & 0 & \cdots & 0 \\ 0 & 0 & 0 & 0 & 0 & 0 & 1 & 0 & \cdots & 0 & 0 \\ 0 & 0 & 0 & 0 & 0 & 0 & 0 & 1 & \cdots & 0 & 0 \\ \vdots & \vdots & \vdots & \vdots & \vdots & \vdots & \vdots & \vdots & \ddots & \vdots & \vdots \\ 0 & 0 & 0 & 0 & 0 & 0 & 0 & 0 & \cdots & 1 & 0 \\ 0 & 0 & 0 & 0 & 0 & 0 & 0 & 0 & \cdots & 0 & 1 \\ 1 & 0 & 0 & 0 & 0 & 0 & 0 & 0 & \cdots & 0 & 0 \\ 0 & 1 & 0 & 0 & 0 & 0 & 0 & 0 & \cdots & 0 & 0 \end{bmatrix} \tag{4-35}$$

其中

$$\begin{aligned} \boldsymbol{E}_i &= (\boldsymbol{I} - w\Delta t\boldsymbol{A}_0(i))^{-1}(\boldsymbol{I} + w\Delta t\boldsymbol{A}_0(i)) \\ \boldsymbol{V}_i &= w\Delta t(\boldsymbol{I} - w\Delta t\boldsymbol{A}_0(i))^{-1}\boldsymbol{A}_1(i) \end{aligned} \tag{4-36}$$

式中，$\boldsymbol{A}_0(i)$ 和 $\boldsymbol{A}_1(i)$ 为第 i 个时间区间的系统矩阵，离散化后同样保持周期性。整个周期 τ 内的闭环状态转移矩阵 $\boldsymbol{\Phi}$ 为

$$\boldsymbol{\Phi} = \boldsymbol{\Phi}_l\boldsymbol{\Phi}_{l-1}\cdots\boldsymbol{\Phi}_1 \tag{4-37}$$

最后，利用 Floquet 理论重新判断闭环状态转移矩阵的特征值，绘制闭环稳定性叶瓣图，通过和开环稳定性叶瓣图进行对比，可以评估当前控制器的控制效果，实现闭环控制下的铣削稳定性预测。事实上，通过观察闭环稳定性叶瓣图可以发现，任何控制器都具有一定的鲁棒性，即在某一切削参数下设计的控制器在其他切削参数下同样可以保持有效。因此在控制策略中加入闭环稳定性的判断环节，可以大大减少控制器的计算量。借助闭环稳定性叶瓣图的分析，随着切削参数的变化，如果当前的切削参数在闭环稳定性叶瓣图(CLSLD)的叶瓣上方区域，则当前作用的控制器失效，需要以当前的切削参数重新计算控制增益，实现控制器的自适应更新；如果当前的切削参数在 CLSLD 之下，则保持当前控制器而无需更新计算。综合上述计算过程，获取闭环稳定性叶瓣图(CLSLD)和颤振主动控制流程的计算流程如图 4-5 所示。

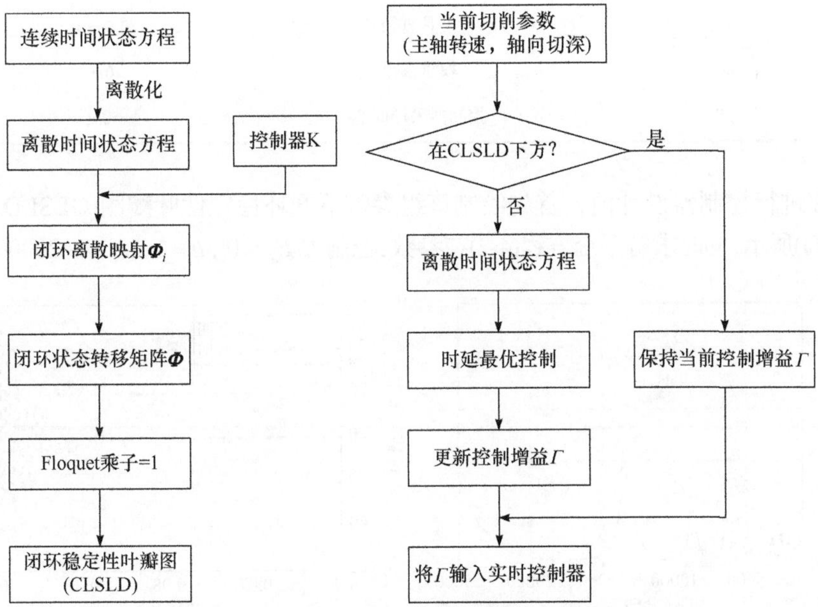

图 4-5　闭环稳定性叶瓣图(CLSLD)和颤振主动控制计算流程

4.4　控制算法性能数值分析

4.4.1　不同权重矩阵

离散时延最优控制方法可直接应用于计算机采样控制，同时可以利用 CLSLD 评估控制器效果，仿真参数如表 4-2 所示。下面通过一系列数值仿真来分析控制器性能。

表 4-2　离散时延最优控制方法仿真参数

符号	物理量	数值
N_T	刀齿数目	2
m_t	模态质量	0.04kg
ζ	阻尼比	0.011
ω_n	固有频率	$2\pi\times 922$rad/s
ξ_t	切向切削力系数	$6\times10^8\,\mathrm{N/m^2}$
ξ_n	法向切削力系数	$2\times10^8\,\mathrm{N/m^2}$
a	径向切深	0.25mm
D_T	刀具直径	0.5mm
w	权重系数	0.5
ΔT	控制器采样周期	50μs

在进行控制器设计前，首先绘制该组参数下开环稳定性叶瓣图(OLSLD)，如图 4-6(a)所示，同时求解系统方程(4-2)在参数：控制力 $\boldsymbol{F}_a = 0$，$b = 1$mm，Ω=20000r/min

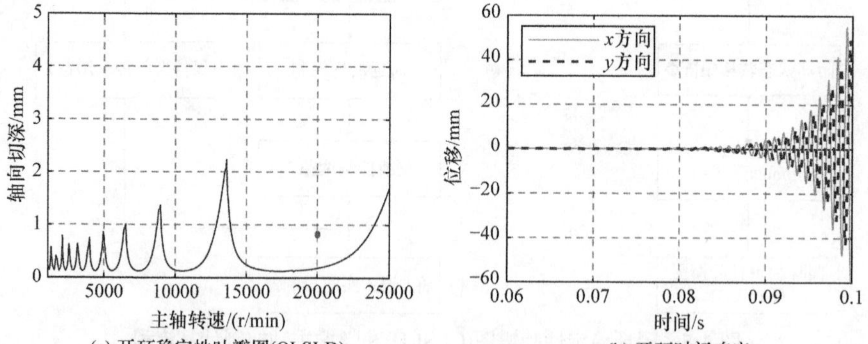

(a) 开环稳定性叶瓣图(OLSLD)　　(b) 开环时间响应

图 4-6　叶瓣图及参数($\boldsymbol{F}_a = 0$，$b = 1$mm，Ω=20000r/min)下的系统时间响应

下的开环时间响应，如图 4-6(b)所示，该组参数在图 4-6(a)中用圆点标出。此时，系统时延τ=60/($N\Omega$)=1.4ms，离散时间区间数$l=\tau/\Delta T=30$。根据式(4-19)和式(4-20)，计算在该组仿真参数下能控性和能观性矩阵的秩为 64，判断矩阵满秩，此时系统完全能控能观。观察时间响应，当前切削参数下，位移发散表示系统不稳定发生颤振。同样在图 4-6(a)中，该组参数(粗点)在 OLSLD 的上方，也可以验证此时处于不稳定切削。因此，在当前参数下需要引入主动控制力进行颤振控制，提高系统稳定性。

控制律设计基于本节离散时延控制方法，设计全状态反馈控制器。根据平衡实现法和 Hankel 特征值，当$n=2$时，满足$\boldsymbol{\sigma}_n \geqslant \boldsymbol{\sigma}_{n+1}$，算例在切削参数($b=1\text{mm}$，$\Omega$=20000r/min)下进行控制律的设计。通过选择不同的权重矩阵$\boldsymbol{W}_{\text{Q1}}=\text{diag}(1,1,0,\cdots,0)\in \boldsymbol{R}^{(2l+4)\times(2l+4)}$与$\boldsymbol{W}_{\text{Q2}}=\text{diag}(1,1,0,\cdots,0)\in \boldsymbol{R}^{(2l+4)\times(2l+4)}$进行控制效果的对比，结果如图 4-7 所示。图中虚线表示不加控制力的开环稳定性叶瓣图(OLSLD)，实线表示控制权重矩阵为$\boldsymbol{W}_{\text{Q1}}$的闭环稳定性叶瓣图(CLSLD)，点画线为权重矩阵$\boldsymbol{W}_{\text{Q2}}$的 CLSLD。观察 CLSLD 可以发现，主动控制力作用下，系统特性得到改变，圆点所对应的当前切削参数处于 CLSLD-$\boldsymbol{W}_{\text{Q1}}$和 CLSLD-$\boldsymbol{W}_{\text{Q2}}$之下，由开环颤振切削转化为闭环稳态切削。图中虚线所对应的稳态区域非常大，即如果控制力足够大，当转速超过 4000r/min 后颤振将几乎不会发生。此外，尽管此时的控制律是在某一组切削参数下进行设计的，但是对于整个转速切削深度都有所提高，因此控制算法都具有一定的鲁棒性。根据本章提出的闭环稳定性叶瓣图(CLSLD)，可以实现定量监测当前控制器的控制效果，从而减少重新设计控制器的过程。例如，当前控制器不仅在切削参数$b=1\text{mm}$，Ω=20000r/min 下有效，在切削参数$b=1\text{mm}$，

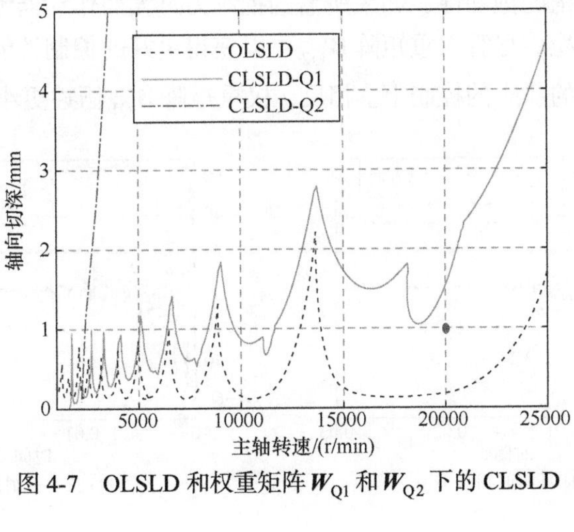

图 4-7　OLSLD 和权重矩阵$\boldsymbol{W}_{\text{Q1}}$和$\boldsymbol{W}_{\text{Q2}}$下的 CLSLD

Ω=15000r/min 也有很好的控制效果，如果主轴切深不变，转速调节到 15000r/min，则无需重新设计控制器。

对于离散时间系统，闭环稳定的充要条件是所有闭环极点位于单位圆内。在权重矩阵 $\boldsymbol{W}_{Q2}$ 下的控制器作用下，绘制出控制前后的极点分布如图 4-8 所示。利用极点图同样可以判断系统的稳定性。状态反馈控制前系统开环极点用圆点表示，观察图中可以发现有两个开环极点位于单位圆外，表明开环下系统不稳定；经过闭环控制之后的系统闭环极点用星状点表示，此时极点全部配置到单位圆内。通过最优控制算法实现了极点的最优配置，进而实现了对切削过程不稳定状态的镇定。

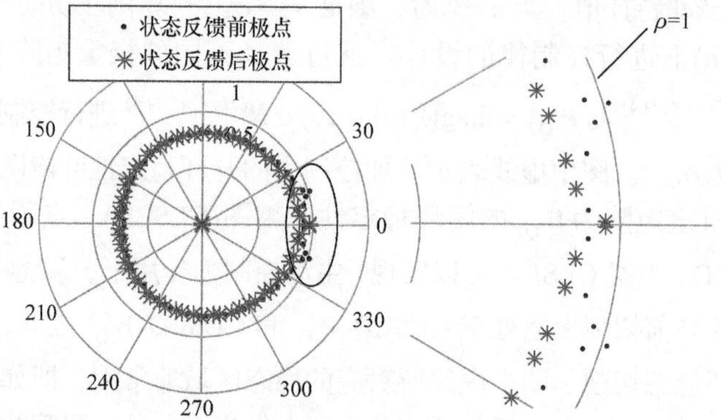

图 4-8　控制前后系统极点分布

在上述两种控制器中，不同权重矩阵(控制器)下的闭环时间响应和相应的主动控制力如图 4-9 所示。对比图 4-9(b)和(d)，权重矩阵 $\boldsymbol{W}_{Q2}$ 下控制器所需的最大主动控制力为 400N，是权重矩阵 $\boldsymbol{W}_{Q1}$ 下所需控制力的 8 倍左右。在实际工程中，需要考虑执行机构的饱和性，如果所需的控制力过大而作动器无法提供，将导致控制失效系统失稳。尽管权重矩阵 $\boldsymbol{W}_{Q2}$ 可以获得更好的控制性能，但是很多控制力浪费在不重要的状态的控制上。相反，权重矩阵 $\boldsymbol{W}_{Q1}$ 牺牲更小的控制力对更重

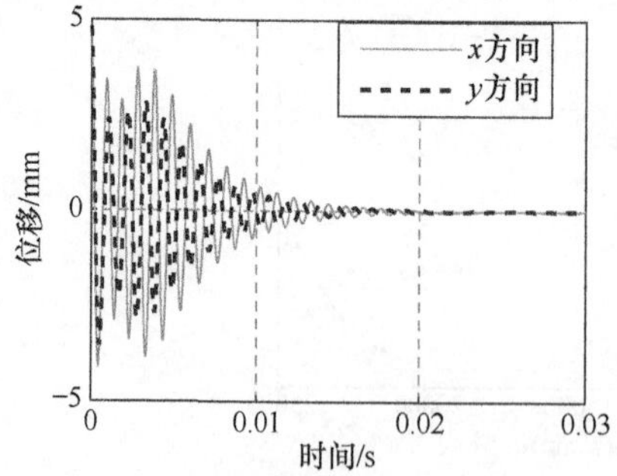

(a) 闭环时间响应-$\boldsymbol{W}_{Q1}$

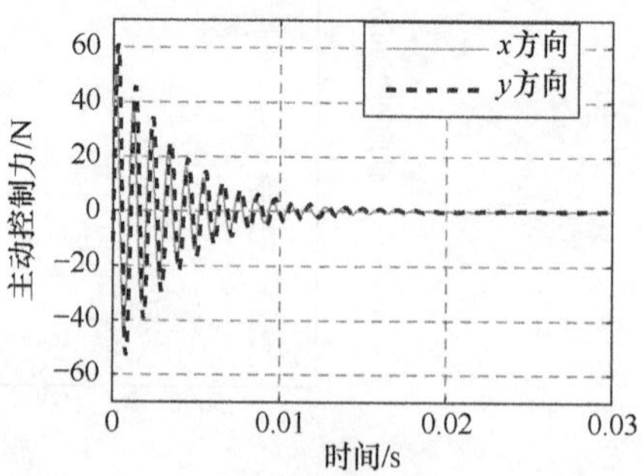

(b) 主动控制力-$\boldsymbol{W}_{Q1}$

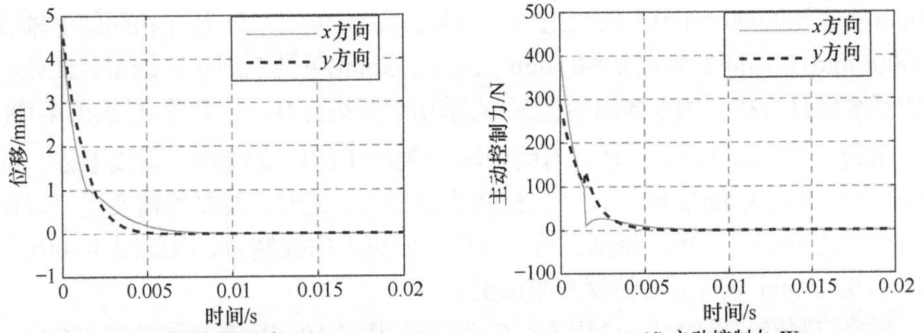

(c) 闭环时间响应-W_{Q2}　(d) 主动控制力-W_{Q2}

图 4-9　不同权重矩阵下系统响应($b=1$mm，$\Omega=20000$r/min)

要的状态进行控制，并且保证了足够快的时间响应，确保控制过程的实时性。因此，基于平衡实现法的权重选择降低了对作动器性能的要求。

4.4.2　不同切削参数

在切削过程中，随着参数的改变，需要在控制器失效前进行控制器的更新以保证当前切削状态稳定。下面本节通过不同的切削参数进行控制律设计，并利用 CLSLD 比较不同控制器的控制效果。

图 4-10(a)和(b)是在相同的轴向切深(1mm)，不同的主轴转速(10000r/min、

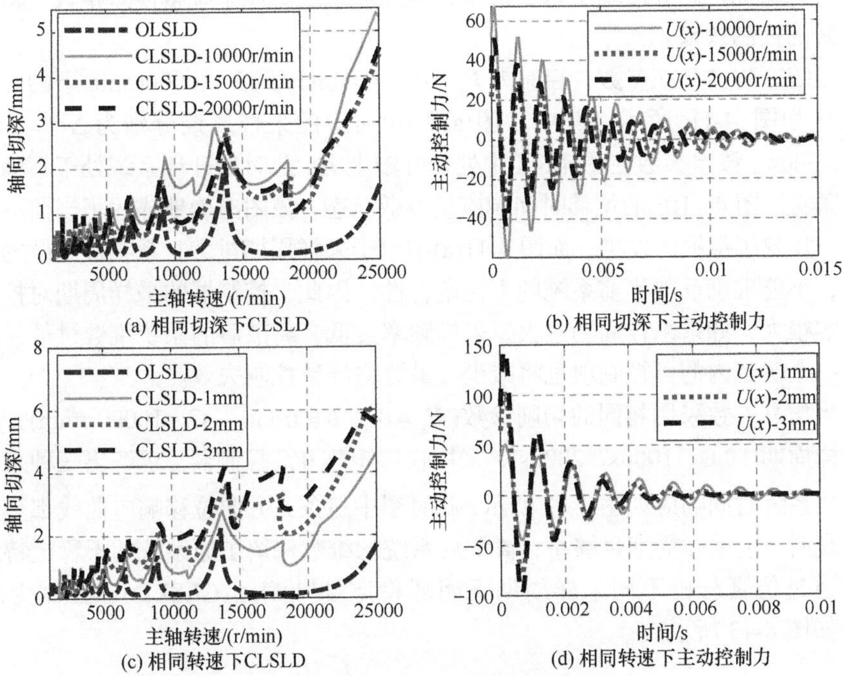

(a) 相同切深下CLSLD　(b) 相同切深下主动控制力

(c) 相同转速下CLSLD　(d) 相同转速下主动控制力

图 4-10　不同切削参数下控制器性能

15000r/min、20000r/min)下的三组仿真结果；图 4-10(c)和(d)是在相同的主轴转速(20000r/min)和不同的轴向切深(1mm、2mm、3mm)下的三组仿真结果。此处，两个仿真案例具有相同的采样周期为 50μs，采用权重矩阵 $\boldsymbol{W}_{Q1}$ 控制器。根据图 4-10(a)，当主轴转速为 10000r/min 时，当前切削参数位于图中虚线和点画线上方，即在 15000r/min 和 20000r/min 下设计的控制器将失效。此时，控制器需要更新以保持在当前转速下足够的稳定裕度，同时也将需要更大的控制力，因此图 4-10(b)中在转速 10000r/min 下对应的控制力幅值更大。

影响控制器效果的另一个因素是轴向切深。图 4-10(c)为在相同转速 20000r/min 下随着切深增大(从 1mm 增加到 3mm)的叶瓣图，相应的控制力如图 4-10(d)所示。由于动态切削力的大小正比于轴向切深，因而对于大切深下发生的颤振切削需要提供更大的主动控制力进行抵消。综上所述，切削参数(转速、轴向切深)是影响控制器性能的关键，也是控制器设计的依据。

4.4.3 不同采样周期

实际工程中的控制基于计算机控制理论，而控制器的采样周期即控制循环周期对控制效果也有影响。在本例中，离散系统的维数取决于采样周期，当采样周期较大时系统的维数将变得很低，这将导致原系统失去原有的特性。此外，由于离散时延最优控制算法基于数学模型，当离散系统与原系统特性差距较大将无法获得好的控制效果。

系统方程(4-2)在参数：控制力 $\boldsymbol{F}_a = 0$，$b = 1\text{mm}$，$\Omega = 10000\text{r/min}$ 下的开环时间响应如图 4-11 所示，其中，图(a)和(b)对应的采样周期分别为 $\Delta T_a = 1\text{ms}$，$\Delta T_b = 50\mu\text{s}$。该组参数在图 4-6(a)中处于叶瓣上方，此时的开环系统处于不稳定将发生颤振。图 4-11(b)的位移时间响应呈发散状态，该图准确地描述了当前不稳定状态，反映了颤振的发生；而图 4-11(a)中由于采样周期过大，系统被离散的维数很低，不能准确反映当前系统的不稳定特性。因此，控制器的采样周期对控制效果影响很大，如果采样周期过大，采样频率过低，离散后的系统维数过低，控制器在一个时延内的可控制项也将减少，最终将导致控制失效。

当仿真参数采用相同的切削参数($\boldsymbol{F}_a = 0$，$b = 1\text{mm}$，$\Omega = 10000\text{r/min}$)，不同的采样周期(50μs、100μs、200μs)，采用权重矩阵 $\boldsymbol{W}_{Q1}$ 控制器。求解出三种采样周期下的系统时间响应如图 4-12 所示，此时图中三条 x 方向位移响应曲线都呈发散状，表明当前采样周期足够小，离散后系统的维数保留了原系统的不稳定特性。下面通过仿真分析不同采样周期下闭环稳定性叶瓣图(CLSLD)和控制力的变化，如图 4-13 所示。

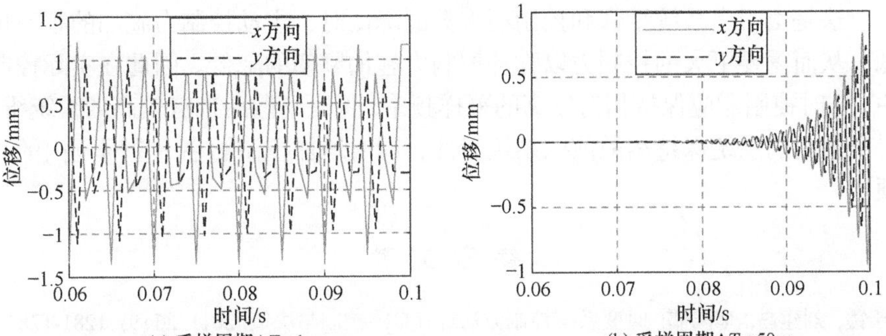

(a) 采样周期ΔT_a=1ms　　(b) 采样周期ΔT_b=50μs

图 4-11　不同采样周期下系统时间响应($F_a = 0$ ， $b = 1$mm ， Ω =10000r/min)

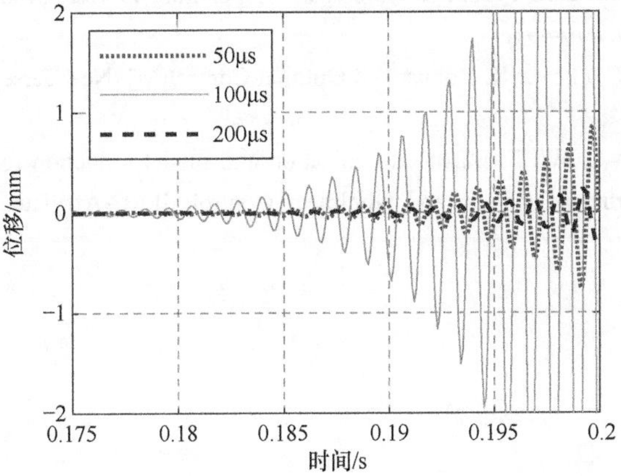

图 4-12　三种采样周期下系统时间响应($F_a = 0$ ， $b = 1$mm ， Ω =10000r/min)

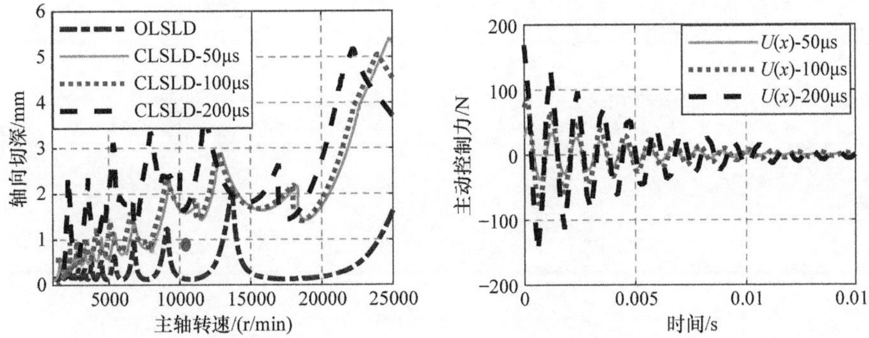

(a) 不同采样周期下CLSLD　　(b) 不同采样周期下主动控制力

图 4-13　不同采样周期下控制器性能

由图 4-13 可知，随着采样周期的增大，CLSLD 的稳定域增大，相应的主动控制力也将增大。在图中可以观察出，50μs 对应的实线由于控制点数少而光滑度较差。这是由于当系统维数和控制项维数的降低时，主动控制力施加的频率也将降低，从而需要更大的控制力以弥补控制力施加频率的降低。因此在实际控制过程中，实时控制器应保持相对较高的采样频率，保证离散后拥有较高的系统维数，使得离散后的系统保持离散前的系统特性，同时增加控制器在一个时延内的可控制项。

参 考 文 献

[1] 于霞, 刘建昌, 李鸿儒. 时变系统控制方法综述[J]. 控制与决策, 2011, 26 (9): 1281-1287.

[2] Stol K, Moll H G, Bir G, et al. A comparison of multi-blade coordinate transformation and direct periodic techniques for wind turbine control design: 47th Aiaa Aerospace Sciences Meeting Including the NewHorizons Forum & Aero-space Exposition, Florida Orlando, 2009[C]. Reston: AIAA Press, 2009: 479-491.

[3] Zhou K, Doyle J C, Glover K. Robust and Optimal Control[M]. New Jersey: Prentice hall, 1996: 114-167.

[4] Zhou K, Salomon G, Wu E. Balanced realization and model reduction for unstable systems[J]. International Journal of Robust and Nonlinear Control: IFAC-Affiliated Journal, 1999, 9(3): 183-198.

第 5 章　高速铣削颤振鲁棒主动抑制

5.1　引　　言

构建再生颤振铣削模型是进行颤振主动控制的必备环节，通常采用动力学建模或测试得到再生颤振铣削模型。然而，该模型是一个无法精确建模的系统，其中模态参数在现实中只能在主轴静止时通过实验测得，不同的加工参数下，主轴模态会发生相应的变化。为了提升颤振主动控制对各模型参数变化带来的鲁棒性问题，通过鲁棒控制方法实现铣削颤振主动控制。

5.2　主动控制策略设计

考虑主轴动力学，且考虑主轴动力学和切削力之间的相互作用(以及与颤振有关的再生效应)，该控制策略将铣削过程动力学系统模型作为控制模型，将外界噪声作为输入量，控制目标是设计一个控制算法镇定整个铣削过程动力学系统，控制策略系统图如图 5-1 所示。由于将加工工艺参数(主轴转速和轴向切削深度)作为模型参数参与控制系统设计，这种设计方法并不会整体提升铣削稳定性，而是对于给定的铣削加工工艺参数，自适应地塑造稳定性叶瓣图，使得所给定的加工工艺参数始终处于稳定区域。

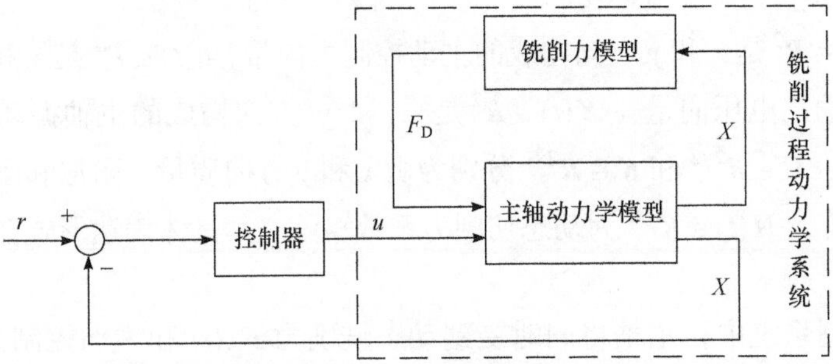

图 5-1　控制策略系统图

基于以上控制策略，第 2 章中已经得到铣削过程动力学模型，该模型是一个非线性时变时滞模型。根据主动控制策略，对铣削过程进行控制就是在原铣削过程系统中引入主动激励源(即引进控制力)。根据以上策略，可以设计颤振主动控制系统的物理模型，如图 5-2 所示。

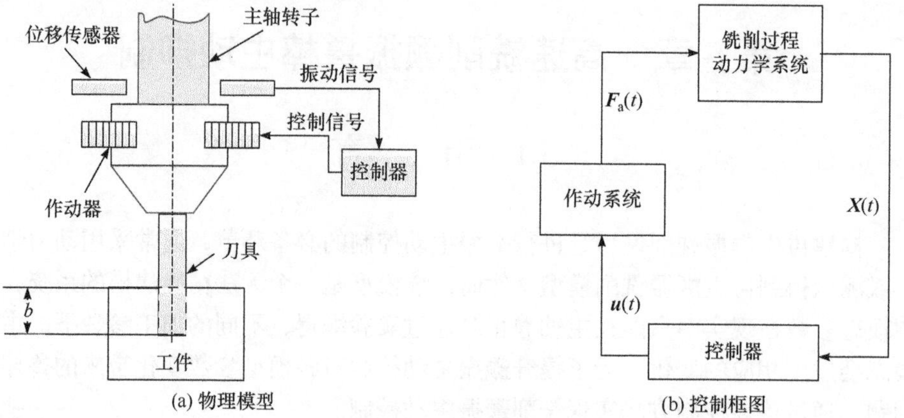

图 5-2 颤振主动控制系统模型

图 5-2(a)中，b 为轴向切削深度，即叶瓣图的纵坐标参数；智能主轴系统通过位移传感器进行采集信号，并将振动信号传递给控制器，通过控制器的计算，输出控制信号给作动器，然后作动器进行控制力输出，从而构成闭环控制系统。铣削颤振主动控制动力学模型如下：

$$\boldsymbol{M}\ddot{\boldsymbol{X}}(t)+\boldsymbol{C}\dot{\boldsymbol{X}}(t)+\boldsymbol{K}\boldsymbol{X}(t)=b\boldsymbol{H}(t)[\boldsymbol{X}(t-\tau)-\boldsymbol{X}(t)]+\boldsymbol{F}_{\mathrm{a}}(t) \tag{5-1}$$

式中，$\boldsymbol{F}_{\mathrm{a}}(t)=\begin{bmatrix}F_{\mathrm{a},x}(t)\\F_{\mathrm{a},y}(t)\end{bmatrix}$；$\boldsymbol{H}(t)=\begin{bmatrix}h_{xx}(t) & h_{xy}(t)\\h_{yx}(t) & h_{yy}(t)\end{bmatrix}$；$\boldsymbol{M}=\begin{bmatrix}m_x & 0\\0 & m_y\end{bmatrix}$；$\boldsymbol{C}=\begin{bmatrix}c_x & 0\\0 & c_y\end{bmatrix}$；$\boldsymbol{K}=\begin{bmatrix}k_x & 0\\0 & k_y\end{bmatrix}$；$\boldsymbol{X}(t)=\begin{bmatrix}x(t)\\y(t)\end{bmatrix}$；$\boldsymbol{X}(t-\tau)=\begin{bmatrix}x(t-\tau)\\y(t-\tau)\end{bmatrix}$。

$\boldsymbol{F}_{\mathrm{a}}(t)\in\boldsymbol{R}^2$ 是 x 和 y 方向构成的主动控制力向量，$\boldsymbol{u}(t)\in\boldsymbol{R}^2$ 是 x 和 y 方向构成的控制器输出电压向量，$\boldsymbol{X}(t)\in\boldsymbol{R}^2$ 是 x 和 y 方向构成的主轴振动位移向量，$\boldsymbol{M}\in\boldsymbol{R}^{2\times2}$、$\boldsymbol{C}\in\boldsymbol{R}^{2\times2}$ 和 $\boldsymbol{K}\in\boldsymbol{R}^{2\times2}$ 分别为由 x 和 y 方向质量、阻尼和刚度构成的二维对角矩阵，$\boldsymbol{H}(t)\in\boldsymbol{R}^{2\times2}$ 为动态切削力系数矩阵，其具体表达形式在第 2 章已作陈述。

在控制系统中，主轴将同时受到动态铣削力 $\boldsymbol{F}_{\mathrm{D}}(t)$ 和主动控制力 $\boldsymbol{F}_{\mathrm{a}}(t)$ 的作用。当控制器输出控制电压信号 $\boldsymbol{u}(t)$ 时，作动系统受到电压信号的激励，将输出对应的主动控制力。当作动系统发生变化时，电压信号和主动控制力的对应关系也将发生变化，求解电压信号 $\boldsymbol{u}(t)$ 到主动控制力 $\boldsymbol{F}_{\mathrm{a}}(t)$ 的传递函数 $\boldsymbol{G}_{\mathrm{a}}(s)$ 是能够实现准确控制的重要环节。在本控制系统中，采用压电作动器作为执行器，虽然压电作动器具有回归特性，但是在具有反馈控制的压电作动器控制系统中，一般认为压电作动器的传递函数为一增益常数，即 $\boldsymbol{G}_{\mathrm{a}}(s)=\beta_{\mathrm{a}}$ 。所以可以求得主动控制力与控制电压信号的对应关系为 $\boldsymbol{F}_{\mathrm{a}}(s)=\beta_{\mathrm{a}}\boldsymbol{u}(s)$ ，将其转化到时域可得到作动系统模型

$$\boldsymbol{F}_{\mathrm{a}}(t)=\beta_{\mathrm{a}}\boldsymbol{u}(t) \tag{5-2}$$

将作动系统模型式(5-2)代入铣削颤振主动控制模型式(5-1)得到铣削颤振控制动力学模型

$$\boldsymbol{M}\ddot{\boldsymbol{X}}(t)+\boldsymbol{C}\dot{\boldsymbol{X}}(t)+\boldsymbol{K}\boldsymbol{X}(t)=b\boldsymbol{H}(t)[\boldsymbol{X}(t-\tau)-\boldsymbol{X}(t)]+\beta_{\mathrm{a}}\boldsymbol{u}(t) \tag{5-3}$$

5.3 鲁棒主动控制方法

5.3.1 控制模型线性化

在式(5-3)中，$\boldsymbol{H}(t)$ 是以时滞 τ 为周期的函数矩阵，$\boldsymbol{X}(t-\tau)$ 是以 τ 为时滞的单时滞函数向量。所以以上所得颤振主动控制系统的状态方程是一个时变时滞耦合的系统模型，虽然目前基于鲁棒控制理论的各类算法已趋于成熟，但是一般研究的控制对象模型较为简单，对于涉及时滞和时变特性复杂系统的控制算法研究较少。控制系统中包含两者的任一个因素都无法直接利用现有的鲁棒控制理论进行控制算法设计，因此控制器的首要设计难点在于如何合理地将模型转化为线性时不变系统。

1. 周期时变平均化

通常对于完全时变系统的控制算法设计较为困难，而铣削过程的时变具有周期性，因此可以利用周期系统的处理方式进行系统简化。在铣削颤振主动控制模型式(5-3)中，参数 $\boldsymbol{H}(t)=\begin{bmatrix} h_{xx}(t) & h_{xy}(t) \\ h_{yx}(t) & h_{yy}(t) \end{bmatrix}$ ，该参数具体表达形式如下：

$$\begin{aligned}
h_{xx}(t)&=\sum_{j=1}^{N}g(\phi_j(t))[\xi_{\mathrm{t}}\cos\phi_j(t)+\xi_{\mathrm{n}}\sin\phi_j(t)]\sin\phi_j(t)\\
h_{xy}(t)&=\sum_{j=1}^{N}g(\phi_j(t))[\xi_{\mathrm{t}}\cos\phi_j(t)+\xi_{\mathrm{n}}\sin\phi_j(t)]\cos\phi_j(t)\\
h_{yx}(t)&=\sum_{j=1}^{N}g(\phi_j(t))[-\xi_{\mathrm{t}}\sin\phi_j(t)+\xi_{\mathrm{n}}\cos\phi_j(t)]\sin\phi_j(t)\\
h_{yy}(t)&=\sum_{j=1}^{N}g(\phi_j(t))[-\xi_{\mathrm{t}}\sin\phi_j(t)+\xi_{\mathrm{n}}\cos\phi_j(t)]\cos\phi_j(t)
\end{aligned} \tag{5-4}$$

从式(5-4)中可以看出，$h_{xx}(t)$、$h_{xy}(t)$、$h_{yx}(t)$和$h_{yy}(t)$是时变函数，且时变性质与$\phi_j(t)$有关，经过分析可以知道$\phi_j(t)$是以时滞τ为周期的函数。所以$\boldsymbol{H}(t)$是周期为τ的时变函数矩阵。周期信号中傅里叶系数的高频谐波成分往往幅值较低，对于周期时变系统，只保留傅里叶级数的常数项就可以将时变系统转化为时不变系统。本书将这种平均化方法引入主轴颤振主动控制算法的设计中，实现了周期时变系统到时不变系统的简化，从而解决了控制模型的周期时变问题。动态切削力系数$h_{xx}(t)$、$h_{xy}(t)$、$h_{yx}(t)$和$h_{yy}(t)$在一个周期内的平均值为

$$\begin{aligned}
\bar{h}_{xx} &= \frac{1}{\tau}\int_0^{\tau} h_{xx}(t)\mathrm{d}t = \frac{1}{\phi_{\mathrm{p}}}\int_{\phi_{\mathrm{st}}}^{\phi_{\mathrm{ex}}} h_{xx}(\phi)\mathrm{d}\phi = -\left(\frac{N}{8\pi}\xi_{\mathrm{t}}\cos 2\phi - 2\xi_{\mathrm{n}}\phi + \xi_{\mathrm{n}}\sin 2\phi\Big|_{\phi_{\mathrm{st}}}^{\phi_{\mathrm{ex}}}\right) \\
\bar{h}_{xy} &= \frac{1}{\tau}\int_0^{\tau} h_{xy}(t)\mathrm{d}t = \frac{1}{\phi_{\mathrm{p}}}\int_{\phi_{\mathrm{st}}}^{\phi_{\mathrm{ex}}} h_{xy}(\phi)\mathrm{d}\phi = \left(-\frac{N}{8\pi} - \xi_{\mathrm{t}}\sin 2\phi - 2\xi_{\mathrm{t}}\phi + \xi_{\mathrm{n}}\cos 2\phi\Big|_{\phi_{\mathrm{st}}}^{\phi_{\mathrm{ex}}}\right) \\
\bar{h}_{yx} &= \frac{1}{\tau}\int_0^{\tau} h_{yx}(t)\mathrm{d}t = \frac{1}{\phi_{\mathrm{p}}}\int_{\phi_{\mathrm{st}}}^{\phi_{\mathrm{ex}}} h_{yx}(\phi)\mathrm{d}\phi = \left(-\frac{N}{8\pi} - \xi_{\mathrm{t}}\sin 2\phi + 2\xi_{\mathrm{t}}\phi + \xi_{\mathrm{n}}\cos 2\phi\Big|_{\phi_{\mathrm{st}}}^{\phi_{\mathrm{ex}}}\right) \\
\bar{h}_{yy} &= \frac{1}{\tau}\int_0^{\tau} h_{yy}(t)\mathrm{d}t = \frac{1}{\phi_{\mathrm{p}}}\int_{\phi_{\mathrm{st}}}^{\phi_{\mathrm{ex}}} h_{yy}(\phi)\mathrm{d}\phi = \left(-\frac{N}{8\pi} - \xi_{\mathrm{t}}\cos 2\phi - 2\xi_{\mathrm{n}}\phi - \xi_{\mathrm{n}}\sin 2\phi\Big|_{\phi_{\mathrm{st}}}^{\phi_{\mathrm{ex}}}\right)
\end{aligned} \tag{5-5}$$

则将式(5-5)代入铣削颤振主动控制模型式(5-3)，得

$$\boldsymbol{M}\ddot{\boldsymbol{X}}(t)+\boldsymbol{C}\dot{\boldsymbol{X}}(t)+\boldsymbol{K}\boldsymbol{X}(t) = b\bar{\boldsymbol{H}}(t)[\boldsymbol{X}(t-\tau)-\boldsymbol{X}(t)]+\beta_{\mathrm{a}}\boldsymbol{u}(t) \tag{5-6}$$

式中，$\bar{\boldsymbol{H}} = \begin{bmatrix} \bar{h}_{xx} & \bar{h}_{xy} \\ \bar{h}_{yx} & \bar{h}_{yy} \end{bmatrix}$为平均切削力系数矩阵。

经过简化后的系统控制方程只包含状态时滞，相对于周期系统，这将大大降低控制算法的设计难度。以上我们利用傅里叶零阶展开方法对控制模型进行了简化，该平均化作为一种模型简化的处理方式，需要考虑平均化之后的模型和原有模型的系统稳定特性误差。下面通过一个案例来进一步分析，分析参数如表 5-1，分析结果如图 5-3 所示。

表 5-1　铣削稳定性分析参数

符号	物理量	数值
N_{T}	刀齿数	2
ξ_{t}	切向切削力系数	$6.0\times10^8\,\mathrm{N/m^2}$
ξ_{n}	法向切削力系数	$2.0\times10^8\,\mathrm{N/m^2}$
m_{t}	模态质量	0.13kg
ζ	阻尼比	0.011

续表

符号	物理量	数值
ω_n	固有频率	700 Hz
D_T	刀具直径	10mm
a	径向切削深度	10mm

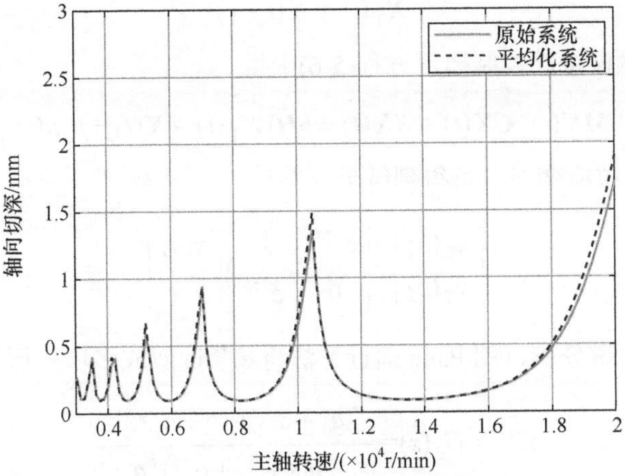

图 5-3　平均化前后稳定性叶瓣图对比

图 5-3 中虚线表示平均化后铣削系统的稳定性叶瓣图，实线表示平均化前铣削系统的稳定性叶瓣图。在转速 4000r/min 到 20000r/min 之间两者几乎重合，表明平均化对原系统的稳定特性影响很小。事实上平均化处理方法与 Altintas 的零阶求解法主体思想一致，零阶求解法目的是通过模型简化在频域求解以获得尽可能准确的叶瓣图。平均化以简化控制模型为目的，实现对原周期时变系统到时不变系统的简化。

2. 时滞线性化

铣削过程的周期时变特性在前文中已经详细阐述并利用平均化进行处理，铣削过程的时滞由相邻刀齿的齿过周期所引起，其加剧了控制对象的复杂性，是导致系统不稳定(颤振)的根本原因。在控制系统中常见的时滞为控制时滞，即从控制器下达控制指令到作动器施加到结构上这段时间产生的延迟。控制时滞较短的系统对控制器影响不大，如本书所述的智能主轴主动控制系统。另一类时滞是状态时滞，这类时滞存在于控制对象本身，如本书所述铣削过程中相邻的两刀齿间隙产生的时滞。这类时滞常常是系统不稳定的根本原因。本节通过对连续时间系统的时滞状态进行帕德(Pade)逼近，将其转化为不包含时滞的标准控制对象进行处理。

在式(5-6)中已经不含有时变参数，但是存在时滞项 $\boldsymbol{X}(t-\tau)$，这种状态时滞项对于现代控制理论来说很难处理，我们可以对 $\boldsymbol{X}(t-\tau)$ 进行拉普拉斯变换，然后利用 Pade 逼近方法进行相应处理以简化系统，使控制模型更便于控制算法设计。处理步骤如下：

首先进行相关符号定义

$$\boldsymbol{X}_{\mathrm{T}}(t) \cong \boldsymbol{X}(t-\tau) \tag{5-7}$$

将式(5-7)代入颤振主动控制模型方程(5-6)中得

$$\boldsymbol{M}\ddot{\boldsymbol{X}}(t)+\boldsymbol{C}\dot{\boldsymbol{X}}(t)+\boldsymbol{K}\boldsymbol{X}(t)=b\bar{\boldsymbol{H}}[\boldsymbol{X}_{\mathrm{T}}(t)-\boldsymbol{X}(t)]+\beta_{\mathrm{a}}\boldsymbol{u}(t) \tag{5-8}$$

将 $\boldsymbol{X}_{\mathrm{T}}(t)$ 做拉普拉斯变换，可得到结果

$$\begin{bmatrix} x_{\mathrm{T}}(s) \\ y_{\mathrm{T}}(s) \end{bmatrix}=\begin{bmatrix} \mathrm{e}^{-\tau s} & 0 \\ 0 & \mathrm{e}^{-\tau s} \end{bmatrix}\begin{bmatrix} x(s) \\ y(s) \end{bmatrix} \tag{5-9}$$

取 $x_{\mathrm{T}}(t)=\mathrm{e}^{-\tau s}x(t)$ 做分析，用 Pade 逼近方法将 $\mathrm{e}^{-\tau s}$ 近似成多项式形式

$$\mathrm{e}^{-\tau s} \cong G_{\mathrm{d}}(s)=\frac{a_0+a_1 s+\cdots+a_j s^j}{a_0-a_1 s+\cdots+(-1)^j a_j s^j} \tag{5-10}$$

式中，$G_{\mathrm{d}}(s)$ 为有理多项式传递函数；s 为拉普拉斯算子；$a_0,a_1,\cdots,a_j$ 为系数；j 为逼近阶次。

将式(5-10)代入式(5-9)得

$$\boldsymbol{X}_{\mathrm{T}}(s)=\begin{bmatrix} G_{\mathrm{d}}(s) & 0 \\ 0 & G_{\mathrm{d}}(s) \end{bmatrix}\boldsymbol{X}(s) \tag{5-11}$$

有理多项式传递函数 $G_{\mathrm{d}}(s)$ 可以整理成状态方程形式

$$\begin{cases} \boldsymbol{X}_{\mathrm{d}}(t)=\boldsymbol{A}_{\mathrm{d}}\boldsymbol{X}_{\mathrm{d}}(t)+\boldsymbol{B}_{\mathrm{d}}\boldsymbol{X}_x(t) \\ \boldsymbol{X}_{\mathrm{T},x}(t)=\boldsymbol{C}_{\mathrm{d}}\boldsymbol{X}_{\mathrm{d}}(t)+\boldsymbol{D}_{\mathrm{d}}\boldsymbol{X}_x(t) \end{cases} \tag{5-12}$$

式中，$\boldsymbol{X}_{\mathrm{d}}(t)\in\boldsymbol{R}^L$ 表示 L 维状态向量；$\boldsymbol{A}_{\mathrm{d}}(t)\in\boldsymbol{R}^{L\times L}$ 表示 $L\times L$ 维矩阵；$\boldsymbol{B}_{\mathrm{d}}(t)\in\boldsymbol{R}^{L\times 1}$ 表示 $L\times 1$ 维矩阵；$\boldsymbol{C}_{\mathrm{d}}(t)\in\boldsymbol{R}^{1\times L}$ 表示 $1\times L$ 维矩阵；$\boldsymbol{D}_{\mathrm{d}}\in\boldsymbol{R}^{1\times 1}$ 表示 1×1 维矩阵。

令

$$\boldsymbol{G}_{\mathrm{D}}(s)=\begin{bmatrix} G_{\mathrm{d}}(s) & 0 \\ 0 & G_{\mathrm{d}}(s) \end{bmatrix} \tag{5-13}$$

则

$$\boldsymbol{X}_{\mathrm{T}}(s)=\boldsymbol{G}_{\mathrm{D}}(s)\boldsymbol{X}(s) \tag{5-14}$$

并将其整理成状态空间形式：

$$\begin{cases}\dot{\boldsymbol{X}}_{\mathrm{D}}(t)=\boldsymbol{A}_{\mathrm{D}}\boldsymbol{X}_{\mathrm{D}}(t)+\boldsymbol{B}_{\mathrm{D}}\boldsymbol{X}(t)\\ \boldsymbol{X}_{\mathrm{T0}}(t)=\boldsymbol{C}_{\mathrm{D}}\boldsymbol{X}_{\mathrm{D}}(t)+\boldsymbol{D}_{\mathrm{D}}\boldsymbol{X}(t)\end{cases} \tag{5-15}$$

式中，各字母含义及矩阵矢量空间大小如下：

$$\boldsymbol{A}_{\mathrm{D}}=\begin{bmatrix}\boldsymbol{A}_{\mathrm{d}} & \boldsymbol{O}\\ \boldsymbol{O} & \boldsymbol{A}_{\mathrm{d}}\end{bmatrix},\boldsymbol{B}_{\mathrm{D}}=\begin{bmatrix}\boldsymbol{B}_{\mathrm{d}} & \boldsymbol{O}\\ \boldsymbol{O} & \boldsymbol{B}_{\mathrm{d}}\end{bmatrix},\boldsymbol{C}_{\mathrm{D}}=\begin{bmatrix}\boldsymbol{C}_{\mathrm{d}} & \boldsymbol{O}\\ \boldsymbol{O} & \boldsymbol{C}_{\mathrm{d}}\end{bmatrix},\boldsymbol{D}_{\mathrm{D}}=\begin{bmatrix}\boldsymbol{D}_{\mathrm{d}} & \boldsymbol{O}\\ \boldsymbol{O} & \boldsymbol{D}_{\mathrm{d}}\end{bmatrix},$$

$$\boldsymbol{X}_{\mathrm{D}}(t)=\begin{bmatrix}\boldsymbol{X}_{\mathrm{d}}(t)\\ \boldsymbol{X}_{\mathrm{d}}(t)\end{bmatrix},\boldsymbol{X}_{\mathrm{T}}(t)=\begin{bmatrix}x_{\mathrm{T}}(t)\\ y_{\mathrm{T}}(t)\end{bmatrix},\boldsymbol{X}(t)=\begin{bmatrix}x(t)\\ y(t)\end{bmatrix}$$

其中，$\boldsymbol{X}_{\mathrm{D}}(t)\in\boldsymbol{R}^{2L}$ 表示 $2L$ 维状态向量；$\boldsymbol{A}_{\mathrm{D}}(t)\in\boldsymbol{R}^{2L\times 2L}$ 表示 $2L\times 2L$ 维矩阵；$\boldsymbol{B}_{\mathrm{D}}(t)\in\boldsymbol{R}^{2L\times 2}$ 表示 $2L\times 2$ 维矩阵；$\boldsymbol{C}_{\mathrm{D}}(t)\in\boldsymbol{R}^{2\times 2L}$ 表示 $2\times 2L$ 维矩阵；$\boldsymbol{D}_{\mathrm{D}}\in\boldsymbol{R}^{2\times 2}$ 表示 2×2 维矩阵。

Pade 逼近方法是利用多项式去逼近时滞传递函数 $\mathrm{e}^{-\tau s}$，选择不同阶次的逼近方案可以得到不同的逼近效果，正确选择合适的逼近方案是 Pade 逼近方法的重中之重。下面分析几种不同阶次的逼近方案，并根据分析结果选择合适的逼近方案。分别做原系统和各阶逼近系统的系统特性图，对比各阶 Pade 逼近系统与原系统的系统特性。

图 5-4 中虚线是原系统的系统特性曲线，实线是逼近系统的系统特性曲线。图 5-4 四幅图表示四种不同逼近阶次，从图中可以看出，当 j=1，即采用 1 阶 Pade 逼近处理系统时滞状态时，Pade 逼近系统不能体现原系统的特性，同理 5 阶 Pade 逼近也不能代替原系统。j=10 阶和 j=15 阶的 Pade 逼近系统都可以很精确地体现出原系统的系统特性，并且 j=15 阶 Pade 逼近系统可以与原系统有更好的匹配度。通过以上分析可以得出结论：Pade 逼近可以用于时滞系统的处理，并且选取的逼近阶次越高，所得到的有理多项式系统与原系统匹配度越高。但是考虑到 Pade 逼近阶次越高，得到的铣削颤振主动控制模型的阶次将会越高，导致控制器设计难度越大。综合以上因素，在能保证模型精度的基础上，以尽量降低控制模型的阶次为目的，此处将选择 j=10 阶 Pade 逼近作为对原系统的时滞状态的近似。

5.3.2　鲁棒控制模型设计

在 5.3.1 节中，推导得出一个适用于现代控制理论的线性时不变模型，但是对于鲁棒控制理论来说，这还远远不够。相对于现代控制理论，鲁棒控制更加重注

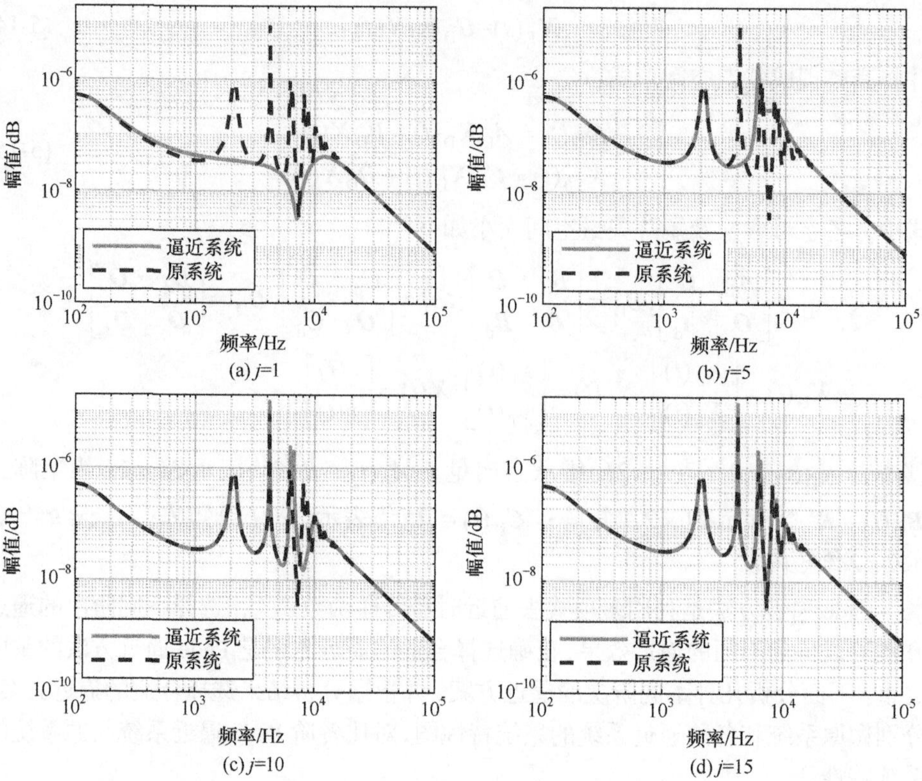

图 5-4 不同阶次 Pade 逼近效果图

控制算法的鲁棒性，即当控制模型在一定范围内变化时，控制算法依然可以产生良好的控制效果。为了实现这一要求，我们在对控制模型进行处理时，需要考虑控制模型在实际工作中会产生哪些变化，并将这些变化作为一种不确定性对控制模型进行重新设计。在本次控制算法设计方案中，式(5-8)是控制系统标称模型，在此基础上，不仅将主轴模态参数的摄动作为模型不确定，同时将主轴转速和轴向切削深度这两项重要的加工工艺参数也作为模型不确定进行控制算法设计。

1. 模态参数摄动建模

在前文中通过对铣削颤振系统模型的特性分析，我们得到结论：主轴任一模态参数(模态质量、模态阻尼、模态刚度)的变化，都将对铣削颤振系统模型的特性产生很大影响，这会给基于控制模型的控制方法的有效性带来严峻挑战，所以在这里我们首先考虑主轴模态参数不确定性。本书中铣削颤振主动控制模型为

$$M\ddot{X}(t)+C\dot{X}(t)+KX(t)=F_{\mathrm{D}}(t)+\beta_{\mathrm{a}}u(t) \tag{5-16}$$

为了方便处理，在本节中，只取主轴动力学系统做研究

$$M\ddot{X}(t)+C\dot{X}(t)+KX(t)=F(t) \tag{5-17}$$

式中，$F(t)$ 为主轴动力学系统受到的合力，其具体形式如下：

$$F(t)=F_{\mathrm{D}}(t)+\beta_{\mathrm{a}}u(t) \tag{5-18}$$

对于已知不准确的参数值，这个系统的动力学特性实际应该如下：

$$(M_0+\Delta_m)\ddot{X}(t)+(C_0+\Delta_c)\dot{X}(t)+(K_0+\Delta_k)X(t)=F(t) \tag{5-19}$$

式中，$M_0=\begin{bmatrix} m_{x0} & 0 \\ 0 & m_{y0} \end{bmatrix}$；$C_0=\begin{bmatrix} c_{x0} & 0 \\ 0 & c_{y0} \end{bmatrix}$；$K_0=\begin{bmatrix} k_{x0} & 0 \\ 0 & k_{y0} \end{bmatrix}$；$\Delta_m=\begin{bmatrix} \Delta_{mx} & 0 \\ 0 & \Delta_{my} \end{bmatrix}$；$\Delta_c=\begin{bmatrix} \Delta_{cx} & 0 \\ 0 & \Delta_{cy} \end{bmatrix}$；$\Delta_k=\begin{bmatrix} \Delta_{kx} & 0 \\ 0 & \Delta_{ky} \end{bmatrix}$。

M_0、C_0、K_0 分别是主轴系统的标称模态质量、标称模态阻尼和标称模态刚度；Δ_m、Δ_c、Δ_k 分别是主轴系统模态质量摄动模型、模态阻尼摄动模型和模态刚度摄动模型。对于参数摄动 Δ_{mx}、Δ_{my}、Δ_{cx}、Δ_{cy}、Δ_{kx}、Δ_{ky}，总存在 r_{mx}、r_{my}、r_{cx}、r_{cy}、r_{kx}、r_{ky}，使得 $|\Delta_{mx}|\leqslant|r_{mx}|$、$|\Delta_{my}|\leqslant|r_{my}|$、$|\Delta_{cx}|\leqslant|r_{cx}|$、$|\Delta_{cy}|\leqslant|r_{cy}|$、$|\Delta_{kx}|\leqslant|r_{kx}|$、$|\Delta_{ky}|\leqslant|r_{ky}|$，则令 $\Delta_{mx}=r_{mx}\delta_{mx}$、$\Delta_{my}=r_{my}\delta_{my}$、$\Delta_{cx}=r_{cx}\delta_{cx}$、$\Delta_{cy}=r_{cy}\delta_{cy}$、$\Delta_{kx}=r_{kx}\delta_{kx}$、$\Delta_{ky}=r_{ky}\delta_{ky}$，可知摄动值

$$\begin{cases} |\delta_{mx}|\leqslant 1,|\delta_{my}|\leqslant 1 \\ |\delta_{cx}|\leqslant 1,|\delta_{cy}|\leqslant 1 \\ |\delta_{kx}|\leqslant 1,|\delta_{ky}|\leqslant 1 \end{cases} \tag{5-20}$$

将式(5-19)整理成状态空间形式。这个状态空间模型可以用一个模型方框图 5-5 表示。

$$\begin{cases} \dot{x}_1=x_2 \\ \dot{x}_2=(M_0+\Delta_m)^{-1}[-(K_0+\Delta_k)x_1-(C_0+\Delta_c)x_2+F(t)] \\ X=x_1 \end{cases} \tag{5-21}$$

通过分离不确定变量 δ_m、δ_k、δ_c，可整理得到变化后的系统模型方框图 5-6。继续利用线性分式变换(LFT)方法对系统进行操作，最终可得到如图 5-7 所示摄动模

型方框图。

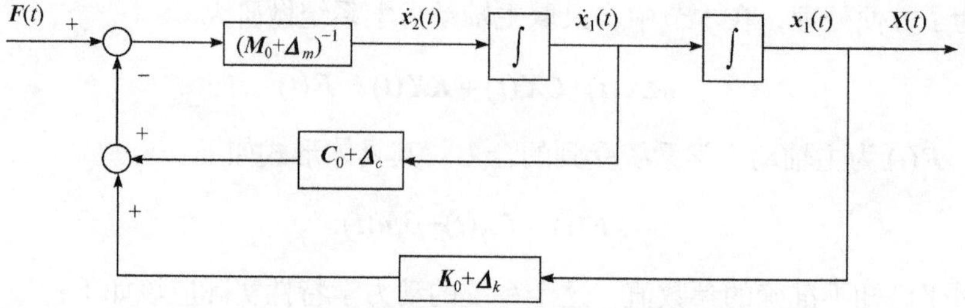

图 5-5　摄动模型状态空间方框图 1

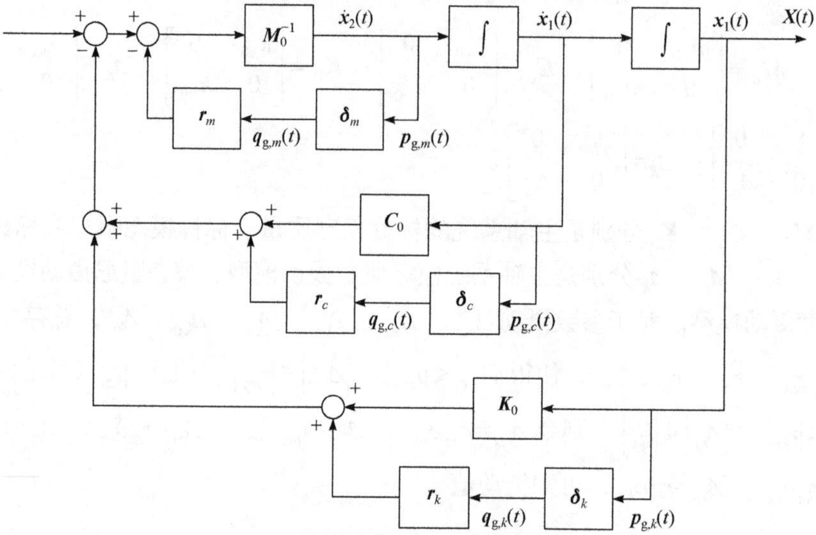

图 5-6　摄动模型状态空间方框图 2

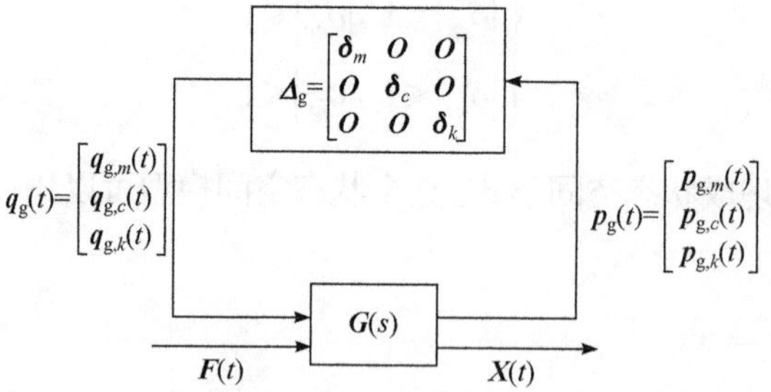

图 5-7　摄动模型方框图

该模型中 $\boldsymbol{G}(s)$ 为主轴标称传递函数，$\boldsymbol{\varDelta}_{\mathrm{g}}(s)$ 是主轴摄动模型，其具体形式如下：

$$\boldsymbol{\Delta}_{\mathrm{g}}(s)=\begin{bmatrix} \delta_{mx} & 0 & 0 & 0 & 0 & 0 \\ 0 & \delta_{my} & 0 & 0 & 0 & 0 \\ 0 & 0 & \delta_{cx} & 0 & 0 & 0 \\ 0 & 0 & 0 & \delta_{cy} & 0 & 0 \\ 0 & 0 & 0 & 0 & \delta_{kx} & 0 \\ 0 & 0 & 0 & 0 & 0 & \delta_{ky} \end{bmatrix} \tag{5-22}$$

根据公式(5-20)可以得到

$$\left\|\boldsymbol{\Delta}_{\mathrm{g}}(s)\right\|_{\infty} \leqslant 1 \tag{5-23}$$

主轴标称传递函数为 $\boldsymbol{G}(s)$，其状态空间模型为

$$\begin{cases} \dot{\boldsymbol{X}}_{\mathrm{p}}(t)=\boldsymbol{A}\boldsymbol{X}_{\mathrm{p}}(t)+\boldsymbol{B}_1\boldsymbol{F}(t)+\boldsymbol{B}_2\boldsymbol{q}_{\mathrm{g}}(t) \\ \boldsymbol{p}_{\mathrm{g}}(t)=\boldsymbol{C}_1\boldsymbol{X}_{\mathrm{p}}(t)+\boldsymbol{D}_{11}\boldsymbol{F}(t)+\boldsymbol{D}_{12}\boldsymbol{q}_{\mathrm{g}}(t) \\ \boldsymbol{X}(t)=\boldsymbol{C}_2\boldsymbol{X}_{\mathrm{p}}(t) \end{cases} \tag{5-24}$$

式(5-24)是主轴动力学模型，将式(5-18)代入式(5-24)，得到铣削过程动力学模型：

$$\begin{cases} \dot{\boldsymbol{X}}_{\mathrm{p}}(t)=\boldsymbol{A}\boldsymbol{X}_{\mathrm{p}}(t)+\boldsymbol{B}_1\boldsymbol{F}_{\mathrm{D}}(t)+\beta_{\mathrm{a}}\boldsymbol{B}_1\boldsymbol{u}(t)+\boldsymbol{B}_2\boldsymbol{q}_{\mathrm{g}}(t) \\ \boldsymbol{p}_{\mathrm{g}}(t)=\boldsymbol{C}_1\boldsymbol{X}_{\mathrm{p}}(t)+\boldsymbol{D}_{11}\boldsymbol{F}_{\mathrm{D}}(t)+\beta_{\mathrm{a}}\boldsymbol{D}_{11}\boldsymbol{u}(t)+\boldsymbol{D}_{12}\boldsymbol{q}_{\mathrm{g}}(t) \\ \boldsymbol{X}(t)=\boldsymbol{C}_2\boldsymbol{X}_{\mathrm{p}}(t) \end{cases} \tag{5-25}$$

式中

$$\boldsymbol{X}_{\mathrm{p}}(t)=\begin{bmatrix} \boldsymbol{X}(t) \\ \dot{\boldsymbol{X}}(t) \end{bmatrix};\quad \boldsymbol{X}(t)=\begin{bmatrix} X_x(t) \\ X_y(t) \end{bmatrix};\quad \dot{\boldsymbol{X}}(t)=\begin{bmatrix} \dot{X}_x(t) \\ \dot{X}_y(t) \end{bmatrix};\quad \boldsymbol{q}_{\mathrm{g}}(t)=\begin{bmatrix} \boldsymbol{q}_{\mathrm{g},m}(t) \\ \boldsymbol{q}_{\mathrm{g},c}(t) \\ \boldsymbol{q}_{\mathrm{g},k}(t) \end{bmatrix};$$

$$\boldsymbol{p}_{\mathrm{g}}(t)=\begin{bmatrix} \boldsymbol{p}_{\mathrm{g},m}(t) \\ \boldsymbol{p}_{\mathrm{g},c}(t) \\ \boldsymbol{p}_{\mathrm{g},k}(t) \end{bmatrix};\quad \boldsymbol{A}=\begin{bmatrix} \boldsymbol{O} & \boldsymbol{I} \\ -\boldsymbol{M}_0^{-1}\boldsymbol{K}_0 & -\boldsymbol{M}_0^{-1}\boldsymbol{C}_0 \end{bmatrix};\quad \boldsymbol{B}_1=\begin{bmatrix} \boldsymbol{O} \\ \boldsymbol{M}_0^{-1} \end{bmatrix};$$

$$\boldsymbol{B}_2=\begin{bmatrix} \boldsymbol{O} & \boldsymbol{O} & \boldsymbol{O} \\ -\boldsymbol{M}_0^{-1}\boldsymbol{r}_m & -\boldsymbol{M}_0^{-1}\boldsymbol{r}_c & -\boldsymbol{M}_0^{-1}\boldsymbol{r}_k \end{bmatrix};\quad \boldsymbol{C}_2=\begin{bmatrix} \boldsymbol{I} & \boldsymbol{O} \end{bmatrix};\quad \boldsymbol{C}_1=\begin{bmatrix} -\boldsymbol{M}_0^{-1}\boldsymbol{K}_0 & -\boldsymbol{M}_0^{-1}\boldsymbol{C}_0 \\ \boldsymbol{O} & \boldsymbol{I} \\ \boldsymbol{I} & \boldsymbol{O} \end{bmatrix};$$

$$\boldsymbol{D}_{11}=\begin{bmatrix} \boldsymbol{M}_0^{-1} \\ \boldsymbol{O} \\ \boldsymbol{O} \end{bmatrix};\quad \boldsymbol{D}_{12}=\begin{bmatrix} -\boldsymbol{M}_0^{-1}\boldsymbol{r}_m & -\boldsymbol{M}_0^{-1}\boldsymbol{r}_c & -\boldsymbol{M}_0^{-1}\boldsymbol{r}_k \\ \boldsymbol{O} & \boldsymbol{O} & \boldsymbol{O} \\ \boldsymbol{O} & \boldsymbol{O} & \boldsymbol{O} \end{bmatrix}$$

对主轴模态参数模型进行系统幅频特性分析，分析摄动模型与标称模型的区

别，分析参数如表 5-1 所示。图 5-8 是模态参数全摄动伯德(Bode)图，其中图(a)中模态参数、阻尼参数和刚度参数都发生 20%摄动，图(b)中模态参数、阻尼参数和刚度参数都发生 40%摄动，图(a)中粗实线表示标称系统 Bode 图，细虚线表示在摄动范围内随机选取的十组数据的系统 Bode 图。由图 5-8(a)可以看出，标称系统只是一个确定的系统，但是摄动系统是一组不确定的模型簇，整个模型簇处在一定的变化范围之内。对比图 5-8(a)和(b)可以看出，当参数摄动范围增大时，系统会变得更加杂乱，模型簇的范围更宽。对于控制器设计来说，现代控制理论是对准确系统，也就是标称系统进行控制器设计，而鲁棒控制理论是对整个模型簇进行控制，所涉及的控制器需要对模型簇中的所有模型都具有良好的控制效果。

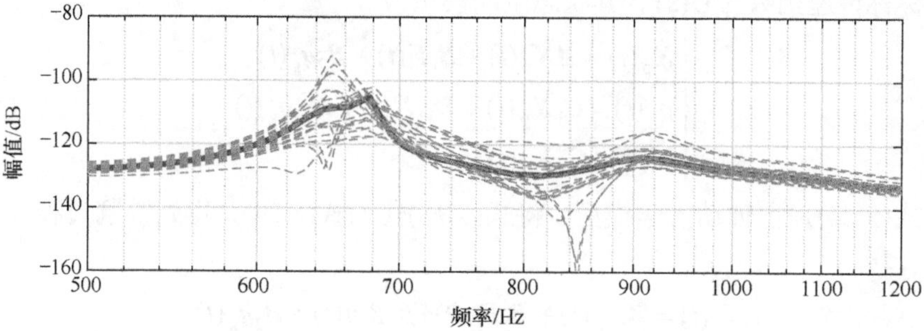

(a) 20%摄动

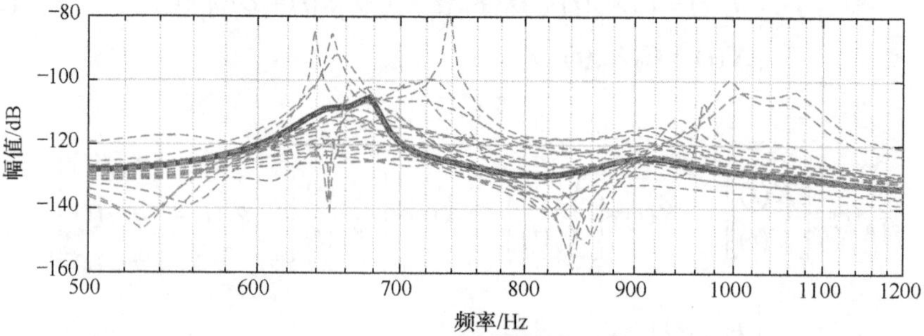

(b) 40%摄动

图 5-8　模态质量、阻尼参数和刚度全摄动幅频特性图

2. 加工工艺参数摄动建模

在铣削过程动力学模型中，加工工艺参数主要包括轴向切深 b 和主轴转速 Ω，这两个参数对于铣削过程稳定性具有重要意义。在本书中，为了使所设计控制方法可以适用于更广泛的加工参数，将轴向切深和主轴转速作为模型不确定进行建模。

1) 轴向切深不确定建模

在加工过程中，轴向切深通常需要经常变化，假设最大轴向切削深度为 $\hat{b}$，

实际切削深度 $b\in[0,\hat{b}]$。定义轴向切深的不确定度集合 $\Delta_b=\{\delta_b\in\boldsymbol{R}\,\|\,|\delta_b|\leqslant 1\}$，则主轴轴向切削深度的参数摄动模型如下：

$$b\in\left\{b\in\boldsymbol{R}\,\|\,b=\frac{\hat{b}}{2}(1+\delta_b),|\delta_b|\in\Delta_b\right\}\tag{5-26}$$

该模型是一个乘性摄动模型，其中 $\hat{b}/2$ 是标称轴向切削深度，δ_b 是不确定参数。

2) 主轴转速不确定处理

接下来，要对主轴转速的不确定性进行相关的建模。如前文所述，时滞大小与主轴转速成反比，即 $\tau=60/(N\Omega)$，所以可以利用对时滞进行不确定建模来代替对主轴转速不确定建模。由于前文中已利用 Pade 逼近方法对系统时滞状态做了相关的处理，给系统引入了一个高阶有理多项式分式，所以如果直接对时滞进行加性参数摄动建模，会给系统带来很大的整体不确定性。

为了解决上面提到的问题，可以利用一种方法进行时滞不确定的建模，该方法可以继续利用 Pade 逼近处理标称时滞模型，并且利用低阶传递函数进行摄动建模，不会产生较大的整体不确定性。将式(5-6)作为研究对象：

$$\boldsymbol{M}\ddot{\boldsymbol{X}}(t)+\boldsymbol{C}\dot{\boldsymbol{X}}(t)+\boldsymbol{K}\boldsymbol{X}(t)=b\bar{\boldsymbol{H}}(t)[\boldsymbol{X}(t-\tau)-\boldsymbol{X}(t)]+\beta_{\mathrm{a}}\boldsymbol{u}(t)$$

时滞参数存在于 $\boldsymbol{X}(t-\tau)$ 中，此时 τ 是时滞不确定集合，$\tau\in[\underline{\tau},\overline{\tau}]$。对 $\boldsymbol{X}(t-\tau)$ 做如下处理：

$$\boldsymbol{X}(t-\tau)=\boldsymbol{X}(t-\tau_0)+[\boldsymbol{X}(t-\tau)-\boldsymbol{X}(t-\tau_0)]\tag{5-27}$$

式中，$\boldsymbol{X}(t-\tau_0)$ 为标称时滞模型；$\boldsymbol{X}(t-\tau)-\boldsymbol{X}(t-\tau_0)$ 为模型不确定集合。

此时时滞是一个加性摄动模型，令 $\boldsymbol{X}(t-\tau)=\boldsymbol{X}_{\mathrm{T}}(t)$，$\boldsymbol{X}(t-\tau_0)=\boldsymbol{X}_{\mathrm{T0}}(t)$，则 $\boldsymbol{X}_{\mathrm{T}}(s)=\boldsymbol{G}_{\mathrm{D}}\boldsymbol{X}(s)$，$\boldsymbol{X}_{\mathrm{T}}(s)-\boldsymbol{X}_{\mathrm{T0}}(s)=\hat{\boldsymbol{\Delta}}_{\mathrm{D}}(s)$。对于 $\hat{\boldsymbol{\Delta}}_{\mathrm{D}}(s)$，总存在一个 $\boldsymbol{W}_{\mathrm{D}}(s)$，使得 $\|\hat{\boldsymbol{\Delta}}_{\mathrm{D}}(s)\|_\infty\leqslant\|\boldsymbol{W}_{\mathrm{D}}(s)\|_\infty$，令 $\hat{\boldsymbol{\Delta}}_{\mathrm{D}}(s)=\boldsymbol{\Delta}_{\mathrm{D}}(s)\boldsymbol{W}_{\mathrm{D}}(s)$，则 $\|\boldsymbol{\Delta}_{\mathrm{D}}(s)\boldsymbol{W}_{\mathrm{D}}(s)\|_\infty\leqslant\|\boldsymbol{W}_{\mathrm{D}}(s)\|_\infty$，可以得到

$$\|\boldsymbol{\Delta}_{\mathrm{D}}(s)\|_\infty\leqslant 1\tag{5-28}$$

经过以上的变换，可得铣削力时滞摄动模型方框图，如图 5-9 所示。

其中 $\boldsymbol{G}_{\mathrm{D}}(s)$ 是利用 Pade 逼近处理之后的 $\boldsymbol{X}(s)$ 到 $\boldsymbol{X}_{\mathrm{T0}}(s)$ 的传递函数，由于 $\boldsymbol{\Delta}_{\mathrm{D}}(s)$ 和 $\boldsymbol{W}_{\mathrm{D}}(s)$ 是加性摄动模型，其中 $\boldsymbol{W}_{\mathrm{D}}(s)$ 是权重函数，$\boldsymbol{\Delta}_{\mathrm{D}}(s)$ 是摄动函数，并且具有如下形式：$\boldsymbol{W}_{\mathrm{D}}=\begin{bmatrix}w_{\mathrm{d}x}&0\\0&w_{\mathrm{d}y}\end{bmatrix}$，$\boldsymbol{\Delta}_{\mathrm{D}}=\begin{bmatrix}\Delta_{\mathrm{d}}&0\\0&\Delta_{\mathrm{d}}\end{bmatrix}$，根据式(5-28)，可以得到 $|\Delta_{\mathrm{d}}|\leqslant 1$。

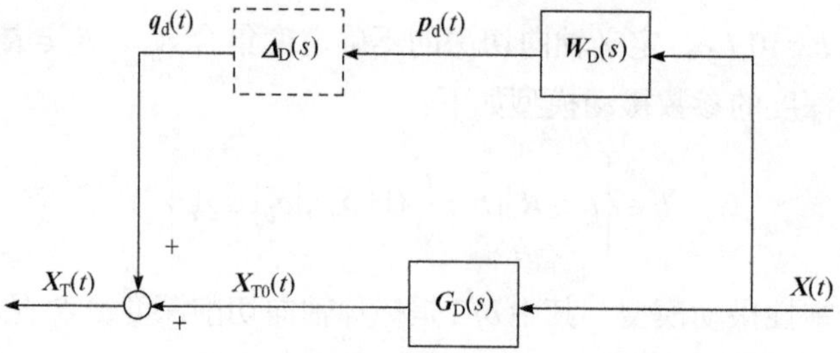

图 5-9　铣削力时滞摄动模型方框图

定义 $\overline{\tau}=\dfrac{60}{N_T(n_0-\delta_n)}$，$\underline{\tau}=\dfrac{60}{N_T(n_0+\delta_n)}$，$\tau_0=\dfrac{\overline{\tau}+\underline{\tau}}{2}$，则

$$\boldsymbol{X}_T(s)-\boldsymbol{X}_{T0}(s)=\begin{bmatrix} e^{-\tau s}-e^{-\tau_0 s} & 0 \\ 0 & e^{-\tau s}-e^{-\tau_0 s} \end{bmatrix}\boldsymbol{X}(s) \tag{5-29}$$

在频域内

$$\kappa(\omega)\doteq \max_{\tau\in[\underline{\tau},\ \overline{\tau}]}\left|e^{-i\omega\tau}-e^{-i\omega\tau_0}\right| \tag{5-30}$$

由文献[1]中方法可以得到

$$\kappa(\omega)=\begin{cases} 2\sin\dfrac{\delta_\tau\omega}{2}, & \forall\ \omega,\ 0\leqslant\omega\leqslant\pi/\delta_\tau \\ 2, & \forall\ \omega\geqslant\pi/\delta_\tau \end{cases} \tag{5-31}$$

式中，$\delta_\tau=\dfrac{1}{2}(\overline{\tau}-\underline{\tau})$。

由于 $\left|e^{-i\omega\tau}-e^{-i\omega\tau_0}\right|$ 的上边界 $\kappa(\omega)$ 不是一个有理多项式，利用文献[2]中方法，可以用一个有理多项式 $\rho_l(s)(l=1,2,3)$ 来近似上边界 $\kappa(\omega)$，并且要求 $\kappa(\omega)\leqslant|\rho_l(i\omega)|$。在所考虑的情况下时滞间隔 τ 一般相对较小(高速主轴转速的数量级一般在 10^4r/min，则时滞间隔 τ 大概在 10^{-3}s 数量级)，同时主轴转速不确定的数量级为 10^3r/min，所以 $\overline{\tau}-\underline{\tau}$ 的数量级应该 $\leqslant 10^{-4}$，则 δ_τ 的数量级应该 $\leqslant 10^{-5}$，π/δ_τ 的数量级应该 $\geqslant 10^5$ Hz，同时主轴共振频率一般在 $1\times10^3\text{ Hz}\leqslant\omega_n/2\pi\leqslant 3\times10^3\text{ Hz}$，而颤振通常发生主轴共振附近，即 ω 数量级应该为 10^3 Hz。通过以上的分析得 $\omega\leqslant\pi/\delta_\tau$ 恒成立。参考文献[2]的结论，取 $l=1$，可以得到

$$\rho_1(s)=\frac{\delta_\tau s}{\dfrac{\delta_\tau s}{3.456}+1} \tag{5-32}$$

则 $w_{dx}(s)=w_{dy}(s)=\dfrac{\delta_\tau s}{\dfrac{\delta_\tau s}{3.456}+1}$，将其分别整理成状态方程表达式：

$$\begin{cases}\dot{\boldsymbol{X}}_\delta=-\dfrac{3.456}{\delta_\tau}\boldsymbol{X}_\delta-\dfrac{1}{\delta_\tau}\boldsymbol{x}\\ \boldsymbol{X}_{\mathrm{Tx}}=3.456^2\boldsymbol{X}_\delta+3.456\boldsymbol{x}\end{cases}\tag{5-33}$$

又因为 $\boldsymbol{W}_{\mathrm{D}}=\begin{bmatrix}w_{dx} & 0\\ 0 & w_{dy}\end{bmatrix}$，则权重函数 $\boldsymbol{W}_{\mathrm{D}}$ 的状态方程为

$$\begin{cases}\dot{\boldsymbol{X}}_\delta(t)=\boldsymbol{A}_\delta\boldsymbol{X}_\delta(t)+\boldsymbol{B}_\delta\boldsymbol{X}(t)\\ \boldsymbol{p}_{\mathrm{d}}(t)=\boldsymbol{C}_\delta\boldsymbol{X}_\delta(t)+\boldsymbol{D}_\delta\boldsymbol{X}(t)\end{cases}\tag{5-34}$$

式中，

$$\boldsymbol{A}_\delta=\begin{bmatrix}-\dfrac{3.456}{\delta_\tau} & 0\\ 0 & -\dfrac{3.456}{\delta_\tau}\end{bmatrix};\quad \boldsymbol{B}_\delta=\begin{bmatrix}-\dfrac{1}{\delta_\tau} & 0\\ 0 & -\dfrac{1}{\delta_\tau}\end{bmatrix};$$

$$\boldsymbol{C}_\delta=\begin{bmatrix}3.456^2 & 0\\ 0 & 3.456^2\end{bmatrix};\quad \boldsymbol{D}_\delta=\begin{bmatrix}3.456 & 0\\ 0 & 3.456\end{bmatrix}$$

图 5-10 是加工参数全摄动幅频特性图，其中图(a)中轴向切深和主轴转速参数都发生 20%摄动，图(b)中轴向切深和主轴转速参数都发生 40%摄动。图 5-10(a)中粗实线表示标称系统 Bode 图，细虚线表示在摄动范围内随机选取的十组数据的系统 Bode 图。由图 5-10(a)可以看出，标称系统只是一个确定的系统，但是摄动系统是一组不确定的模型簇，整个模型簇处在一定的变化范围之内。对比图 5-10(b)和(a)可以看出，当参数摄动范围增大时，系统会变得更加杂乱，模型簇的范围更宽。本书的目标是设计一个控制器，将铣削参数作为一组模型摄动，要求所设计的控制器对于模型的摄动具有良好的鲁棒性。

5.3.3 鲁棒控制算法设计

1. 性能函数设计

本节将讨论主动颤振控制设计的性能要求。在本质上，目前的颤振控制问题是一个鲁棒稳定问题，而不是性能问题。在实际中必须在有限的控制力下实现鲁棒稳定性要求，因为执行器的输出力是有限的。因此，在μ综合控制器设计方法

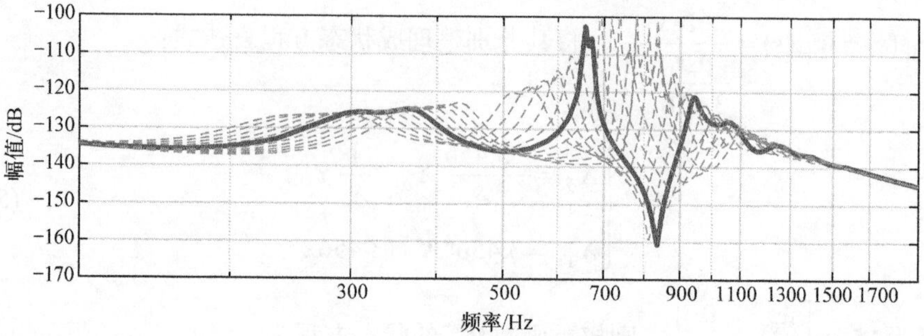

(a) 20%摄动

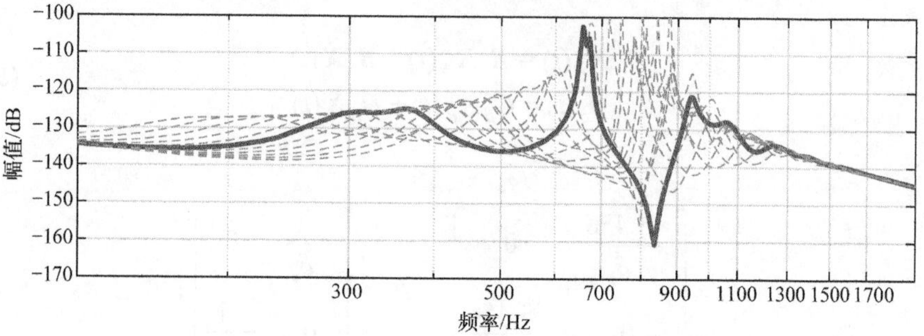

(b) 40%摄动

图 5-10　加工参数全摄动幅频特性图

中必须将控制增益限制在一定范围内，这反映了颤振控制最相关的性能要求。通过控制器灵敏度传递函数式(5-35)的上界来限制控制器增益。在这里，控制器灵敏度传递函数定义为输出信号 $\boldsymbol{r}(t)$ (可以当成反馈控制系统中测量噪声)到控制器输出电压信号 $\boldsymbol{u}(t)$ 之间的传递函数：

$$\boldsymbol{G}_{\mathrm{c}}(s)=(\boldsymbol{I}-\boldsymbol{K}(s)\boldsymbol{P}_{\mathrm{cs}}(s))^{-1}\boldsymbol{K}(s) \tag{5-35}$$

式中，$\boldsymbol{P}_{\mathrm{cs}}(s)$ 为铣削过程动力学系统模型：

$$\boldsymbol{P}_{\mathrm{cs}}(s)=[\boldsymbol{C}\quad \boldsymbol{O}]\left(s\boldsymbol{I}-\begin{bmatrix}\boldsymbol{A}_0+\boldsymbol{A}_1\boldsymbol{D}_{\mathrm{D}}\boldsymbol{C} & \boldsymbol{A}_1\boldsymbol{C}_{\mathrm{D}}\\ \boldsymbol{B}_{\mathrm{D}}\boldsymbol{C} & \boldsymbol{A}_{\mathrm{D}}\end{bmatrix}\right)^{-1}\begin{bmatrix}\beta_{\mathrm{a}}\boldsymbol{B}\\ \boldsymbol{O}\end{bmatrix} \tag{5-36}$$

利用一个权重函数 $\boldsymbol{W}_{\mathrm{cs}}(s)$ 来限定控制器灵敏度的边界。本节主要讨论如何选择权重函数 $\boldsymbol{W}_{\mathrm{cs}}(s)$，所以广义标称系统的性能输出可以用加权控制器灵敏度表示。图 5-11 给出了具有性能权函数的闭环控制模型的示意图。

现在该问题的目标是μ最优控制器 $\boldsymbol{K}_{\mathrm{c}}(s)$，既可以镇定具有不确定参数的铣削过程模型，又可以降低控制灵敏度的峰值，即这个控制器要实现 $\|\boldsymbol{W}_{\mathrm{cs}}(s)\boldsymbol{G}_{\mathrm{c}}(s)\|_{\infty}<\gamma$， $\min\gamma\in\boldsymbol{R}$。实际上，限制最小加权控制器灵敏度函数的无穷范数的大小，可以在一定频带上降低控制器的增益，但是并不会直接限制输出

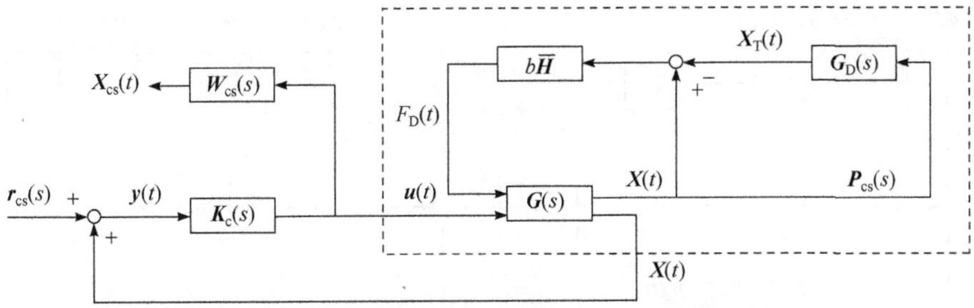

图 5-11　具有性能权函数的闭环控制模型

信号的大小。因此，通过对控制器输入信号的适当估计，在实际中可以选择适当的控制增益边界，可以使得作动器的输出力满足给定的饱和极限。

在对控制器灵敏度加权函数 $\boldsymbol{W}_{cs}(s)$ 设计中，由于控制器输出 $\boldsymbol{u}(t)$ 是二维信号，所以选择加权传递函数矩阵为对角线矩阵 $\boldsymbol{W}_{cs}(s)=\mathrm{diag}(W_{cs}(s),W_{cs}(s))$，并且选择其结构是同时具有高通和低通特性的双滞后滤波器。这意味着，在截止频率范围内 $f_{r,l}<f<f_{r,h}$，控制器的增益被设定为一个特定值，在截止频率之外，$f_{r,l}>f$ 或者 $f>f_{r,h}$，控制器的增益会下降，这样可以降低干扰频带范围内信号的影响，如反馈信号中的直流分量和测量系统的高频噪声。权重函数可以写成

$$W_{cs}(s)=\beta_w\frac{\dfrac{1}{2\pi f_{r,l}}s+1}{\dfrac{1}{2\pi f_{p,l}}s+1}\cdot\frac{\dfrac{1}{2\pi f_{r,h}}s+1}{\dfrac{1}{2\pi f_{p,h}}s+1} \tag{5-37}$$

式中，β_w 为权重函数的增益。

该权重函数有两个极点，在频率 $f_{p,l}$ 和 $f_{p,h}$ 处(并且 $f_{p,l}<f_{r,l}$ 和 $f_{p,h}>f_{r,h}$)。一般在鲁棒控制中，对于 $\boldsymbol{W}_{cs}(s)$ 的选择需要不断地迭代选取。当 $\boldsymbol{W}_{cs}(s)$ 选取完成之后，可以转化为状态空间模型

$$\begin{cases}\dot{\boldsymbol{X}}_{pcs}(t)=\boldsymbol{A}_{cs}\boldsymbol{X}_{pcs}(t)+\boldsymbol{B}_{cs}\boldsymbol{u}(t)\\ \boldsymbol{X}_{cs}(t)=\boldsymbol{C}_{cs}\boldsymbol{X}_{pcs}(t)+\boldsymbol{D}_{cs}\boldsymbol{u}(t)\end{cases} \tag{5-38}$$

2. 增广模型设计

基于以上模型简化和不确定建模的讨论，控制问题变成一个一般增广框架问题。前文中已经对于铣削颤振模型进行了简化和不确定建模，接下来为了设计鲁棒控制器，需要构建铣削颤振摄动增广模型，如图 5-12 所示。

主轴不确定模型、时滞项 Pade 逼近模型、轴向切削深度不确定模型、主轴转速不确定模型以及线性作动器模型如下：

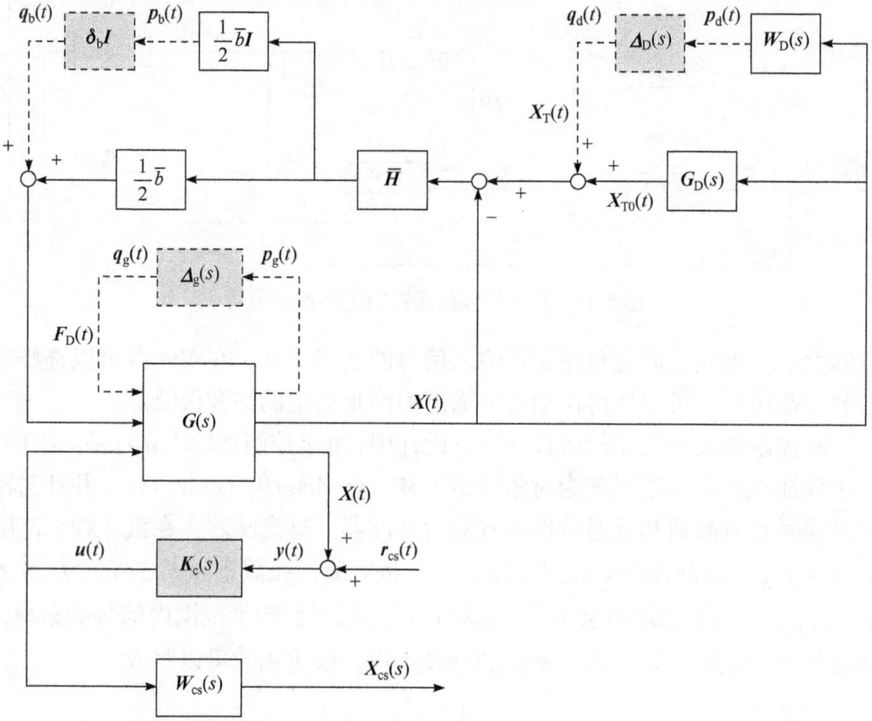

图 5-12　铣削颤振摄动增广模型方框图

主轴不确定性模型(5-25)

$$\begin{cases}\dot{\boldsymbol{X}}_p(t)=\boldsymbol{A}\boldsymbol{X}_p(t)+\boldsymbol{B}_1\boldsymbol{F}_D(t)+K_a\boldsymbol{B}_1\boldsymbol{u}(t)+\boldsymbol{B}_2\boldsymbol{q}_g(t)\\ \boldsymbol{p}_g(t)=\boldsymbol{C}_1\boldsymbol{X}_p(t)+\boldsymbol{D}_{11}\boldsymbol{F}_D(t)+K_a\boldsymbol{D}_{11}\boldsymbol{u}(t)+\boldsymbol{D}_{12}\boldsymbol{q}_g(t)\\ \boldsymbol{X}(t)=\boldsymbol{C}_2\boldsymbol{X}_p(t)\end{cases}$$

时滞项 Pade 逼近模型(5-15)

$$\begin{cases}\dot{\boldsymbol{X}}_D(t)=\boldsymbol{A}_D\boldsymbol{X}_D(t)+\boldsymbol{B}_D\boldsymbol{X}(t)\\ \boldsymbol{X}_{T0}(t)=\boldsymbol{C}_D\boldsymbol{X}_D(t)+\boldsymbol{D}_D\boldsymbol{X}(t)\end{cases}$$

主轴转速不确定模型(5-33)

$$\begin{cases}\dot{\boldsymbol{X}}_\delta(t)=\boldsymbol{A}_\delta\boldsymbol{X}_\delta(t)+\boldsymbol{B}_\delta\boldsymbol{X}(t)\\ \boldsymbol{p}_d(t)=\boldsymbol{C}_\delta\boldsymbol{X}_\delta(t)+\boldsymbol{D}_\delta\boldsymbol{X}(t)\end{cases}$$

轴向切削深度不确定模型(5-26)

$$b\in\left\{b\in\boldsymbol{R}\,\|\,b=\frac{\hat{b}}{2}(1+\delta_b),|\delta_b|\in\Delta_b\right\}$$

性能权重函数模型(5-38)

$$\begin{cases}\dot{\boldsymbol{X}}_{\text{pcs}}(t)=\boldsymbol{A}_{\text{cs}}\boldsymbol{X}_{\text{pcs}}(t)+\boldsymbol{B}_{\text{cs}}\boldsymbol{u}(t)\\ \boldsymbol{X}_{\text{cs}}(t)=\boldsymbol{C}_{\text{cs}}\boldsymbol{X}_{\text{pcs}}(t)+\boldsymbol{D}_{\text{cs}}\boldsymbol{u}(t)\end{cases}$$

动态铣削力模型

$$\boldsymbol{F}_{\text{D}}(t)=b\overline{\boldsymbol{H}}[\boldsymbol{X}_{\text{T}}(t)-\boldsymbol{X}(t)]$$

根据铣削颤振摄动增广模型方框图，将式(5-15)、式(5-26)和式(5-33)代入式(5-25)可求出总的摄动模型 $\boldsymbol{P}(s)$，整理可得

$$\begin{cases}\dot{\boldsymbol{X}}_{\delta P}(t)=\boldsymbol{A}_{\delta P}\boldsymbol{X}_{\delta P}(t)+\boldsymbol{B}_{\delta P}\boldsymbol{q}_{\delta P}(t)\\ \boldsymbol{p}_{\delta P}(t)=\boldsymbol{C}_{\delta P}\boldsymbol{X}_{\delta P}(t)+\boldsymbol{D}_{\delta P}\boldsymbol{q}_{\delta P}(t)\end{cases}\tag{5-39}$$

式中，状态向量 $\boldsymbol{X}_{\delta P}(t)=[\boldsymbol{X}^{\text{T}}(t)\quad \boldsymbol{X}_{\text{D}}^{\text{T}}(t)\quad \boldsymbol{X}_{\delta}^{\text{T}}(t)\quad \boldsymbol{X}_{\text{KS}}^{\text{T}}(t)]^{\text{T}}$；输入信号 $\boldsymbol{q}_{\delta P}(t)=[\boldsymbol{q}^{\text{T}}(t)\quad \boldsymbol{r}_{\text{KS}}^{\text{T}}(t)\quad \boldsymbol{u}^{\text{T}}(t)]^{\text{T}}$，$\boldsymbol{q}(t)=[\boldsymbol{q}_{\text{g}}^{\text{T}}(t)\quad \boldsymbol{q}_{\text{d}}^{\text{T}}(t)\quad \boldsymbol{q}_{\text{b}}^{\text{T}}(t)]^{\text{T}}$；输出信号 $\boldsymbol{p}_{\delta P}(t)=[\boldsymbol{p}^{\text{T}}(t)\quad \boldsymbol{X}_{\text{KS}}^{\text{T}}(t)\quad \boldsymbol{y}^{\text{T}}(t)]^{\text{T}}$，$\boldsymbol{p}(t)=[\boldsymbol{p}_{\text{g}}^{\text{T}}(t)\quad \boldsymbol{p}_{\text{d}}^{\text{T}}(t)\quad \boldsymbol{p}_{\text{b}}^{\text{T}}(t)]^{\text{T}}$。增广模型的状态空间矩阵如下：

$$\boldsymbol{A}_{\delta P}=\begin{bmatrix}\boldsymbol{A}+\dfrac{1}{2}\hat{b}\overline{\boldsymbol{H}}\boldsymbol{B}_1(\boldsymbol{D}_{\text{D}}-\boldsymbol{I})\boldsymbol{C}_2 & \dfrac{1}{2}\hat{b}\overline{\boldsymbol{H}}\boldsymbol{B}_1\boldsymbol{C}_{\text{D}} & \boldsymbol{O} & \boldsymbol{O}\\ \boldsymbol{B}_{\text{D}}\boldsymbol{C}_2 & \boldsymbol{A}_{\text{D}} & \boldsymbol{O} & \boldsymbol{O}\\ \boldsymbol{B}_{\delta}\boldsymbol{C}_2 & \boldsymbol{O} & \boldsymbol{A}_{\delta} & \boldsymbol{O}\\ \boldsymbol{O} & \boldsymbol{O} & \boldsymbol{O} & \boldsymbol{A}_{\text{KS}}\end{bmatrix}\tag{5-40}$$

$$\boldsymbol{B}_{\delta P}=\begin{bmatrix}\boldsymbol{B}_2 & \dfrac{1}{2}\hat{b}\overline{\boldsymbol{H}}\boldsymbol{B}_1 & \boldsymbol{B}_1 & \boldsymbol{O} & K_{\text{a}}\boldsymbol{D}_{11}\\ \boldsymbol{O} & \boldsymbol{O} & \boldsymbol{O} & \boldsymbol{O} & \boldsymbol{O}\\ \boldsymbol{O} & \boldsymbol{O} & \boldsymbol{O} & \boldsymbol{O} & \boldsymbol{O}\\ \boldsymbol{O} & \boldsymbol{O} & \boldsymbol{O} & \boldsymbol{O} & \boldsymbol{B}_{\text{KS}}\end{bmatrix}\tag{5-41}$$

$$\boldsymbol{C}_{\delta P}=\begin{bmatrix}\boldsymbol{C}_1+\dfrac{1}{2}\hat{b}\overline{\boldsymbol{H}}\boldsymbol{D}_{11}(\boldsymbol{D}_{\text{D}}-\boldsymbol{I})\boldsymbol{C}_2 & \dfrac{1}{2}\hat{b}\overline{\boldsymbol{H}}\boldsymbol{D}_{11}\boldsymbol{C}_{\text{D}} & \boldsymbol{O} & \boldsymbol{O}\\ \boldsymbol{D}_{\delta}\boldsymbol{C}_2 & \boldsymbol{O} & \boldsymbol{C}_{\delta} & \boldsymbol{O}\\ \dfrac{1}{2}\hat{b}\overline{\boldsymbol{H}}(\boldsymbol{D}_{\text{D}}-\boldsymbol{I})\boldsymbol{C}_2 & \dfrac{1}{2}\hat{b}\overline{\boldsymbol{H}}\boldsymbol{C}_{\text{D}} & \boldsymbol{O} & \boldsymbol{O}\\ \boldsymbol{O} & \boldsymbol{O} & \boldsymbol{O} & \boldsymbol{C}_{\text{KS}}\\ \boldsymbol{C}_2 & \boldsymbol{O} & \boldsymbol{O} & \boldsymbol{O}\end{bmatrix}\tag{5-42}$$

$$
\boldsymbol{D}_{\delta P}=\begin{bmatrix}
\boldsymbol{D}_{12} & \dfrac{1}{2}\hat{b}\bar{\boldsymbol{H}}\boldsymbol{D}_{11} & \boldsymbol{D}_{11} & \boldsymbol{O} & K_{\mathrm{a}}\boldsymbol{D}_{12} \\
\boldsymbol{O} & \boldsymbol{O} & \boldsymbol{O} & \boldsymbol{O} & \boldsymbol{O} \\
\boldsymbol{O} & \dfrac{1}{2}\hat{b}\bar{\boldsymbol{H}} & \boldsymbol{O} & \boldsymbol{O} & \boldsymbol{O} \\
\boldsymbol{O} & \boldsymbol{O} & \boldsymbol{O} & \boldsymbol{O} & \boldsymbol{D}_{\mathrm{KS}} \\
\boldsymbol{O} & \boldsymbol{O} & \boldsymbol{O} & \boldsymbol{I} & \boldsymbol{O}
\end{bmatrix} \tag{5-43}
$$

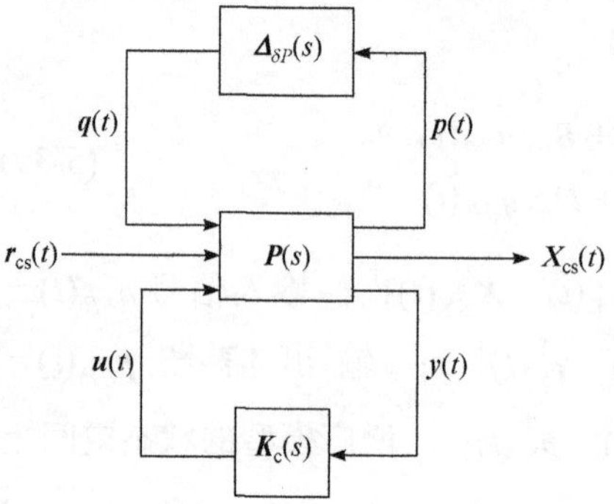

图 5-13　鲁棒性能控制框架

经过以上的运算，将一个复杂的控制模型简化为鲁棒性能控制模型，如图 5-13 所示。增广模型有三组输出输入信号，其中信号对 $\boldsymbol{q}(t)$ 、$\boldsymbol{p}(t)$ 表示摄动通道的输入输出。输入信号 $\boldsymbol{r}_{\mathrm{cs}}(t)$ 表示外部信号，如干扰信号、测量噪声、参考信号等，$\boldsymbol{X}_{\mathrm{cs}}(t)$ 可以认为是性能输出变量。输入信号 $\boldsymbol{u}(t)$ 表示控制信号，反馈信号 $\boldsymbol{y}(t)$ 表示主轴振动位移测量信号。

前文中求得控制系统增广标称模型 $\boldsymbol{P}(s)$，在鲁棒控制一般框架中除了模型 $\boldsymbol{P}(s)$，还需要求取摄动模型 $\boldsymbol{\Delta}_{\delta P}$，通过线性分式变换，可以得到 $\boldsymbol{\Delta}_{\delta P}$ 是一个对角阵，其具体形式如下：

$$
\boldsymbol{\Delta}_{\delta P}=\begin{bmatrix}
\boldsymbol{\Delta}_{\mathrm{g}} & \boldsymbol{O} & \boldsymbol{O} \\
\boldsymbol{O} & \boldsymbol{\Delta}_{\mathrm{D}} & \boldsymbol{O} \\
\boldsymbol{O} & \boldsymbol{O} & \delta_{\mathrm{b}}\boldsymbol{I}_2
\end{bmatrix}=\begin{bmatrix}
\delta_{mx} & 0 & 0 & 0 & 0 & 0 & 0 & 0 & 0 & 0 \\
0 & \delta_{my} & 0 & 0 & 0 & 0 & 0 & 0 & 0 & 0 \\
0 & 0 & \delta_{cx} & 0 & 0 & 0 & 0 & 0 & 0 & 0 \\
0 & 0 & 0 & \delta_{cy} & 0 & 0 & 0 & 0 & 0 & 0 \\
0 & 0 & 0 & 0 & \delta_{kx} & 0 & 0 & 0 & 0 & 0 \\
0 & 0 & 0 & 0 & 0 & \delta_{ky} & 0 & 0 & 0 & 0 \\
0 & 0 & 0 & 0 & 0 & 0 & \Delta_{\mathrm{d}} & 0 & 0 & 0 \\
0 & 0 & 0 & 0 & 0 & 0 & 0 & \Delta_{\mathrm{d}} & 0 & 0 \\
0 & 0 & 0 & 0 & 0 & 0 & 0 & 0 & \delta_{\mathrm{b}} & 0 \\
0 & 0 & 0 & 0 & 0 & 0 & 0 & 0 & 0 & \delta_{\mathrm{b}}
\end{bmatrix} \tag{5-44}
$$

式中，$\boldsymbol{\Delta}_{\delta P}\in\boldsymbol{C}^{10\times10}$；$\boldsymbol{\Delta}_{\mathrm{g}}\in\boldsymbol{C}^{6\times6}$；$\boldsymbol{I}_2\in\boldsymbol{R}^{2\times2}$；$\boldsymbol{\Delta}_{\mathrm{D}}\in\boldsymbol{C}^{2\times2}$；$\delta_{\mathrm{b}}\in\boldsymbol{R}$。

3. 控制算法求解

在以上各章节中，通过运算将分散于系统中的主轴模态摄动块 $\Delta_{\mathrm{g}}(s)$、主轴转速摄动块 $\Delta_{\mathrm{D}}(s)$ 和轴向切削深度摄动块 $\delta_{\mathrm{b}}\boldsymbol{I}_2$ 集中于一个模型摄动块 $\boldsymbol{\Delta}_{\delta P}(s)$ 中。理论上来讲，H_∞ 方法和 μ 综合方法都适用于单摄动块的问题。对于 H_∞ 方法来说，现在的问题变成一个鲁棒性能问题，即设计一个控制器 $\boldsymbol{K}_{\mathrm{c}}(s)$，使得闭环系统性能通道的传递函数 $\boldsymbol{G}_{X_{\mathrm{KS}}r_{\mathrm{KS}}}(s)$（即鲁棒控制一般框架中性能输入 $\boldsymbol{r}_{\mathrm{cs}}(t)$ 到性能输出 $\boldsymbol{X}_{\mathrm{cs}}(t)$ 的传递函数）的 H_∞ 范数小于 1。只要求得满足 $\left\|\boldsymbol{G}_{X_{\mathrm{KS}}r_{\mathrm{KS}}}(s)\right\|<1$ 的控制器 $\boldsymbol{K}_{\mathrm{c}}(s)$，根据小增益定理，如图 5-13 所示的闭环控制系统对于任意的 $\boldsymbol{\Delta}_{\delta P}\in BH_\infty$（用表示在复数右半平面解析且绝对值小于 1 的复变函数集合）均是稳定的。这意味着，控制系统设计不仅处理了由式(5-44)限定的不确定性，而且也处理了比式(5-44)更广、在非对角元素不为 0 但又属于 BH_∞ 的不确定性。这样就构成了满足多余指标的控制系统，使控制系统的响应过于保守，即这种控制系统设计带来了严重的保守性。这主要是因为没有充分考虑 $\boldsymbol{\Delta}_{\delta P}(s)$ 具有块对角这一特性。

μ 综合方法可以很好地改善控制系统设计的保守性，在设计控制算法时会充分考虑不确定系统 $\boldsymbol{\Delta}_{\delta P}(s)$ 的对角结构问题，这对于控制算法 $\boldsymbol{K}_{\mathrm{c}}(s)$ 的设计提供了一定的先验知识，可以有效改善控制算法 $\boldsymbol{K}_{\mathrm{c}}(s)$ 的保守性。除此之外，利用 μ 综合方法可以通过模型转换，构建鲁棒控制一般框架，将鲁棒性能问题转化为鲁棒稳定性问题进行求解。原系统增加一个额外的性能摄动块 $\boldsymbol{\Delta}_{\mathrm{cs}}\in\boldsymbol{C}^{2\times2}$，且 $\left\|\boldsymbol{\Delta}_{\mathrm{cs}}(s)\right\|_\infty<1$，将 $\boldsymbol{\Delta}_{\mathrm{cs}}(s)$ 并入到系统图 5-13 中，可以得到鲁棒控制一般系统，如图 5-14 所示。

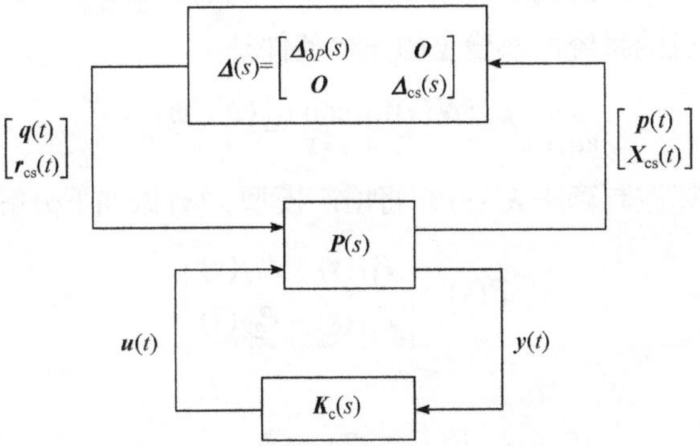

图 5-14　鲁棒控制一般系统框架

得到一个新的摄动块模型：

$$\boldsymbol{\varDelta}(s)=\begin{bmatrix}\boldsymbol{\varDelta}_{\delta P}(s) & \boldsymbol{O}\\ \boldsymbol{O} & \boldsymbol{\varDelta}_{\mathrm{cs}}(s)\end{bmatrix} \tag{5-45}$$

利用以下线性分式变换，将 $\boldsymbol{P}(s)$ 和 $\boldsymbol{K}_{\mathrm{c}}(s)$ 进行组合成模型 $\boldsymbol{N}(s)$ 如下：

$$\boldsymbol{N}(s)=F_l(\boldsymbol{P}(s),\boldsymbol{K}_{\mathrm{c}}(s)) \tag{5-46}$$

鲁棒稳定性可以通过计算传递矩阵 $\boldsymbol{N}$ 的结构奇异值 $\mu_{\Delta}(\boldsymbol{N}(s))$，来求解控制算法 $\boldsymbol{K}_{\mathrm{c}}(s)$。结构奇异值的定义如下：

假设是复数块对角的矩阵，由复数标量块和满块矩阵组成，可用下式来描述

$$\boldsymbol{\varDelta}(s)=\left\{\mathrm{diag}(\delta_1\boldsymbol{I}_{r_1},\cdots,\delta_{ns}\boldsymbol{I}_{r_s},\boldsymbol{\varDelta}_1(s),\cdots,\boldsymbol{\varDelta}_{nr}(s)):\delta_i\in\boldsymbol{C},\boldsymbol{\varDelta}_j\in\boldsymbol{C}^{L_j\times L_j}\right\} \tag{5-47}$$

式中，ns 为复数标量块矩阵个数；nr 为满块矩阵个数；$\boldsymbol{I}_{r_i}$ 表示 $r_i\times r_i$ 维实单位矩阵，而且

$$\sum_{i=1}^{s}r_i+\sum_{j=1}^{f}L_j=L_{\mathrm{D}} \tag{5-48}$$

式中，L_{D} 为矩阵 $\boldsymbol{\varDelta}(s)$ 的维度。

所有具有式(5-47)结构的 $\boldsymbol{\varDelta}(s)$ 集合记为 $\tilde{\boldsymbol{\varDelta}}(s)$，则复数矩阵 $\boldsymbol{N}\in\boldsymbol{C}^{L_{\mathrm{D}}\times L_{\mathrm{D}}}$ 关于复数结构不确定性 $\boldsymbol{\varDelta}(s)$ 的结构奇异值 $\mu_{\Delta}(\boldsymbol{N}(s))$ 定义为

$$\mu_{\Delta}(\boldsymbol{N}(s))=\frac{1}{\inf\limits_{\boldsymbol{\varDelta}\in\tilde{\boldsymbol{\varDelta}}}\left\{\sigma_{\max}(\boldsymbol{\varDelta}(s)):\det(\boldsymbol{I}-\boldsymbol{N\varDelta})=0\right\}} \tag{5-49}$$

如果不存在 $\boldsymbol{\varDelta}\in\tilde{\boldsymbol{\varDelta}}$ 使得 $\det(\boldsymbol{I}-\boldsymbol{N\varDelta})=0$ 成立，则 $\mu_{\Delta}(\boldsymbol{N})=0$。

根据以上结构奇异值 $\mu_{\Delta}(\boldsymbol{N}(s))$ 的定义，对所有的 $\|\boldsymbol{\varDelta}\|_{\infty}<\gamma$，标称模型 $\boldsymbol{N}$ 和摄动模型 $\boldsymbol{\varDelta}$ 连接而成的系统内部稳定的充要条件是

$$\sup_{\mathrm{Re}(s)>0}\ \mu_{\Delta}(\boldsymbol{N}(s))=\sup_{\omega\in\boldsymbol{R}}\mu_{\Delta}(\boldsymbol{N}(\mathrm{i}\omega))<\gamma \tag{5-50}$$

为了求解计算控制算法 $\boldsymbol{K}_{\mathrm{c}}(s)$，将增广模型 $\boldsymbol{P}(s)$ 做如下分解：

$$\boldsymbol{P}(s)=\begin{bmatrix}\boldsymbol{P}_{11}(s) & \boldsymbol{P}_{12}(s)\\ \boldsymbol{P}_{21}(s) & \boldsymbol{P}_{22}(s)\end{bmatrix} \tag{5-51}$$

并且可得

$$\begin{cases}\begin{bmatrix}\boldsymbol{p}(t)\\ \boldsymbol{X}_{\mathrm{cs}}(t)\end{bmatrix}=\boldsymbol{P}_{11}(s)\begin{bmatrix}\boldsymbol{q}(t)\\ \boldsymbol{r}_{\mathrm{cs}}(t)\end{bmatrix}+\boldsymbol{P}_{12}(s)\boldsymbol{u}(t)\\ \boldsymbol{y}(t)=\boldsymbol{P}_{21}(s)\begin{bmatrix}\boldsymbol{q}(t)\\ \boldsymbol{r}_{\mathrm{cs}}(t)\end{bmatrix}+\boldsymbol{P}_{22}(s)\boldsymbol{u}(t)\end{cases} \tag{5-52}$$

则可求得模型 $\boldsymbol{N}$ 的具体形式如下：

$$\boldsymbol{N}(s)=\boldsymbol{P}_{11}(s)+\boldsymbol{P}_{12}(s)\boldsymbol{K}_{\mathrm{c}}(s)(\boldsymbol{I}-\boldsymbol{P}_{22}(s)\boldsymbol{K}_{\mathrm{c}}(s))^{-1}\boldsymbol{P}_{21}(s) \tag{5-53}$$

因此，利用 μ 综合方法计算带有不确定结构 $\Delta(s)$ 模型的 μ 最优控制算法 $\boldsymbol{K}_{\mathrm{c}}(s)$ 的方法，定义如下：

$$\min_{\boldsymbol{K}_{\mathrm{c}}}\sup_{\omega\in\boldsymbol{R}}\mu_{\Delta}(\boldsymbol{N}) \tag{5-54}$$

通过求解式(5-54)，可以推导出控制算法 $\boldsymbol{K}_{\mathrm{c}}(s)$。然而，对 $\mu_{\Delta}(\boldsymbol{N})$ 计算通常是一个很困难的问题，在以上情况下，只能计算 $\mu_{\Delta}(\boldsymbol{N})$ 上界和下界，用上下界的值近似表示 $\mu_{\Delta}(\boldsymbol{N})$。通过证明可以知道 $\mu_{\Delta}(\boldsymbol{N})$ 的下界不是凸优化问题，虽然存在局部最大值，但是一般很难判断它是否为全局最大值，相对来说 $\mu_{\Delta}(\boldsymbol{N})$ 的上界是一个凸优化问题，所以在大多数情况下，使用上限近似。目前常用的解法有 D-K 递推方法，如下：

$$\min_{\boldsymbol{K}_{\mathrm{c}}}\min_{\boldsymbol{D}\in BH_{\infty}}\sup_{\omega\in\boldsymbol{R}}\sigma_{\max}(\boldsymbol{DND}^{-1}) \tag{5-55}$$

以上方法将一个最优求解问题转化为 $\boldsymbol{D}$ 和 $\boldsymbol{K}_{\mathrm{c}}$ 的递推求解问题，其主要可分成两步。对于一个固定的标度矩阵 $\boldsymbol{D}$，则

$$\min_{\boldsymbol{K}_{\mathrm{c}}}\left\|\boldsymbol{DND}^{-1}\right\|_{\infty} \tag{5-56}$$

是一个标准的 H_{∞} 控制问题；对于一个固定控制器 $\boldsymbol{K}_{\mathrm{c}}$，则

$$\inf_{\boldsymbol{D}\in BH_{\infty}}\left\|\boldsymbol{DND}^{-1}\right\|_{\infty} \tag{5-57}$$

是一个关于标度矩阵 $\boldsymbol{D}$ 的凸优化问题。

D-K 递推方法的基本思想是：首先固定 $\boldsymbol{D}$，获得最小化的 $\boldsymbol{K}_{\mathrm{c}}$，然后固定 $\boldsymbol{K}_{\mathrm{c}}$，获得最小化 $\boldsymbol{D}$，再固定 $\boldsymbol{D}$ 来得到最小化的 $\boldsymbol{K}_{\mathrm{c}}$。如此下去，最后求得最优的 $\boldsymbol{D}$ 和 $\boldsymbol{K}_{\mathrm{c}}$。应用 D-K 迭代法虽然不能保证获得全局的最优解，但是它的有效性已从许多实际经验中得到确认。

5.4　控制算法性能数值分析

本章介绍了铣削颤振鲁棒主动控制器设计方法，主要通过对周期系统作傅里叶零阶展开，将周期时变系统转化为线性定常系统；通过 Pade 逼近方法和状态增广将包含时滞的连续系统转化为不包含时滞的高维系统，最终实现将复杂连续系统转化为标准控制系统。为了处理铣削颤振模型参数测不准特性，分析了系统模

态参数摄动特性，并构建了模态参数摄动模型。此外，还将铣削加工的重要参数轴向切削深度和主轴转速作为不确定参数讨论，在构建主轴转速不确定模型时，为了避免产生高阶模型，提出一种在频域内处理摄动模型的方法。在以上对模型的处理之后，进而构建系统增广模型，并合理选择权重函数 $\boldsymbol{W}_{\mathrm{cs}}(s)$ ，利用μ综合方法进行控制器设计。本节将采用表 5-2 中参数，建立一个含摄动铣削过程动力学系统模型簇，其标称模型为 $\boldsymbol{P}_{\mathrm{cs}}(s)$ ，利用本章提出的控制器设计方法设计对应于模型簇的控制器 $\boldsymbol{K}_{\mathrm{c,1}}(s)$ 。用控制器 $\boldsymbol{K}_{\mathrm{c,1}}(s)$ 控制标称模型 $\boldsymbol{P}_{\mathrm{cs}}(s)$ ，并分析闭环系统响应，验证控制器控制效果。除此之外，让标称系统 $\boldsymbol{P}_{\mathrm{cs}}(s)$ 分别发生模态摄动和加工参数摄动，变成新的模型 $\tilde{\boldsymbol{P}}_{\mathrm{cs1}}(s)$ 和 $\tilde{\boldsymbol{P}}_{\mathrm{cs2}}(s)$ 。仍然用控制器 $\boldsymbol{K}_{\mathrm{c,1}}(s)$ 去控制 $\tilde{\boldsymbol{P}}_{\mathrm{cs1}}(s)$ ，并分析闭环系统响应，验证控制方法应对系统模态摄动的鲁棒性；用控制器 $\boldsymbol{K}_{\mathrm{c,1}}(s)$ 去控制 $\tilde{\boldsymbol{P}}_{\mathrm{cs2}}(s)$ ，并分析闭环系统响应，验证控制方法应对加工参数摄动的鲁棒性。

表 5-2 控制器设计参数

序号	物理量	数值
1	刀齿数目 N_{T}	4
2	切向切削力系数 ξ_{t}	$7.0\times10^{8}\,\mathrm{N/mm^2}$
4	法向切削力系数 ξ_{n}	$2.1\times10^{8}\,\mathrm{N/mm^2}$
3	标称模态质量 m_0	0.4934kg
4	标称模态阻尼 c_0	$127.32\mathrm{N\cdot s/m}$
5	标称模态刚度 k_0	$8\times10^{6}\,\mathrm{N/m}$
6	模态质量摄动 r_m	20%
7	模态阻尼摄动 r_c	20%
8	模态刚度摄动 r_k	20%
7	刀具直径 D_{T}	10mm
8	径向切削深度 a	3mm
9	标称主轴转速 Ω_0	12000r/min
10	标称轴向切削深度 b	3mm
11	主轴转速范围	1.0×10^{4}~$1.4\times10^{4}\,\mathrm{r/min}$
12	轴向切削深度范围	0~6mm

5.4.1 控制算法闭环稳定性分析

以表 5-2 为控制器设计参数，通过铣削颤振控制器设计方法，求解可得控制器 $\boldsymbol{K}_{c,1}$ 为一个 24 阶的控制器。同时利用表 5-2 中标称参数做铣削过程稳定性分析，可以得到稳定性叶瓣图，如图 5-15 所示，此时铣削工艺参数在 C 点，由叶瓣图可以得出此时开环系统处于颤振铣削状态。

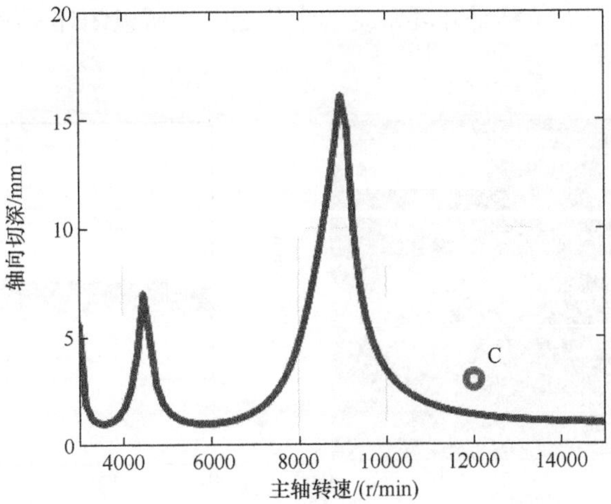

图 5-15　稳定性叶瓣图

下面分别分析开环系统特性和闭环系统特性，并就分析结果做讨论。分析得到刀尖运动轨迹见图 5-16，刀尖动态位移见图 5-17，动态铣削力见图 5-18，动态控制力见图 5-19，x 方向刀尖位移频域特性见图 5-20。

图 5-16 为铣削过程刀尖运动轨迹图，其中图(a)和图(b)分别为开环系统和闭环系统下得到的刀尖轨迹图。从图 5-16 可以直观得出，开环系统的刀尖轨迹比闭

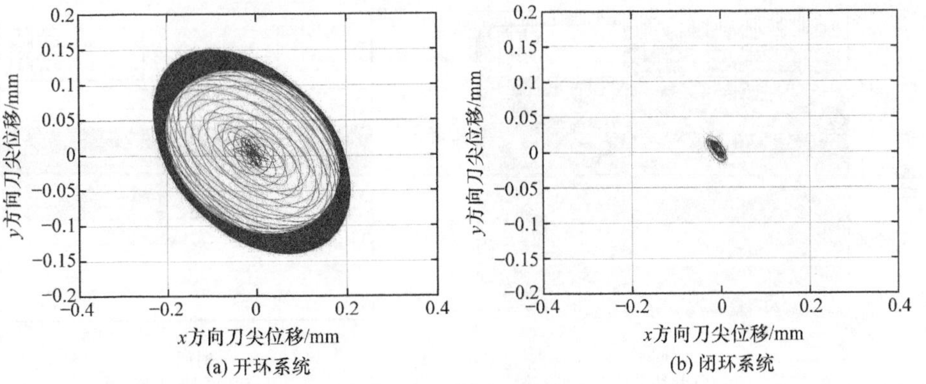

图 5-16　刀尖运动轨迹图

环系统的更加分散且刀尖振动位移更大。从图 5-16 还可以得出，闭环系统比开环系统铣削过程更加稳定，说明控制器可以产生良好的效果。

图 5-17 为铣削过程刀尖动态位移图，其中图(a)和图(b)分别为开环系统和闭环系统的刀尖动态位移。图 5-17(a)中铣削过程前期可见一段刀尖位移发散过程，虽然最终刀尖振动位移趋于稳定，但是整体刀尖位移振动较大，图 5-17(b)中刀尖位移前期也有发散，但很快收敛并稳定于一个很小的值。并且由图 5-17 可以看出，闭环系统的稳态刀尖位移是开环系统的十分之一，所以闭环系统具有更优秀的加工稳定性。

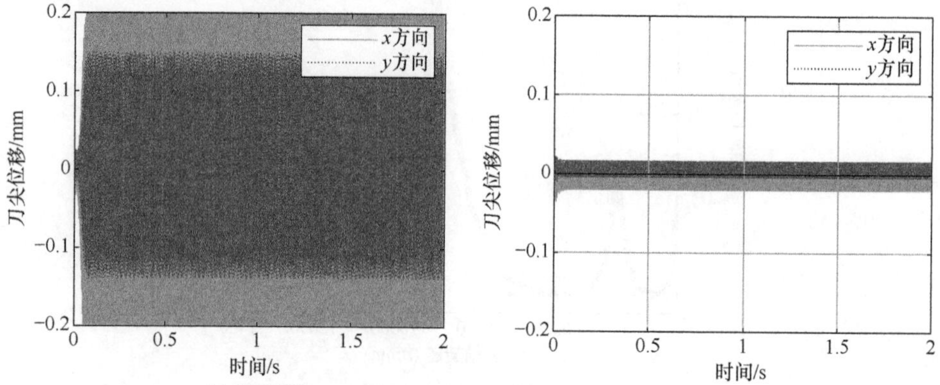

(a) 开环系统　　(b) 闭环系统

图 5-17　刀尖动态位移图

图 5-18 为铣削过程动态铣削力图，其中图(a)和图(b)分别为开环系统和闭环系统的动态铣削力图。从图 5-18 可以直观看出，开环系统的动态铣削力不平稳且幅值较大，这会使得整个加工系统都趋于不稳定，而闭环系统的动态铣削力稳定且幅值较小，可以得出闭环系统相比于开环系统，铣削过程稳定性更高。

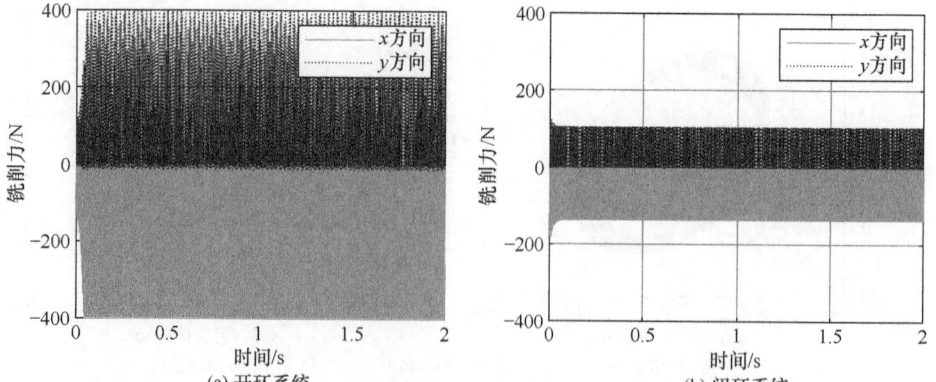

(a) 开环系统　　(b) 闭环系统

图 5-18　动态铣削力图

图 5-19 为铣削过程动态控制力图，其中图(a)和图(b)分别为开环系统和闭环系统的动态控制力图。从图 5-19 可以直观看出，开环系统中，因为控制器没有接入系统中，所以 x 和 y 方向控制力都为 0；在闭环系统中，由于铣削过程启动时会有一瞬间的不稳定，所以控制力会出现瞬间的增大，随后随着铣削过程进入平稳期，控制力也进入平稳期。

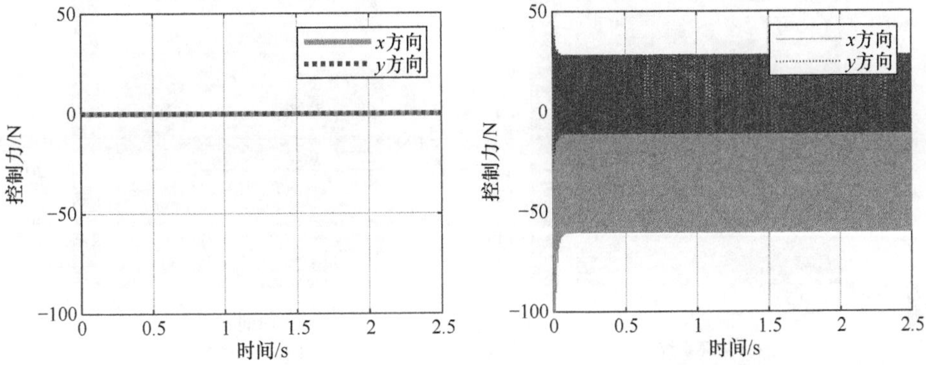

(a) 开环系统　　(b) 闭环系统

图 5-19　动态控制力图

图 5-20 和图 5-21 分别是刀尖位移频域图和时频图，从这两个图中可以直观看出铣削过程是否发生颤振。从频域特性图 5-20(b)中可以直观地看到，闭环系统情况下，频域特性图中只有齿切频率和齿切频率的倍频，并没有出现其他频率。但是在开环系统图 5-20(a)的情况下，系统频域特性中不仅出现了齿切频率及其倍频，而且在每个齿切频率及其倍频附近出现了一些未知频率值，这些未知频率就是颤振频率，而且相对于齿切频率，颤振频率的幅值要大很多。时频特性图 5-21 同样说明了这种情况。图 5-21(b)是闭环系统时频图，其横坐标是时间，纵坐标表

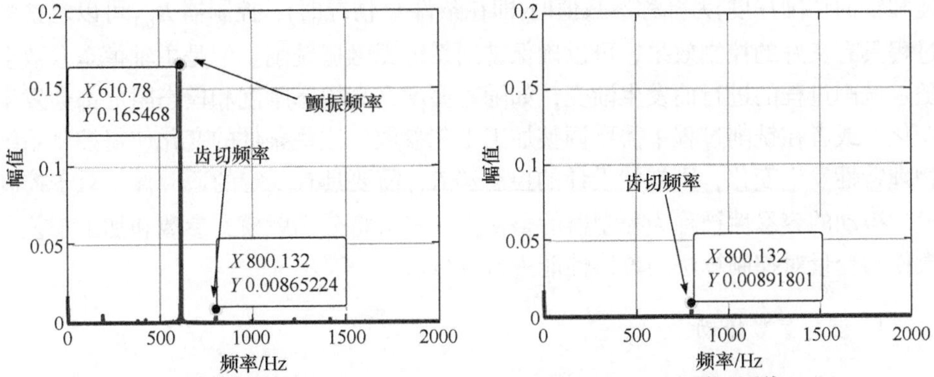

(a) 开环系统　　(b) 闭环系统

图 5-20　x 方向刀尖位移频域图

示频率。从图 5-21(b)可以看出，初始阶段闭环系统也出现了非齿切频率，这是因为在铣削过程开始阶段，铣削过程不稳定，有颤振频率出现，随着控制器产生作用，铣削过程中的颤振情况被消除，铣削过程平稳进行。而图 5-21(a)中从开始到结束，铣削系统都有颤振频率存在。

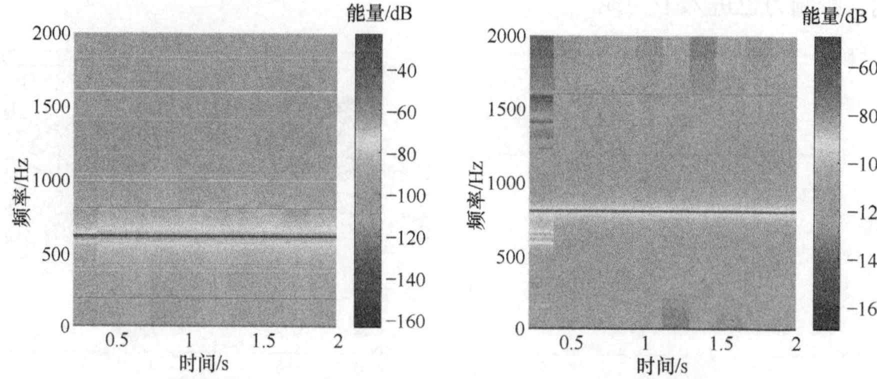

(a) 开环系统　(b) 闭环系统

图 5-21　x 方向刀尖位移时频图

以上分别从刀尖位移、动态铣削力、刀尖位移频域特性和刀尖位移时频特性等对开环系统和闭环系统的铣削过程特性进行了分析，所得结果一致证实了利用本书提出的控制器设计方法所设计的控制器具有良好的控制效果，可以有效进行铣削颤振控制。

5.4.2　控制算法鲁棒性分析

上文中求得一个控制器 $\boldsymbol{K}_{c,1}$，将其对应标称模型作为条件 C。通过分析可以知道，在主轴模态参数(模态质量、模态阻尼和模态刚度)和加工工艺参数(主轴转速和轴向切削深度)为标称参数值时(即在条件 C 情况时)，控制器 $\boldsymbol{K}_{c,1}$ 可以对铣削过程具有良好的控制效果，可以确保铣削系统无颤振铣削。但是主轴模态参数会随着铣削过程的进行而发生渐变，如随着温度升高模态刚度和模态阻尼都会发生变化，或者在铣削过程中需要调整加工工艺参数。这些条件的变化使得控制系统物理特性发生变化，则初始设计的控制器 $\boldsymbol{K}_{c,1}$ 需要具有一定的适应性，对于控制模型摄动的容忍性被称为控制器的鲁棒性，本节将分别就模态参数和加工工艺参数作为变量对控制算法的鲁棒性能进行分析。

1. 模态参数摄动

模态参数主要有模态质量、模态阻尼和模态刚度。下面分别分析这三个模态参数发生摄动时，控制器性能变化情况。因为在设计时分别将模态质量、模态阻尼和模态刚度摄动参数设置为 20%，为了测试控制器极限鲁棒性能，将模态质量、模态阻尼和模态刚度均发生 20%摄动作为条件 D，分别分析条件 C 和条件 D 下控制器 $\boldsymbol{K}_{c,1}$ 的控制效果，分析控制器 $\boldsymbol{K}_{c,1}$ 的模态参数鲁棒性。

图 5-22 是开闭环系统动态刀尖位移，铣削系统刚开始是一个开环系统，控制器在 1.3s 时接入系统，随之刀尖位移开始减小直至恢复到稳定铣削。其中图 5-22(a)是条件 C 情况下的开闭环铣削过程刀尖位移响应，图 5-22(b)是条件 D 情况下的开闭环铣削过程刀尖位移响应。对比图 5-22(a)和(b)，虽然条件 D 的闭环系统刀尖位移稳态幅值要稍大于条件 C，但是条件 D 情况下控制器仍然有良好的控制效果。可以得出结论：系统模型摄动会对控制器性能有一些影响，但是本书所设计的控制器符合设计要求，具有良好的模态摄动鲁棒性。

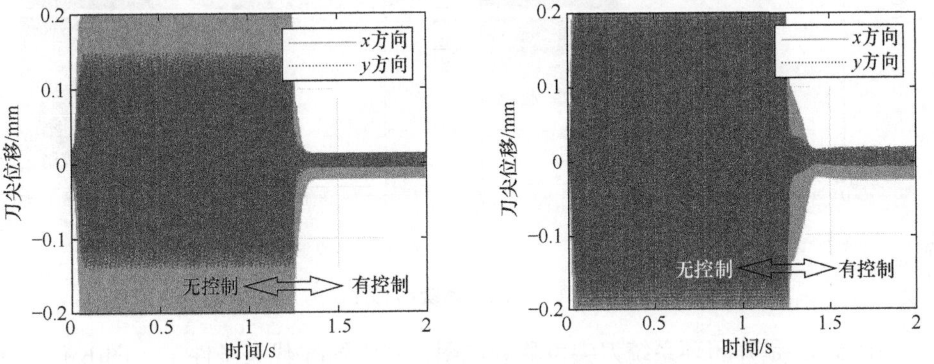

(a) 条件C　(b) 条件D

图 5-22　开闭环系统动态刀尖位移

图 5-23 是开闭环系统动态铣削力，其中图(a)是控制器对于条件 C 的控制效果图，图(b)是控制器对于条件 D 的控制效果图。对比图 5-23(a)和(b)可以看出，

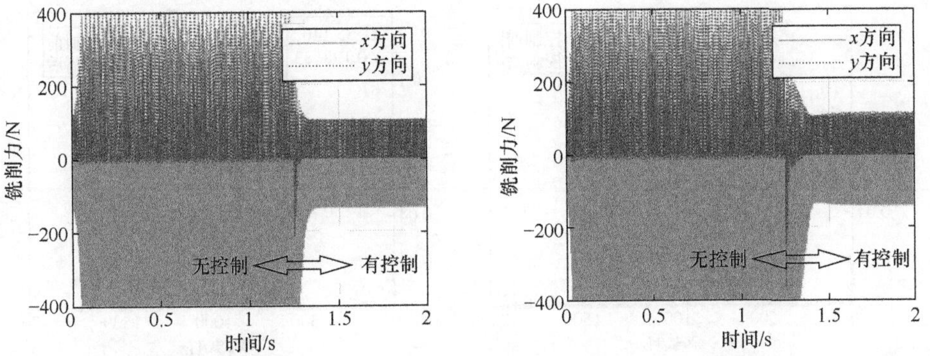

(a) 条件C　(b) 条件D

图 5-23　开闭环系统动态铣削力

图(b)中闭环稳态铣削力要大于图(a)中闭环稳态铣削力，说明在条件 D 情况下，控制器性能会受到一些影响，使得稳态铣削力稍微增大。但是整体来看，不论是条件 C 还是条件 D，闭环系统的稳态铣削力都要明显小于开环系统，这证明控制器对于条件 C 和条件 D 都能产生良好的控制效果。

图 5-24 是开闭环系统动态控制力，对比图(a)和(b)可以看出，在条件 C 情况下，控制系统所要输出的控制力小于条件 D。所以对于条件 C 来说，控制器所需能量更小，输出的力也更加平稳，对控制系统要求比较低。

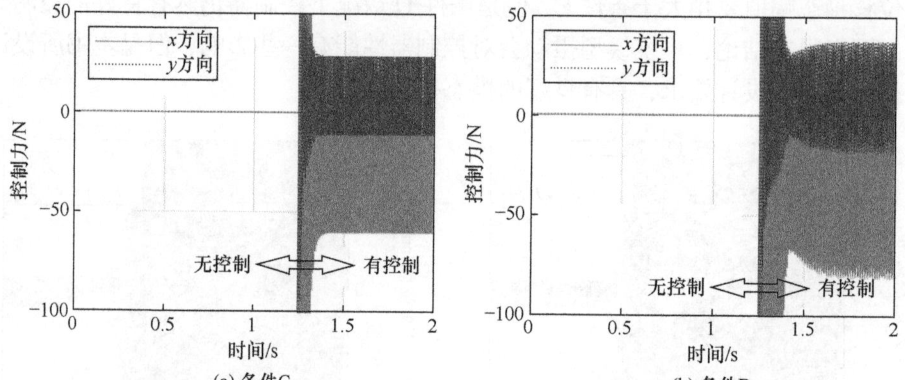

(a) 条件C　　(b) 条件D

图 5-24　开闭环系统动态控制力

图 5-25 是开闭环系统刀尖位移频域图，其中图(a)代表条件 C，图(b)代表条件 D。从图 5-25 中可以看出，在条件 C 情况下，实线代表控制之前的系统响应，在图中颤振频率和齿切频率同时存在，并且颤振频率占主导地位，这说明系统处在不稳定的颤振铣削中；虚线代表控制之后的系统响应，可以看出，控制之后的系统颤振频率完全消失，只有齿切频率，说明铣削过程正在稳定地进行。

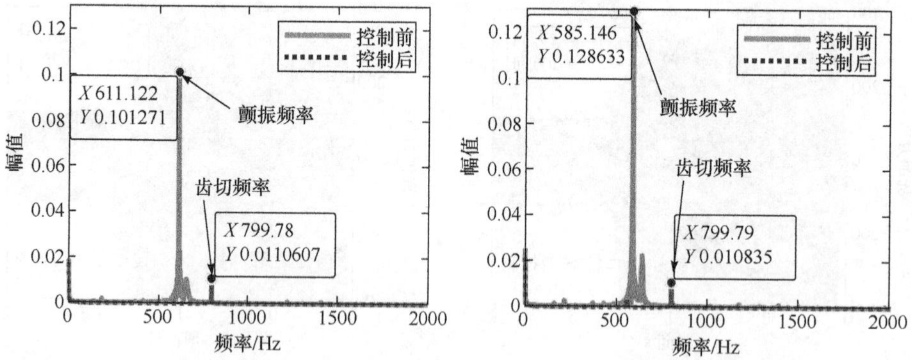

(a) 条件C　　(b) 条件D

图 5-25　开闭环系统刀尖位移频域图

在条件 D 情况下，实线代表的开环系统的频域曲线变化不大，虚线代表的闭环系统响应曲线中仍然出现了颤振频率，但是此时的颤振频率已经衰减得很弱，控制之后齿切频率占据主导地位，说明此时系统虽然还有一些颤振现象存在，但是对于铣削过程并不会造成影响。

图 5-26 是开闭环系统刀尖位移时频图，可以将频率和时间同时表征，时频图不仅印证了图 5-25 中得出的结论，而且从时频图中可以得到更多的信息。在条件 C 情况下，当控制器发挥作用后，颤振频率很快消失，整个系统很快恢复到稳定情况；条件 D 中，当控制器进入系统后，整个系统需要更长的调整时间，直至恢复到稳定切削过程。而调整时间内，颤振频率虽然强度被削弱，但是依然存在于系统中，这也印证了图 5-25 虚线也出现了颤振频率的情况，但是经过足够的时间调整之后，整个系统在控制器作用下最终恢复平稳。

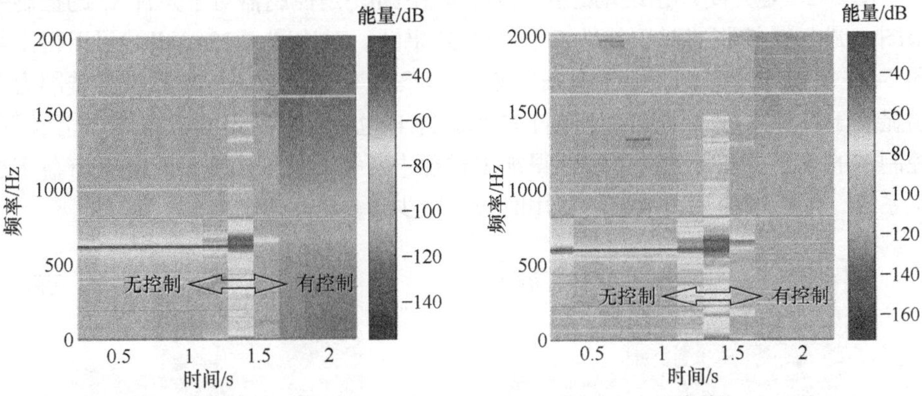

(a) 条件C　　(b) 条件D

图 5-26　开闭环系统刀尖位移时频图

2. 加工参数摄动

加工工艺参数主要有主轴转速和轴向切削深度。为了测试控制器极限鲁棒性能，将主轴转速和轴向切削深度同时设置为设计最大值，分别为 14000r/min 和 6mm，并将这种加工条件标记为条件 E。对比条件 C 和条件 E 下控制器 $\boldsymbol{K}_{c,1}(s)$ 的控制效果，分析控制器 $\boldsymbol{K}_{c,1}(s)$ 的模态参数鲁棒性能。

图 5-27 是开闭环系统刀尖动态位移，铣削系统刚开始是一个开环系统，其中图(a)是条件 C 情况下的开闭环铣削过程刀尖位移响应，图(b)是条件 E 情况下的开闭环铣削过程刀尖位移响应。对比图 5-27(a)和(b)可以看出，条件 C 和条件 E 情况下控制器都有良好的控制效果，都可以使铣削系统从颤振恢复到稳定铣削，不过条件 C 下控制效果要优于条件 E。

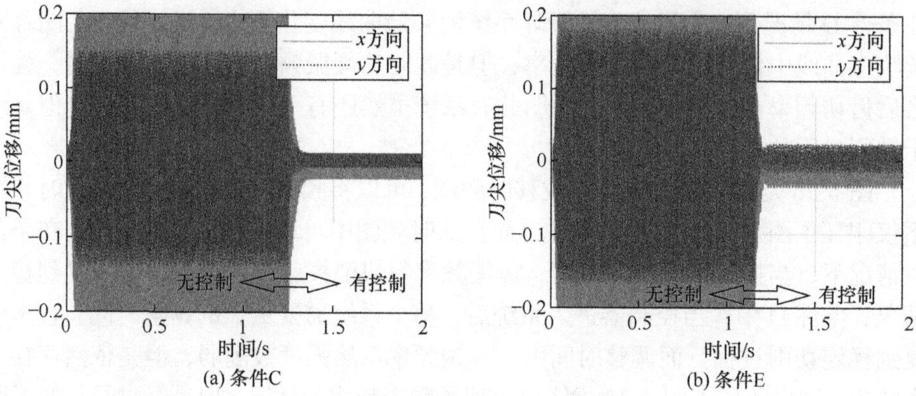

图 5-27　开闭环系统刀尖动态位移

图 5-28 是开闭环系统动态铣削力，其中图(a)是控制器对于条件 C 的控制效果图，图(b)是控制器对于条件 E 的控制效果图。对比图 5-28(a)和(b)可以得出与图 5-27 相同的结论，即无论在条件 C 还是条件 E 情况下，闭环系统的铣削力都明显小于开环系统，但是对比条件 C 和条件 E 也存在一些不同，条件 C 情况下，控制器的效果更加优秀，可以使得加工过程中所需的铣削力更小，这样有益于加工系统，可以增加加工系统的使用时长，减少刀具和能量损耗。

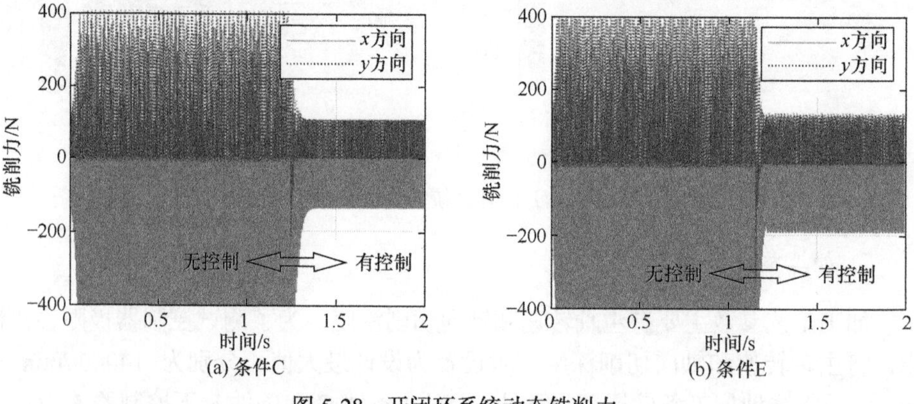

图 5-28　开闭环系统动态铣削力

图 5-29 是开闭环系统动态控制力，对比图(a)和图(b)可以看出，在条件 E 情况下控制系统所要输出的控制力大于条件 C，说明当铣削参数发生改变时，控制系统需要消耗更多的能量去抑制颤振的发生。

图 5-30 是开闭环系统刀尖位移频域图，其中图(a)代表条件 C，图(b)代表条件 E。在条件 C 情况下，实线代表控制之前的系统响应，在图中颤振频率和齿切频率同时存在，并且颤振频率占主导地位，这说明系统处在不稳定的颤振铣削中；虚线代表控制之后的系统响应，从虚线可以看出，控制之后的系统颤振频率完全

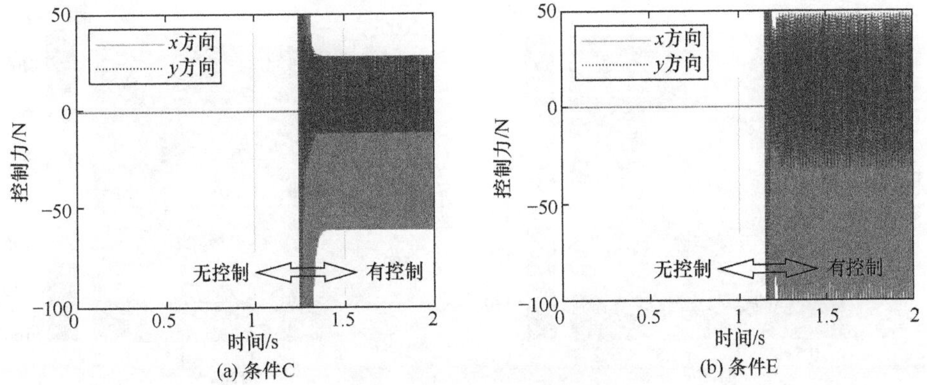

图 5-29　开闭环系统动态控制力

消失，只有齿切频率，说明铣削过程正在稳定地进行。但是在条件 E 情况下，实线代表的闭环系统响应曲线中仍然出现了颤振频率。但此时的颤振频率已经衰减得很弱，说明在控制器接入系统的调整时间内，系统虽然还有一些颤振现象存在，但是对于铣削过程并不会造成影响。

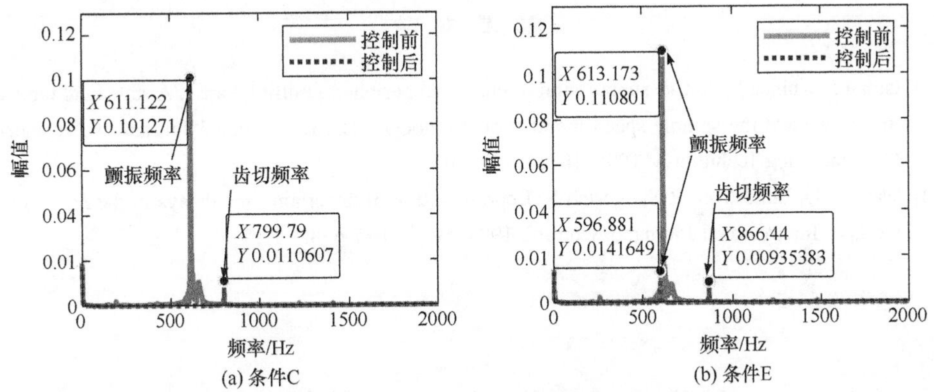

图 5-30　开闭环系统刀尖位移频域图

图 5-31 是开闭环系统刀尖位移时频图，其中图(a)代表条件 C，图(b)代表条件 E。时频图可以将频率和时间同时表征，不仅印证了频域图中得出的结论，而且从时频图中可以得到更多的信息。在条件 C 情况下，当控制器发挥作用后，颤振频率很快消失，整个系统很快恢复到稳定情况；条件 E 中，当控制器进入系统后，整个系统需要更长的调整时间恢复到稳定切削过程。而调整时间内，颤振频率强度虽然被削弱，但是依然存在于系统中，这也印证了频域图中虚线也出现了颤振频率的情况，但是经过足够的时间调整之后，整个系统在控制器作用下最终恢复平稳。

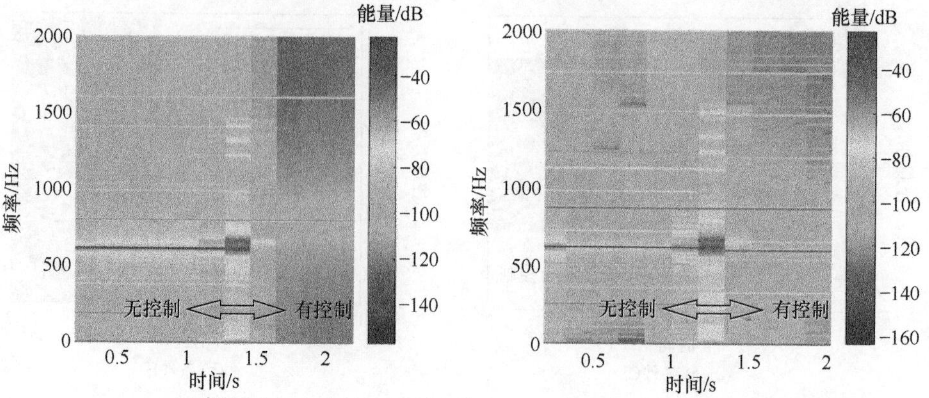

(a) 条件C　　(b) 条件E

图 5-31　开闭环系统刀尖位移时频图

通过以上不同方面的分析，可以得出结论：利用本书控制器设计方法设计的控制器，在模态摄动出现极限摄动时，控制器性能会受到一些影响，如控制力增大、调整时间增长等，但是最终仍然可以产生良好的控制效果。

参 考 文 献

[1] Ismail F, Kubica E. Active suppression of chatter in peripheral milling Part 1. A statistical indicator to evaluate the spindle speed modulation method[J]. The International Journal of Advanced Manufacturing Technology, 1995, 10 (5): 299-310.

[2] Wang Z Q, Lundstrom P, Skogestad S. Representation of uncertain time delays in the H_∞ framework[J]. International Journal of Control, 1994, 59 (3): 627-638.

第 6 章　高速铣削颤振频谱塑形线谱主动抑制

6.1 引　　言

颤振频谱通常以线谱形式出现，常规的主动控制方法未聚焦颤振频率能量，易导致作动器输出饱和或者能量过剩。因此，本章提出线谱的频谱塑形主动抑制方法。该方法以颤振频率为核心关注点，可以在频域内修改和控制铣削颤振频率，并且对正常切削频率(包含转频及其倍频)没有影响，从而对作动器要求的控制力可以大大减小。

6.2 高速铣削颤振自适应频谱塑形方法

频谱塑形主动控制是指通过主动控制的方法有目的地改变强干扰环境下的结构响应频谱，使得控制后的结构响应频谱和目标频谱一致。作为常用的主动振动频谱塑形算法之一，主动噪声均衡(ANE)算法用于本节的颤振频率线谱控制。与 FXLMS 算法类似，ANE 的控制框图如 6-1 所示。

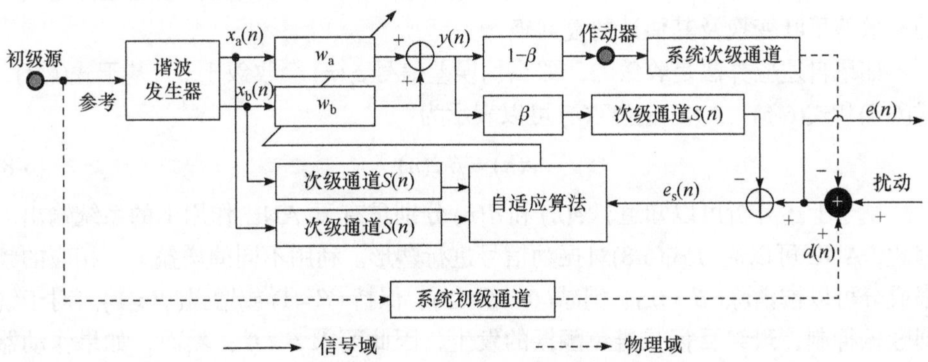

图 6-1　ANE 控制框图

参考信号是一正弦信号，其可以通过初级通道变换成初级噪声 $d(n)$ 。利用正弦信号发生器可以辨识出参考信号频率，并生成一对正交信号如下：

$$x_a(n) = \cos(\omega_p n), \quad x_b(n) = \sin(\omega_p n) \tag{6-1}$$

该控制器的输出是这两个信号的线性组合

$$y(n) = w_a(n)x_a(n) + w_b(n)x_b(n) \tag{6-2}$$

式中，$w_a(n)$ 和 $w_b(n)$ 是控制器系数。控制器输出包含两个分支：消减支和均衡支，两个分支有不同的增益系数 $1-\beta$ 和 β。因此，两个分支的输出可以写为

$$y_c(n) = (1-\beta)y(n), \quad y_b(n) = \beta y(n) \tag{6-3}$$

$e(n)$ 是 ANE 输出，可以表示为

$$e(n) = d(n) - y_c(n) * s(n) \tag{6-4}$$

式中，$s(n)$ 是次级通道的冲击响应函数；$*$表示卷积运算。为了精确地控制信号频率，利用伪误差信号 $e_s(n)$ 反馈到自适应系统，其定义为

$$e_s(n) = e(n) - y_b(n) * s(n) \tag{6-5}$$

根据随机梯度法，控制器更新方程可以进一步表示为

$$w_l(n+1) = w_l(n) + \mu_l e_s(n) x_l'(n), \ (l = \mathrm{a,b}) \tag{6-6}$$

式中，$x_l'(n) = x_l(n) * s(n)$ 是滤波器参考信号；μ_l 是收敛因子。μ_l 越大，收敛速度越快。然而，当 μ_l 超过一定的限制值后，迭代便发散了。根据文献[1]，收敛因子的取值范围如下：

$$0 < \mu_l < \frac{2\cos(\varphi - \hat{\varphi})}{|S\hat{S}^*|} \tag{6-7}$$

式中，φ 和 $\hat{\varphi}$ 分别是次级通道的相位及其估计；S 和 $\hat{S}^*$ 分别是次级通道冲击响应的离散傅里叶变换及其估计的复共轭。

如果自适应算法是收敛的，那么伪误差信号 $e_s(n)$ 会收敛于 0。基于式(6-3)、式(6-4)和式(6-5)，ANE 输出 $e(n)$ 可以表示为

$$e(n) = \beta d(n) \tag{6-8}$$

基于上述分析可以知道，$e(n)$ 和 $d(n)$ 分别是有无 ANE 作用下的系统输出。因此，ANE 可以通过式(6-8)对振动信号进行塑形。利用不同的增益 β，相应的频率成分可以被消除($\beta = 0$)、消减($0 < \beta < 1$)、保持($\beta = 1$)或增强($\beta > 1$)。对于铣削颤振抑制，最终目标是避免颤振的发生，因此要求 $\beta = 0$；然而，如果作动器由于饱和效应不能提供足够大的控制力，那么 $0 < \beta < 1$ 也是需要的。

6.3　高速铣削颤振自适应增强频谱塑形方法

线谱塑形的自适应主动噪声均衡算法是 1994 年由美国北伊利诺伊大学的

Kuo 教授提出的。该算法对线谱幅值具有消除、消减、保持和增强四种塑形能力，因此应用广泛。然而，ANE 算法幅值塑形的精度受次级通道辨识误差影响严重，特别是在大增益(频谱增强)的情况下，这种影响尤为突出，严重时甚至可达数倍误差。因此，我们在闭环传递函数分析的基础上，研究了一种增强型 ANE 频谱塑形算法。

6.3.1　闭环传递函数分析

传统 ANE 算法对次级通道辨识误差非常敏感，下面将通过闭环传递函数分析次级通道建模误差对传统 ANE 的影响。为了分析方便，假设谐波数目为 1，归一化基频为 ω_0。图 6-1 中的谐波发生器、次级通道模型、自适应算法和控制器(即系数 w_a 和 w_b)构成开环传递函数 $G(z)$，则系统框图可以简化为图 6-2(a)，其中开环传递函数 $G(z)$定义了从伪信号到控制器输出的传递函数。

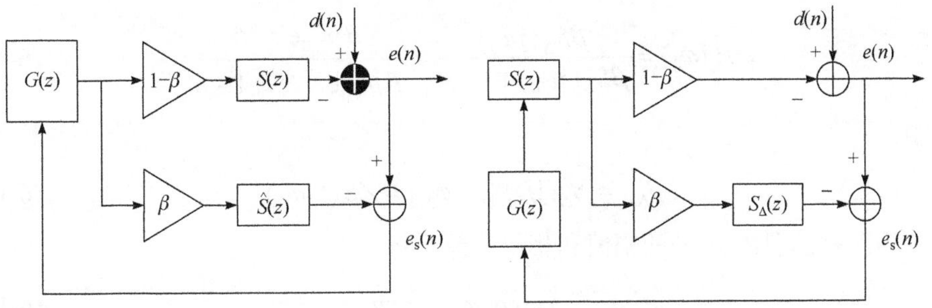

(a) 简化的ANE框图　　(b) 交换次级通道和增益系数后的ANE等效框图

图 6-2　简化的 ANE 框图及其等效图

因此，系统闭环传递函数可以表示为

$$H(z)=\frac{D(z)}{E(z)}=\frac{1+\beta\hat{S}(z)G(z)}{1+[\beta\hat{S}(z)+(1-\beta)S(z)]G(z)} \tag{6-9}$$

式中，$D(z)$为初级噪声的 z 变换；$E(z)$为误差信号的 z 变换。假设辨识模型和真实次级通道之间有一个误差，即

$$\hat{S}(z)=S_{\Delta}(z)S(z) \tag{6-10}$$

式中，$S_{\Delta}(z)$ 表示误差模型，则系统的闭环传递函数可以进一步表达为

$$H(z)=\frac{1+\beta S(z)S_{\Delta}(z)G(z)}{1+[\beta S(z)S_{\Delta}(z)+(1-\beta)S(z)]G(z)} \tag{6-11}$$

对于一个线性时不变系统，传递函数的位置和增益系数的位置可以交换，则图 6-2(a)可以化为如图 6-2(b)的等效框图。此时，闭环传递函数可以再进一步表

示为

$$H(z)=\frac{1+\beta S_{\Delta}(z)S(z)G(z)}{1+[\beta S_{\Delta}(z)+(1-\beta)]S(z)G(z)} \tag{6-12}$$

开环传递函数 $G(z)$可以通过脉冲响应法或 z 域分析法获取，即

$$G(z)=\frac{Y(z)}{E(z)}=2\mu p_{\hat{s}}\frac{z\cos(\omega_0-\varphi_{\hat{s}})-\cos\varphi_{\hat{s}}}{z^2-2z\cos\omega_0+1} \tag{6-13}$$

式中，$Y(z)$为控制器输出的 z 变换；$p_{\hat{s}}$ 和 $\varphi_{\hat{s}}$ 分别代表次级通道模型在 ω_0 的幅值和相位。将式(6-13)代入式(6-12)，则闭环传递函数为

$$H(z)=\frac{z^2-2z\cos\omega_0+1+2\mu p_{\hat{s}}\beta S_{\Delta}(z)S(z)[z\cos(\omega_0-\varphi_{\hat{s}})-\cos\varphi_{\hat{s}}]}{z^2-2z\cos\omega_0+1+2\mu\beta p_{\hat{s}}S(z)[\beta S_{\Delta}(z)+1-\beta][z\cos(\omega_0-\varphi_{\hat{s}})-\cos\varphi_{\hat{s}}]} \tag{6-14}$$

令 $z=\mathrm{e}^{\mathrm{j}\omega_0}$，则 ω_0 处的闭环传递比为

$$H(\mathrm{j}\omega_0)=\frac{\beta S_{\Delta}(\mathrm{j}\omega_0)}{\beta S_{\Delta}(\mathrm{j}\omega_0)+1-\beta}=\frac{\beta p_{\Delta,0}\mathrm{e}^{-\mathrm{j}\varphi_{\Delta,0}}}{\beta p_{\Delta,0}\mathrm{e}^{-\mathrm{j}\varphi_{\Delta,0}}+1-\beta} \tag{6-15}$$

式中，

$$p_{\Delta,0}=\left|S_{\Delta}(\mathrm{j}\omega_0)\right|,\quad \varphi_{\Delta,0}=\angle S_{\Delta}(\mathrm{j}\omega_0) \tag{6-16}$$

为误差模型在 ω_0 处的幅值和相位误差，将

$$\mathrm{e}^{-\mathrm{j}\varphi_{\Delta,0}}=\cos\varphi_{\Delta,0}-\mathrm{j}\sin\varphi_{\Delta,0} \tag{6-17}$$

代入式(6-15)并计算 $H(\mathrm{j}\omega_0)$ 的模，误差信号和初级噪声在 ω_0 处的幅值比可以表达为

$$h_0=\left|H(\mathrm{j}\omega_0)\right|=\frac{\beta p_{\Delta,0}}{\sqrt{(p_{\Delta,0}^2-2p_{\Delta,0}c_{\Delta,0}+1)\beta^2+2(p_{\Delta,0}c_{\Delta,0}-1)\beta+1}}\geqslant 0,\ (\beta\geqslant 0) \tag{6-18}$$

式中，$c_{\Delta,0}\equiv\cos\varphi_{\Delta,0}$。

6.3.2 自适应增强频谱塑形方法

ANE 算法对次级通道辨识误差敏感，而实际应用中辨识误差是不可避免的，因此我们考虑通过求取合适的增益参数，使得其对应的实际传递比等于目标增益参数的方式来解决该问题。具体地，误差模型未知，所需合适的增益参数无法解析求解，因此我们通过自适应寻优的方法来搜寻，这种增益参数自适应更新的 ANE 算法就是增强型 ANE(EANE)算法。

上面推导得到了当次级通道辨识误差存在的情况下 ω_0 处的传递比 h_0 和增益系数 β 的关系，因此，如果我们要实现一个目标的增益 $\beta_{t,0}$，直接的方法是求解如

下的方程：

$$\frac{\beta p_{\Delta,0}}{\sqrt{(p_{\Delta,0}^2-2p_{\Delta,0}c_{\Delta,0}+1)\beta^2+2(p_{\Delta,0}c_{\Delta,0}-1)\beta+1}}=\beta_{t,0} \tag{6-19}$$

式(6-19)的根为

$$\beta_{\text{opt}}=\frac{-\beta_{t,0}^2(p_{\Delta,0}c_{\Delta,0}-1)\pm p_{\Delta,0}\beta_{t,0}\sqrt{1-\beta_{t,0}^2 s_{\Delta,0}^2}}{(p_{\Delta,0}^2-2p_{\Delta,0}c_{\Delta,0}+1)\beta_{t,0}^2-p_{\Delta,0}^2} \tag{6-20}$$

式中，$s_{\Delta,0}\equiv\sin\varphi_{\Delta,0}$。

在实际控制中，误差模型的幅值和相位是未知的，因此，最优的增益系数无法由式(6-20)直接获得。从前面的分析可以知道，h_0 在[0, +∞)或[0, β*)区间内正相关于 β。因此，我们提出改进的方法，通过自适应调整增益参数，使其达到最优的增益参数。考虑 β 为自变量，h_0 是 β 的函数，因此，最优的增益系数可以通过求解如下优化问题获得

$$\min_{\beta\geqslant 0}\left[h_0(\beta)-\beta_{t,0}\right]^2 \tag{6-21}$$

根据最速下降法，式(6-21)的迭代求解方程为

$$\beta(n+1)=\beta(n)-2\mu_\beta\left[h_0(n)-\beta_{t,0}\right]h_0'(n) \tag{6-22}$$

式中，

$$h_0(n)\equiv h_0\left[\beta(n)\right],\quad h_0'(n)\equiv h_0'\left[\beta(n)\right] \tag{6-23}$$

μ_β 是迭代因子。由于 $h_0(n)$ 和 $h_0'(n)$ 在实际中无法通过解析方法获得，我们需要对它们进行估计。

1) $h_0(n)$的估计

从上面的分析知道，h_0 代表误差信号和初级噪声在 ω_0 处的幅值比。在控制过程中，通过一个滑动窗获取一段误差信号，即

$$e_L(n)\equiv\left\{e(n-j)\right\}^{\mathrm{T}},\quad (j=0,1,2,\cdots,L-1) \tag{6-24}$$

其中 L 表示窗的长度。在控制前，需要提前获取一段长度为 L 的初级噪声 d_L。则实时的幅值比可以估计为

$$\hat{H}(\omega,n)=\frac{S_{\text{de}}(\omega,n)}{S_{\text{dd}}(\omega)} \tag{6-25}$$

式中，$S_{\text{de}}(\omega,n)$ 是 $e_L(n)$ 和 d_L 的互功率谱；$S_{\text{dd}}(\omega)$ 是 d_L 的自功率谱。在 ω_0 处的幅值比估计值为

$$\hat{h}_0(n)=\hat{H}(\omega_0,n) \tag{6-26}$$

在实际控制中我们用 $\hat{h}_0(n)$ 代替 $h_0(n)$ 。

2) $h_0'(n)$ 的估计

根据式(6-19)，两边同时平方有

$$h_0^2=\frac{\beta^2 p_{\Delta,0}^2}{(p_{\Delta,0}^2-2p_{\Delta,0}c_{\Delta,0}+1)\beta^2+2(p_{\Delta,0}c_{\Delta,0}-1)\beta+1} \tag{6-27}$$

两边同时求导有

$$2h_0h_0'=\frac{2p_{\Delta,0}^2\beta\left[\beta(p_{\Delta,0}c_{\Delta,0}-1)+1\right]}{\Lambda^2(\beta)} \tag{6-28}$$

式中，

$$\Lambda(\beta)\equiv(p_{\Delta,0}^2-2p_{\Delta,0}c_{\Delta,0}+1)\beta^2+2(p_{\Delta,0}c_{\Delta,0}-1)\beta+1 \tag{6-29}$$

整理式(6-28)有

$$h_0'=\frac{p_{\Delta,0}^2\beta\left[\beta(p_{\Delta,0}c_{\Delta,0}-1)+1\right]}{h_0\Lambda^2(\beta)} \tag{6-30}$$

由于 $h_0\geqslant 0$ 且 $\beta\geqslant 0$ ，所以当 $p_{\Delta,0}c_{\Delta,0}\geqslant 1$ 时，有

$$h_0'>0 \tag{6-31}$$

因此，式(6-22)的搜索方向仅由 $\left[h_0(n)-\beta_{t,0}\right]$ 决定。令 $h_0'(n)$ 为一个正实数，则更新方程变为

$$\beta(n+1)=\beta(n)-2\mu_\beta'\left[h_0(n)-\beta_{t,0}\right] \tag{6-32}$$

式中，μ_β' 是吸收了 $h_0'(n)$ 值的新的迭代系数。另一方面，当 $p_{\Delta,0}c_{\Delta,0}<1$ ，且

$$0\leqslant\beta<\beta_{\lim}=\frac{1}{1-p_{\Delta,0}c_{\Delta,0}} \tag{6-33}$$

时，有 $h_0'>0$ 。即当 β 在区间 $[0,\beta_{\lim})$ 时，h_0' 为正。因此如果最优的增益系数 β_{opt} 也在该区间内，则系数更新式(6-32)仍然有效。最优的增益参数 β_{opt} 是正实数，因此根据式(6-20)有

$$\beta_{t,0}\geqslant 0,\quad 1-\beta_{t,0}^2 s_{\Delta,0}^2\geqslant 0 \tag{6-34}$$

此时，目标增益参数的范围为

$$0\leqslant\beta_{t,0}\leqslant\frac{1}{s_{\Delta,0}} \tag{6-35}$$

将式(6-35)代入式(6-20)有

$$
\begin{aligned}
0 \leqslant \beta_{\text{opt}} &\leqslant \frac{(1-p_{\Delta,0}c_{\Delta,0})\dfrac{1}{s_{\Delta,0}^2}}{(p_{\Delta,0}^2-2p_{\Delta,0}c_{\Delta,0}+1)\dfrac{1}{s_{\Delta,0}^2}-p_{\Delta,0}^2} \\
&= \frac{1-p_{\Delta,0}c_{\Delta,0}}{(p_{\Delta,0}^2-2p_{\Delta,0}c_{\Delta,0}+1)-p_{\Delta,0}^2c_{\Delta,0}^2} \\
&= \frac{1-p_{\Delta,0}c_{\Delta,0}}{p_{\Delta,0}^2c_{\Delta,0}^2-2p_{\Delta,0}c_{\Delta,0}+1} \\
&= \frac{1-p_{\Delta,0}c_{\Delta,0}}{(1-p_{\Delta,0}c_{\Delta,0})^2}
\end{aligned}
\tag{6-36}
$$

当 $p_{\Delta,0}c_{\Delta,0}<1$时，有

$$
0 \leqslant \beta_{\text{opt}} \leqslant \frac{1}{1-p_{\Delta,0}c_{\Delta,0}} \tag{6-37}
$$

可以看出，当 $p_{\Delta,0}c_{\Delta,0}<1$时，最优的增益参数的确在区间$[0,\beta_{\text{lim}})$内，所以通过更新式(6-32)是可以将其搜索到的。在实际控制中，我们并不知道 $p_{\Delta,0}c_{\Delta,0}$ 的符号，因此，我们也不知道是否存在增益上限 β_{lim}。但根据前面的分析，只要存在增益上限，它一定大于 1，即

$$
\beta_{\text{lim}} = \frac{1}{1-p_{\Delta,0}c_{\Delta,0}} > 1 \tag{6-38}
$$

因此,如果我们将 β 初值设置在区间[0,1],则 $h_0'(n)$ 将在迭代过程中始终保持为正。此时更新方程(6-32)始终有效。总而言之，我们结合 $h_0(n)$ 和 $h_0'(n)$ 的估计，便可获得实用的增益系数更新方程

$$
\beta(n+1) = \beta(n) - 2\mu_\beta'\left[\hat{h}_0(n) - \beta_{t,0}\right] \tag{6-39}
$$

式中, $\hat{h}_0(n)$ 为 $h_0(n)$ 的估计。$h_0'(n)$ 的估计为一个正的实数,包含于步长系数 μ_β' 中。

6.3.3　多频自适应增强频谱塑形方法

在 6.3.2 节中，根据闭环传递比和增益系数的非线性关系，提出了 EANE 算法。实际应用中，噪声呈现多频线谱，因此本节将 EANE 算法拓展到多频控制，其算法结构如图 6-3 所示。考虑初级噪声源的模型如 6.2 节定义。多频 EANE 获取振源信号的基波频率作为前馈信号，用于生成参考信号。定义参数频率等于初级噪声频率，即

$$\omega_r = \omega_p \tag{6-40}$$

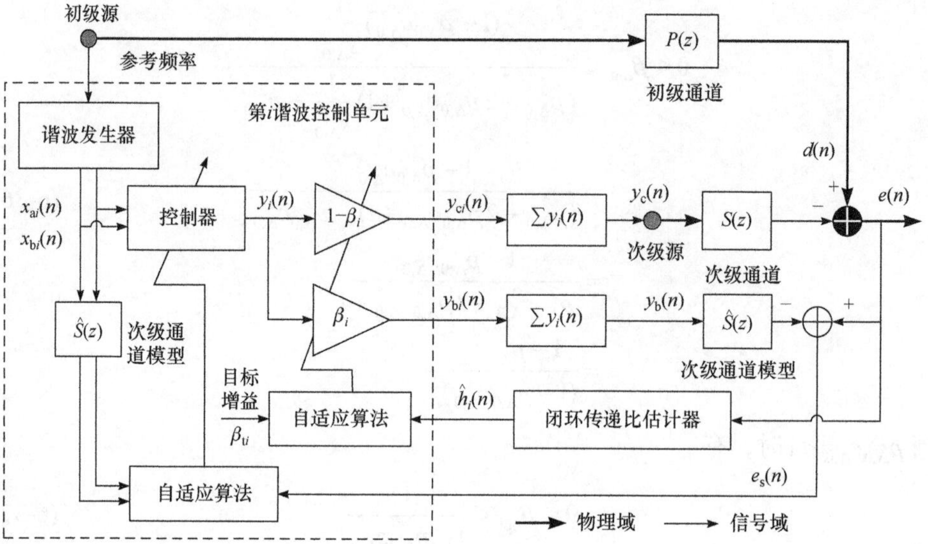

图 6-3 多频 EANE 算法结构

多频 EANE 采用并列式的控制结构，每个并列的分支可以控制一个谐波。定义谐波发生器产生的参考信号向量对为

$$\boldsymbol{x}_a(n)=\left\{x_{ai}(n)\right\}^{\mathrm{T}}=\cos(\omega_r n),\quad \boldsymbol{x}_b(n)=\left\{x_{bi}(n)\right\}^{\mathrm{T}}=\sin(\omega_r n),\quad (i=1,2,\cdots,L_p) \tag{6-41}$$

多频 EANE 控制器是上述参考信号向量对的加权线性组合。我们定义控制器系数向量为

$$\boldsymbol{w}_a(n)=\left\{w_{ai}(n)\right\}^{\mathrm{T}},\quad \boldsymbol{w}_b(n)=\left\{w_{bi}(n)\right\}^{\mathrm{T}},\quad (i=1,2,\cdots,L_p) \tag{6-42}$$

式中，w_{ai} 和 w_{bi} 是第 i 个子控制器的系数，则每个子控制器输出分为两个分支，即消减支和均衡支，两个分支插入不同的增益系数(加权系数)。定义所有均衡支的增益系数向量为

$$\boldsymbol{\beta}(n)=\left\{\beta_i(n)\right\}^{\mathrm{T}},\quad (i=1,2,\cdots,L_p) \tag{6-43}$$

式中，$\beta_i(n)$ 是第 i 个子控制器的增益系数。此时，消减支的输出和均衡支的输出分别为

$$y_c(n)=\boldsymbol{w}_a^{\mathrm{T}}(n)\left[\boldsymbol{I}-\boldsymbol{\Gamma}_\beta(n)\right]\boldsymbol{x}_a(n)+\boldsymbol{w}_b^{\mathrm{T}}(n)\left[\boldsymbol{I}-\boldsymbol{\Gamma}_\beta(n)\right]\boldsymbol{x}_b(n) \tag{6-44}$$

和

$$y_b(n)=\boldsymbol{w}_b^{\mathrm{T}}(n)\boldsymbol{\Gamma}_\beta(n)\boldsymbol{x}_a(n)+\boldsymbol{w}_b^{\mathrm{T}}(n)\boldsymbol{\Gamma}_\beta(n)\boldsymbol{x}_b(n) \tag{6-45}$$

式中，$\boldsymbol{I}$ 是一个 $L_{\mathrm{p}} \times L_{\mathrm{p}}$ 的单位矩阵；

$$\boldsymbol{\Gamma}_{\beta}(n)=\operatorname{diag}[\boldsymbol{\beta}(n)] \tag{6-46}$$

是增益矩阵，它是由增益系数向量形成的对角矩阵。多频 EANE 系统的误差输出为

$$e(n)=d(n)-y_{\mathrm{c}}(n)*s(n) \tag{6-47}$$

式中，$s(n)$ 是次级通道 $S(z)$ 的脉冲响应函数；$*$ 代表线性卷积。为了实现特定的误差信号幅值，多频 EANE 系统将一个伪误差信号反馈给自适应系统。该伪误差信号定义为

$$e_{\mathrm{s}}(n)=e(n)-y_{\mathrm{b}}(n)*\hat{s}(n) \tag{6-48}$$

式中，$\hat{s}(n)$ 是次级通道模型 $\hat{S}(z)$ 的脉冲响应函数。可见式(6-45)定义均衡输出的目的是生成伪误差信号。根据最小二乘法(LMS)，采用瞬时伪误差信号的平方作为目标函数，根据最速下降法，控制器系数的更新方程为

$$\boldsymbol{w}_l(n+1)=\boldsymbol{w}_l(n)-\frac{\mu_l}{2}\frac{\partial e_{\mathrm{s}}^2(n)}{\boldsymbol{w}_l(n)},\quad (l=\mathrm{a},\mathrm{b}) \tag{6-49}$$

式中，μ_l 为收敛因子。根据方程(6-48)，并考虑 $\hat{s}(n)=s(n)$，有

$$\begin{aligned} e_{\mathrm{s}}(n) &= d(n)-y_{\mathrm{c}}(n)*s(n)-y_{\mathrm{b}}(n)*\hat{s}(n) \\ &= d(n)-\left[y_{\mathrm{c}}(n)+y_{\mathrm{b}}(n)\right]*\hat{s}(n) \\ &= d(n)-\left[\boldsymbol{w}_{\mathrm{a}}^{\mathrm{T}}(n)\boldsymbol{x}_{\mathrm{a}}(n)+\boldsymbol{w}_{\mathrm{b}}^{\mathrm{T}}(n)\boldsymbol{x}_{\mathrm{b}}(n)\right]*\hat{s}(n) \\ &= d(n)-\boldsymbol{w}_{\mathrm{a}}^{\mathrm{T}}(n)\boldsymbol{x}_{\mathrm{a}}'(n)-\boldsymbol{w}_{\mathrm{b}}^{\mathrm{T}}(n)\boldsymbol{x}_{\mathrm{b}}'(n) \end{aligned} \tag{6-50}$$

式中，

$$\boldsymbol{x}_l'(n)=\boldsymbol{x}_l(n)*\hat{s}(n),\quad (l=\mathrm{a},\mathrm{b}) \tag{6-51}$$

为滤波的参考信号向量。因此，瞬时伪误差信号的平方对控制器系数向量的导数可表示为

$$\frac{\partial e_{\mathrm{s}}^2(n)}{\boldsymbol{w}_l(n)}=-2e_{\mathrm{s}}(n)\boldsymbol{x}_l'(n),\quad (l=\mathrm{a},\mathrm{b}) \tag{6-52}$$

将式(6-52)代入式(6-49)，控制器更新方程可进一步表示为

$$\boldsymbol{w}_l(n+1)=\boldsymbol{w}_l(n)+\mu_l e_{\mathrm{s}}(n)\boldsymbol{x}_l'(n),\quad (l=\mathrm{a},\mathrm{b}) \tag{6-53}$$

多频 EANE 系统定义了目标增益矩阵为

$$\boldsymbol{\Gamma}_{\beta_t}(n) \equiv \operatorname{diag}[\boldsymbol{\beta}_t], \quad \boldsymbol{\beta}_t = \{\beta_{ti}\}^{\mathrm{T}}, \quad (i = 1,2,\cdots,L_p) \tag{6-54}$$

式中，$\boldsymbol{\beta}_t$ 为目标增益系数向量；β_{ti} 为第 i 个频率分量的目标增益系数。由式(6-26)，定义幅值比矩阵为

$$\hat{\boldsymbol{H}}(n) = \operatorname{diag}\left\{\hat{\boldsymbol{h}}(n)\right\}, \quad \hat{\boldsymbol{h}}(n) = \left\{\hat{h}_i(n)\right\}^{\mathrm{T}}, \quad (i = 1,2,\cdots,L_p) \tag{6-55}$$

式中，$\hat{\boldsymbol{h}}(n)$ 为幅值比向量；$\hat{h}_i(n)$ 为第 i 个频率分量的幅值比。根据式(6-32)，增益矩阵更新的方程为

$$\boldsymbol{\Gamma}_{\beta}(n+1) = \boldsymbol{\Gamma}_{\beta}(n) - 2\tilde{\mu}_{\beta}\left[\hat{\boldsymbol{H}}(n) - \boldsymbol{\Gamma}_{\beta_t}\right] \tag{6-56}$$

当自适应算法收敛时，伪误差信号 $e_s(n)$ 将趋近于 0。因此，由式(6-48)和式(6-45)，令 $e_s(n) = 0$，误差信号可以表示为

$$\begin{aligned} e(n) &= \left[\boldsymbol{w}_a^{\mathrm{T}}(n)\boldsymbol{\Gamma}_{\beta}(n)\boldsymbol{x}_a(n) + \boldsymbol{w}_b^{\mathrm{T}}(n)\boldsymbol{\Gamma}_{\beta}(n)\boldsymbol{x}_b(n)\right] * \hat{s}(n) \\ &= \boldsymbol{w}_a^{\mathrm{T}}(n)\boldsymbol{\Gamma}_{\beta}(n)\boldsymbol{x}'_a(n) + \boldsymbol{w}_b^{\mathrm{T}}(n)\boldsymbol{\Gamma}_{\beta}(n)\boldsymbol{x}'_b(n) \end{aligned} \tag{6-57}$$

由式(6-50)，令 $e_s(n) = 0$，则初级噪声可表示为

$$d(n) = \boldsymbol{w}_a^{\mathrm{T}}(n)\boldsymbol{x}'_a(n) + \boldsymbol{w}_b^{\mathrm{T}}(n)\boldsymbol{x}'_b(n) \tag{6-58}$$

比较式(6-57)和式(6-58)可以看出，真实的误差 $e(n)$ 通过增益(加权)矩阵 $\boldsymbol{\Gamma}_{\beta}(n)$ 对初级噪声 $d(n)$ 进行塑形。通过指定不同的目标增益矩阵 $\boldsymbol{\Gamma}_{\beta_t}(n)$ 的对角元素，初级噪声的相应频率分量可以被消除($\beta_{ti} = 0$)、消减($0 < \beta_{ti} < 1$)、保持($\beta_{ti} = 1$)或增强($\beta_{ti} > 1$)。当次级通道辨识存在误差时，EANE 系统的实际增益矩阵 $\boldsymbol{\Gamma}_{\beta}(n)$ 不再等于目标增益矩阵 $\boldsymbol{\Gamma}_{\beta_t}(n)$，但它使得实际的传递比和目标增益矩阵 $\boldsymbol{\Gamma}_{\beta_t}(n)$ 一致。

6.4　控制算法性能数值分析

6.4.1　数值分析结果

铣削过程仿真参数列于表 6-1 中，控制过程中控制器参数如下：两个方向的收敛因子分别为 0.0015 和 0.0010，方便起见可以将传递函数 $S(n)$ 的增益设为常数 1。对于稳定切削过程，有无控制下的刀尖位移具有相同的频谱，即 ANE 不会改变正常的切削频率成分，没有浪费多余的能量；对于颤振切削过程，正常频率成分未发生变化，颤振频率成分得到成功抑制，可见所提方法在抑制颤振的同时并不会影响转频及其倍频成分。

表 6-1　铣削过程时域仿真参数

仿真参数	参数值
刀齿数目	4
切削切削力系数	$5.36\times10^8 N/m^2$
法向切削力系数	$1.87\times10^8 N/m^2$
每齿进给量	0.001m/齿
刀具直径	0.01275m
螺旋角	30°
x 方向模态质量	0.192kg
y 方向模态质量	0.192kg
x 方向模态阻尼	25.17N · s/m
y 方向模态阻尼	25.17N · s/m
x 方向模态刚度	$1.34\times10^6 N/m$
y 方向模态刚度	$1.34\times10^6 N/m$
铣削类型	逆铣
径向切削深度	0.006375m

为了展示本方法所需的控制力更小，采用常规的 LMS 自适应算法进行对比，该算法会同时抑制颤振频率和正常频率。在转速 3000r/min 和轴向切深 1mm 工况下进行仿真，结果显示两种算法均可有效地抑制颤振。图 6-4 和图 6-5 分别给出了 ANE 和 LMS 控制下的频域仿真位移，结果显示 ANE 仅抑制了颤振频率，而 LMS 同时抑制了颤振频率和正常频率。定量分析结果如下：LMS 和 ANE 在两个方向所需控制力的均方根分别为 57.7894N 和 68.5144N、54.5768N 和 53.4765N。此外，图 6-6 表明与 LMS 算法相比，ANE 所需控制力更小。

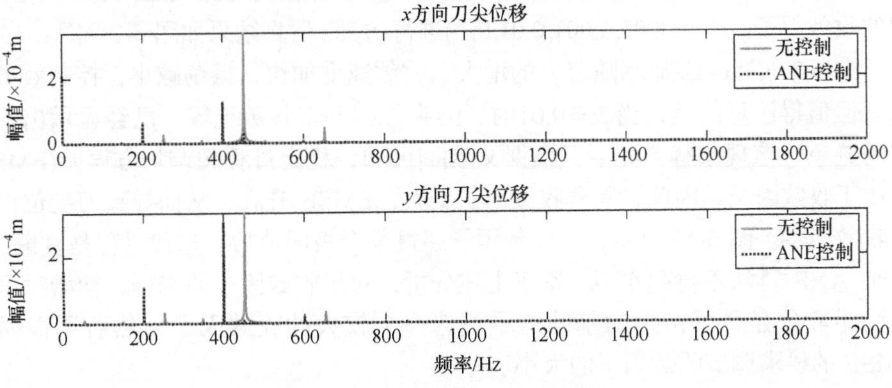

图 6-4　ANE 控制频域刀尖位移

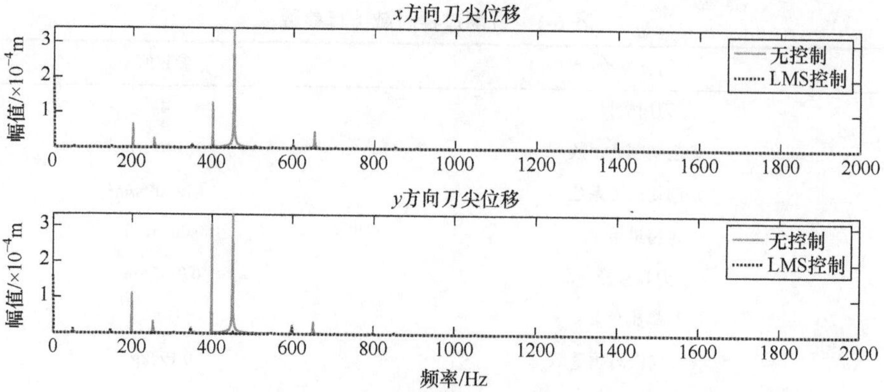

图 6-5　LMS 控制频域刀尖位移

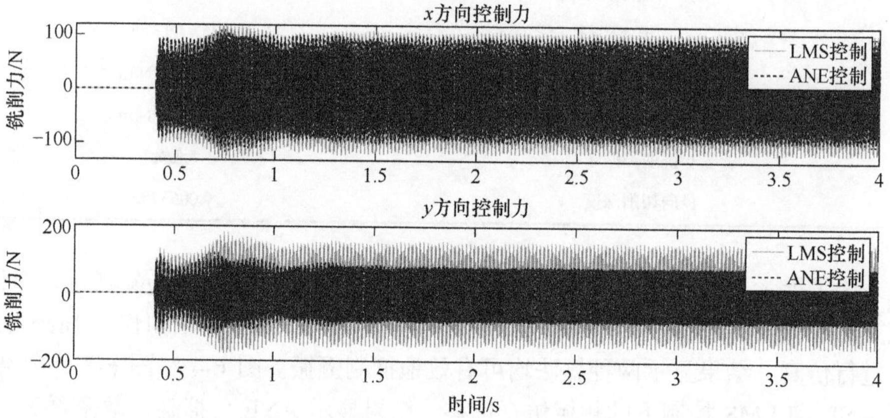

图 6-6　ANE 和 LMS 控制所需控制力

6.4.2　收敛性分析

为分析所提算法的收敛性，在转速 7000r/min 和轴向切深 1mm 工况下采用不同的收敛因子($\mu = 0.0001, 0.001, 0.01, 0.1$)进行仿真。仿真结果如图 6-7～图 6-13 所示，图 6-7～图 6-12 显示随着 μ 的增大，收敛速度加快，振荡减小，控制效果增强。但值得注意的是，当 $\mu = 0.01$ 时，刀尖位移并未收敛至零，已经显示出不稳定的迹象。该现象解释如下：根据文献[1]可知，稳定过程超调均方误差(EMSE)正比于收敛因子，因此，随着收敛因子增大，EMSE 升高，从而导致刀尖位移没有收敛至零。图 6-13 显示，当收敛因子超过某个极限值后，迭代过程是发散的，此时 ANE 算法不再起作用。基于上述分析，对于收敛因子的选择，初始时可以在满足收敛条件式(6-7)的基础上尽量选一个较大的收敛因子，然后再根据对 EMSE 的要求调节收敛因子的大小。

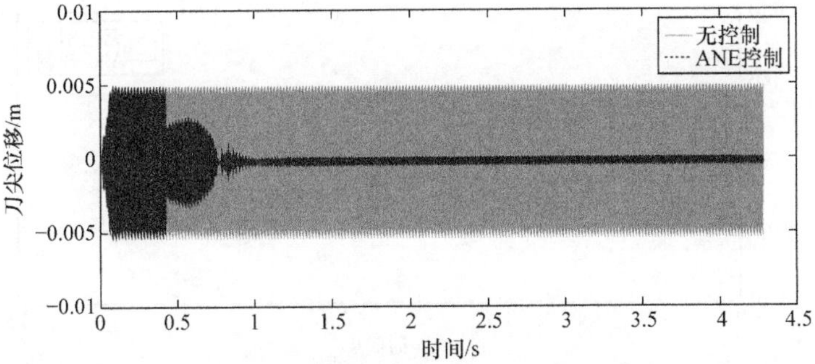

图 6-7　时域刀尖位移($\mu=0.0001$)

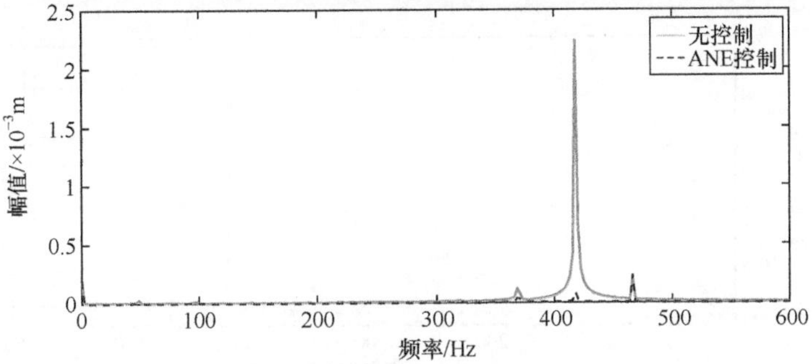

图 6-8　频域刀尖位移($\mu=0.0001$)

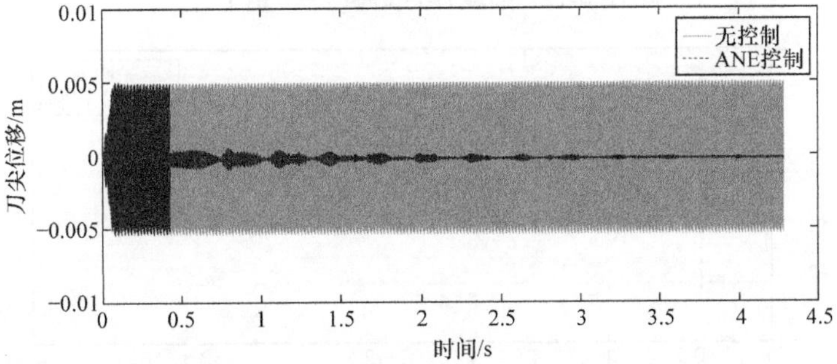

图 6-9　时域刀尖位移($\mu=0.001$)

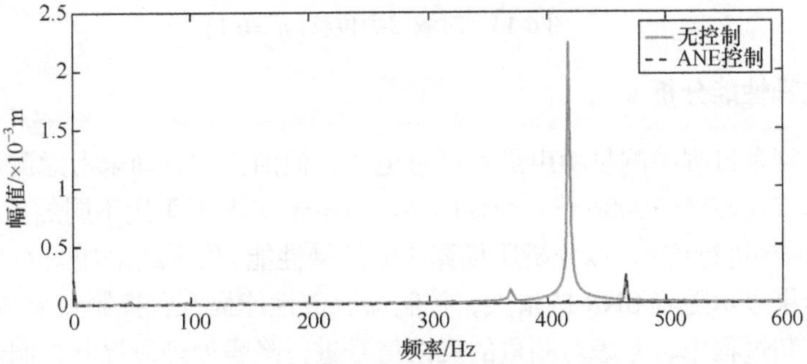

图 6-10　频域刀尖位移($\mu=0.001$)

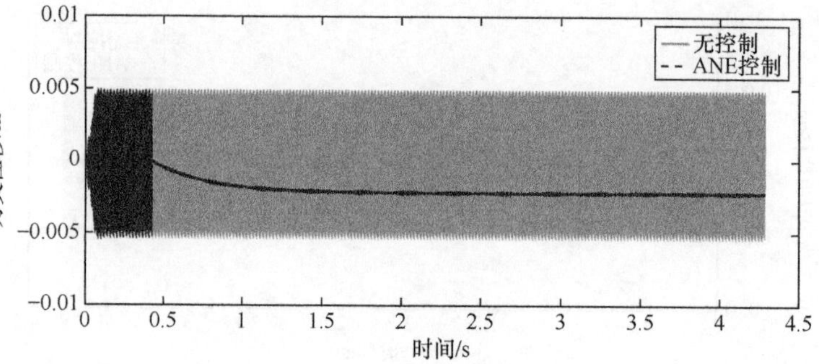

图 6-11　时域刀尖位移($\mu = 0.01$)

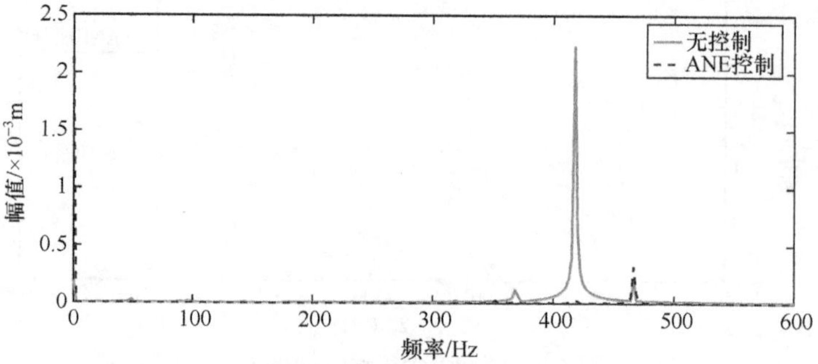

图 6-12　频域刀尖位移($\mu = 0.01$)

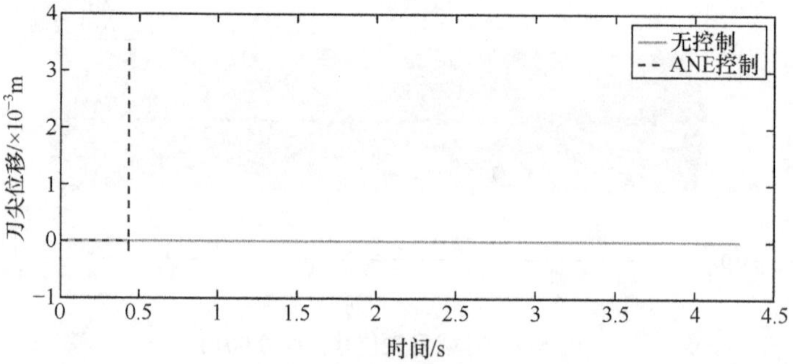

图 6-13　时域刀尖位移($\mu = 0.1$)

6.4.3　抗噪性能分析

实际测量过程中测量噪声是不可避免的，但前面仿真尚未考虑测量噪声的影响。本小节在转速 7000r/min 和轴向切深 1mm 工况下采用不同的信噪比(SNR=70,80,90,100)进行仿真，以分析所提算法的抗噪性能。仿真结果如图 6-14～图 6-17 所示，结果显示随着 SNR 的增大，控制器收敛性能提升，控制效果增强。因此，在实际控制过程中，考虑对测量的反馈信号进行降噪处理以提升控制器性能。

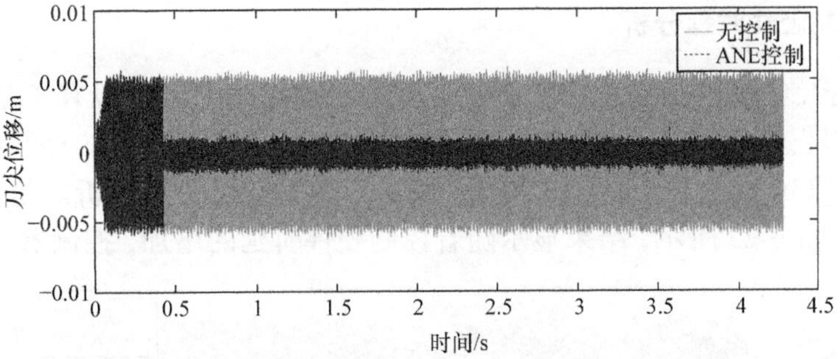

图 6-14　时域刀尖位移(SNR=70)

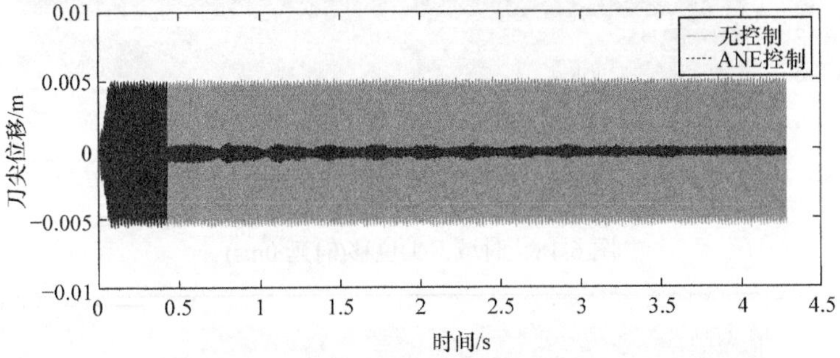

图 6-15　时域刀尖位移(SNR=80)

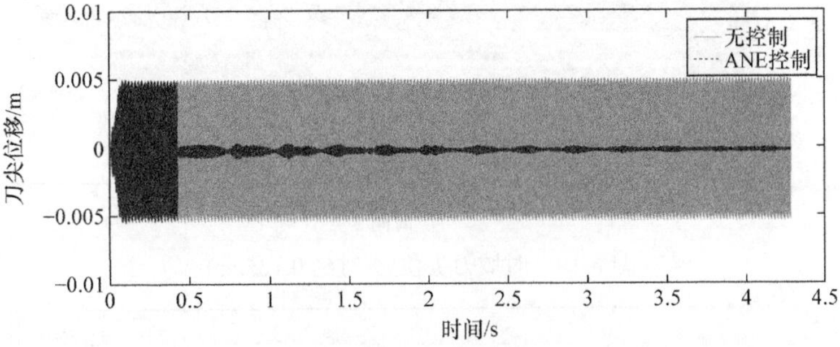

图 6-16　时域刀尖位移(SNR=90)

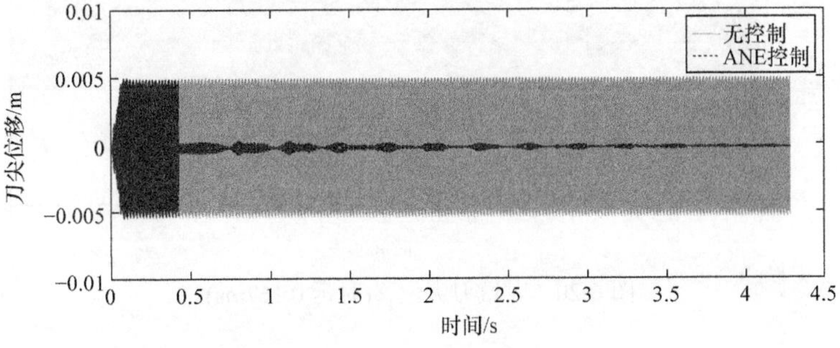

图 6-17　时域刀尖位移(SNR=100)

6.4.4　控制硬件时延分析

实际控制过程中存在控制硬件时延问题，然而前面仿真并没有考虑该因素。本小节在转速 3000r/min 和轴向切深 1mm 工况下采用不同的控制硬件时延(0ms、0.125ms、0.167ms、0.250ms 和 0.292ms)进行仿真分析。仿真结果如图 6-18～图 6-22 所示，结果显示随着控制硬件时延的增加，控制器性能下降。

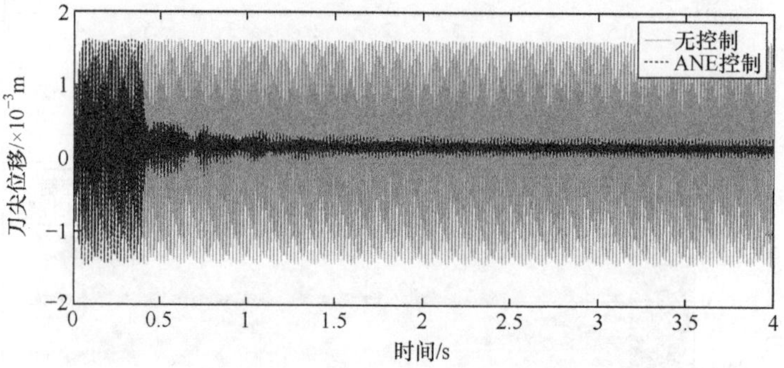

图 6-18　时域刀尖位移(时延 0ms)

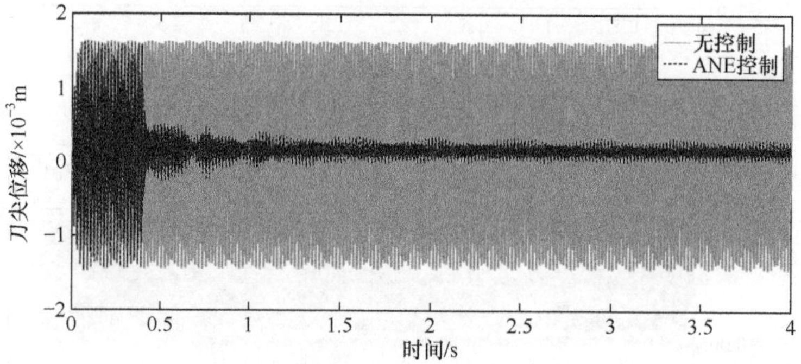

图 6-19　时域刀尖位移(时延 0.125ms)

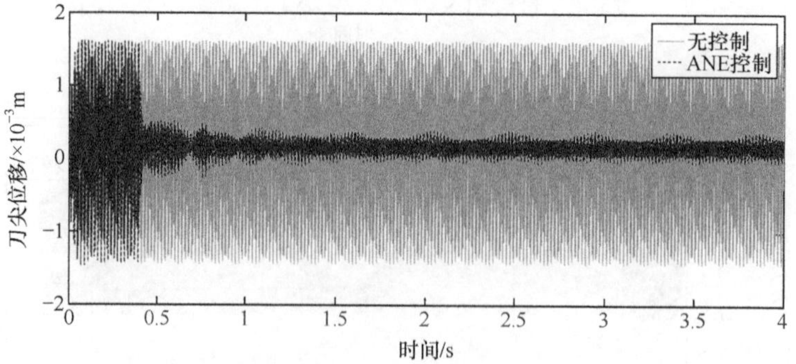

图 6-20　时域刀尖位移(时延 0.167ms)

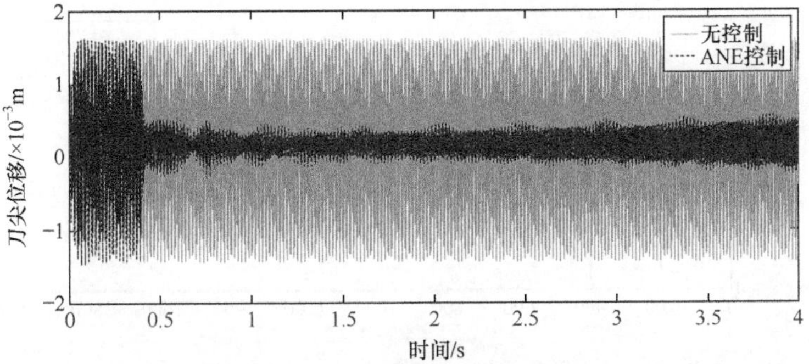

图 6-21　时域刀尖位移(时延 0.250ms)

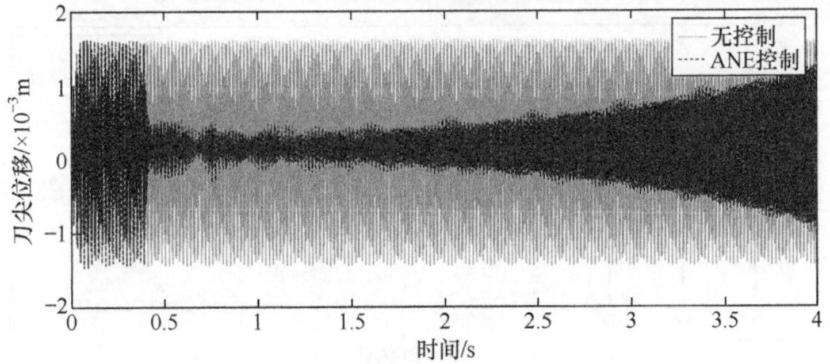

图 6-22　时域刀尖位移(时延 0.292ms)

图 6-22 显示当控制硬件时延足够大时会导致控制过程发散。因此，在实际控制过程中尽量选择较好的硬件，从而使控制硬件时延尽可能小。

6.4.5　颤振频率辨识误差分析

前面仿真没有考虑颤振频率辨识误差的影响，本小节在转速 3000r/min 和轴向切深 1mm 工况下采用不同的颤振频率辨识误差(0Hz、0.1Hz、0.2Hz、0.3Hz)进行仿真分析。仿真结果列于图 6-23～图 6-26，结果显示随着辨识误差的增大，控

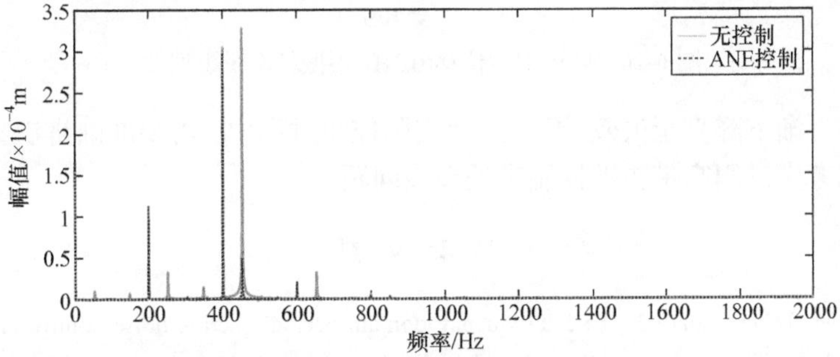

图 6-23　频域刀尖位移(0Hz 颤振频率辨识误差)

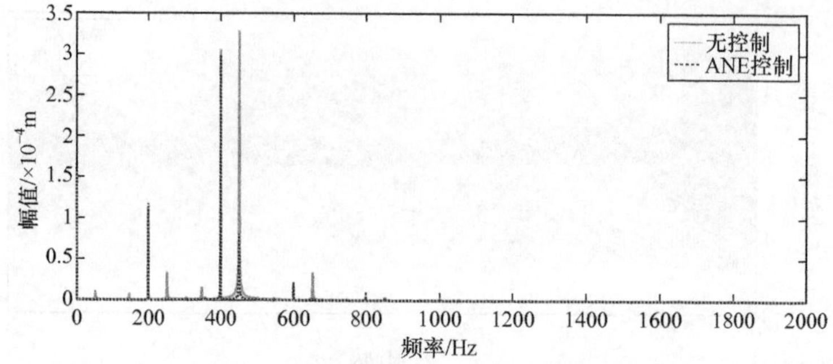

图 6-24 频域刀尖位移(0.1Hz 颤振频率辨识误差)

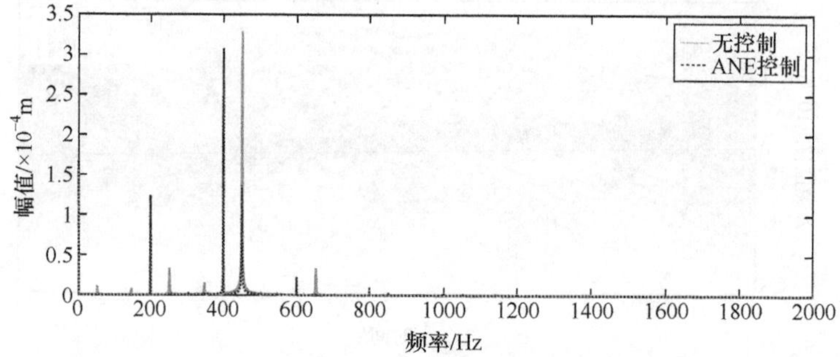

图 6-25 频域刀尖位移(0.2Hz 颤振频率辨识误差)

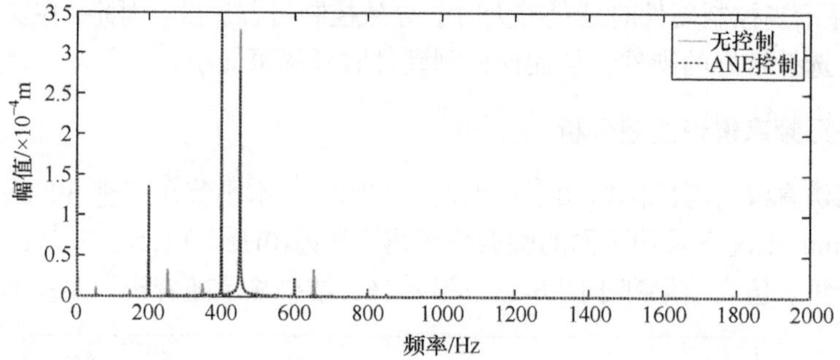

图 6-26 频域刀尖位移(0.3Hz 颤振频率辨识误差)

制器性能逐渐下降直至失效。因此，在实际控制过程中，需要准确辨识颤振频率，或者可以考虑采用窄带主动控制来处理该问题。

参考文献

[1] Kuo S M, Tahernezhadi M, Li J. Frequency-domain periodic active noise control and equalization[J]. IEEE Transactions on Speech and Audio Processing, 1997, 5 (4): 348-358.

第 7 章　智能主轴高速铣削颤振抑制应用

7.1　引　　言

智能主轴系统是实现智能主轴功能的重要依托，构建集传感、决策、执行于一体的智能主轴单元，集成智能主轴单元技术，是促进智能制造产业化升级的关键。因此，本章在充分调研国外相关成果的基础上，研发智能主轴原型样机，构建智能主轴高速铣削颤振抑制模块，并通过系统实验的开展，验证相关高速铣削颤振抑制技术的有效性与可靠性。

7.2　智能主轴原型样机

智能主轴原型样机是构建功能的基础，因此，本章以智能主轴原型样机为构建基础，进行结构设计与系统构建。

图 7-1 左侧为美国桑迪亚国家实验室的智能主轴颤振控制实验台，其中两个方向的振动信号由刀具根部的应变片进行采集，控制力由四个压电作动器提供，在工作状态中控制器产生四个电压信号驱动功率放大器，电压信号进入压电作动器产生作动力作用在非旋转的筒结构上。旋转的主轴跟随盒状结构的中心线运动，因此作用在筒结构上的控制力会在让刀具产生运动，相应的刀具运动产生的弯曲又被应变片采集进行反馈，从而构成闭环控制系统。图 7-1 右侧为德国达姆施塔特工业大学生产工程与机床研究所的智能主轴颤振控制实验台，其基本原理与桑迪亚国家实验室相同，最大的差异在于该案例的主动控制力由磁浮轴承(AMB)产生的电磁力提供。磁浮轴承工作时与转子为非接触状态，电磁力需要同时支撑转子和颤振控制，从而大大增加了系统的复杂度，因此这种方案在半主动控制中应用较多，例如通过增加系统的阻尼提高切削过程的稳定性。

本书的智能主轴设计综合前文所述的参考文献，其简图如图 7-2 所示。本书方案将压电作动器产生的控制力施加在刀柄结构上，而标准的 HSK 刀柄长度较短，因此通过延长刀柄结构的长度从而实现角接触球轴承的安装，控制力由四个垂直布置的压电作动器作用于轴承外圈传递给特殊定制的刀柄。在设计过程中考虑间隙、密封、预紧以及高转速下动平衡等问题，保证安装主动控制部件后仍可满足主轴最高转速的要求。为了实现颤振主动控制中振动信号的采集需求，在主

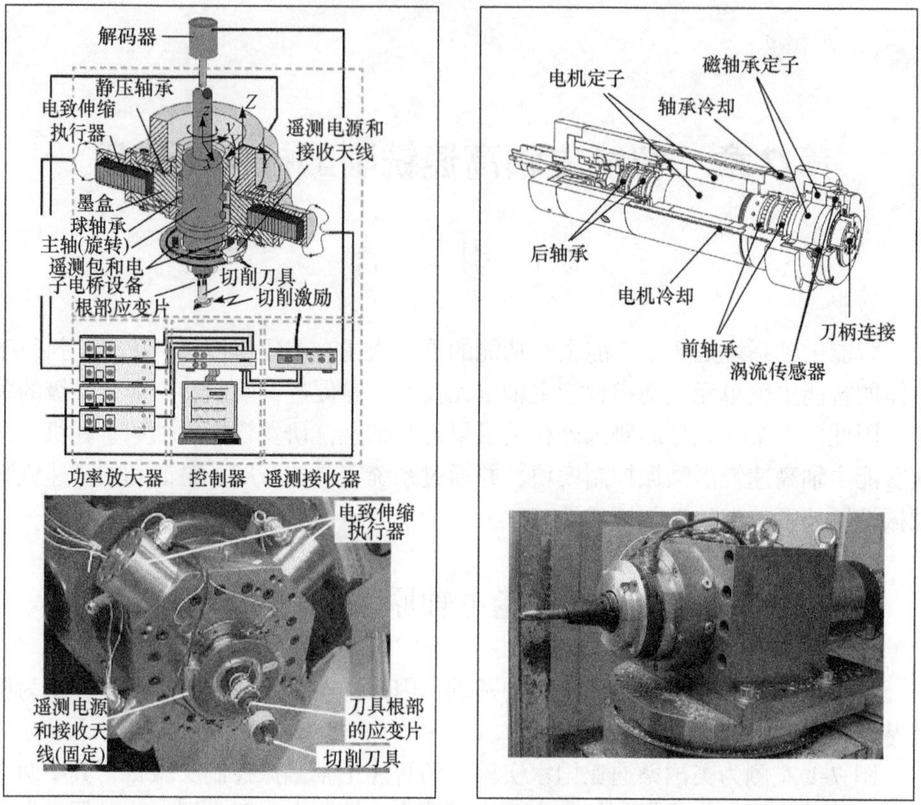

图 7-1　美国桑迪亚国家实验室和德国达姆施塔特工业大学智能主轴实验台

动控制部件的结构上设置加速度传感器和位移传感器的安装位置以及固定支架，保证主轴在工作过程中传感器安装牢固，位移传感器和加速度传感器在正交的 x 方向和 y 方向上各布置一个，实现两个方向的信号采集。

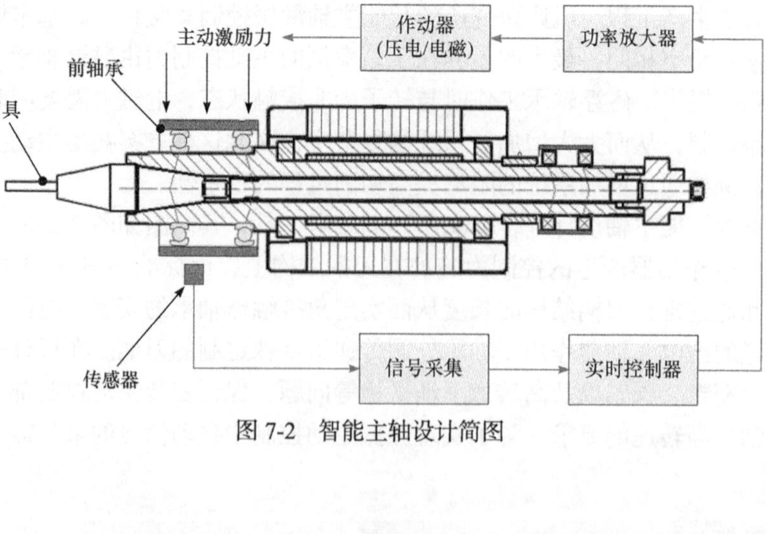

图 7-2　智能主轴设计简图

方案选取的电主轴型号为 Kessler DMS 080.34.FOS，其最高转速为 24000r/min，功率为 30kW，刀柄采用 HSK62A 型，润滑方式为油气润滑。特殊刀柄安装一组 7008 高精密陶瓷轴承，轴承型号为 IBC CBH 7008.C.T.2RSZ.P4A.UL，采用 DB 方式安装。本书设计的主动控制部件可以进行主轴的在位安装和拆卸，即在不拆卸主轴的情况下可以直接安装和拆卸主轴的主动控制部件，从而方便在一般切削试验和颤振主动控制切削试验之间直接切换，节省了大量的安装调试时间。经过相关优化设计后的智能主轴单元整体结构三维模型如图 7-3 所示，图中标出了其中的主要零部件及传感器分布。智能主轴实物见图 7-4。

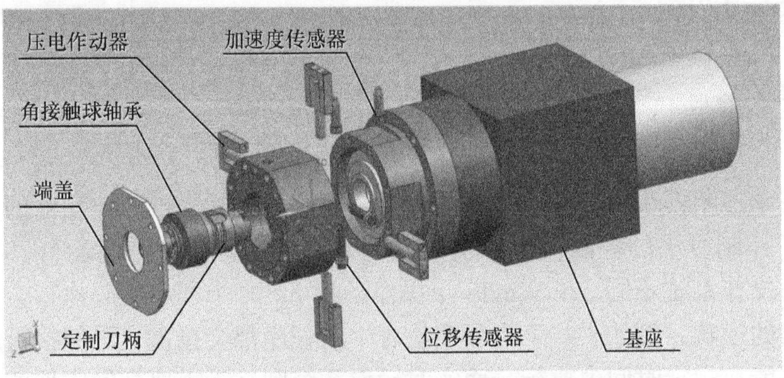

图 7-3　智能主轴单元整体结构三维模型

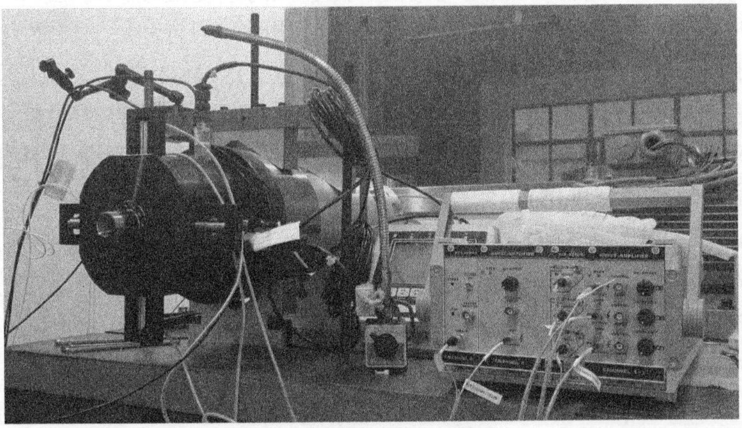

图 7-4　智能主轴实物图

7.3　智能主轴颤振实时抑制系统

7.3.1　颤振实时抑制硬件模块

智能主轴颤振主动控制模块是一个典型的闭环控制系统，铣削过程颤振主动控制框图如图 7-5 所示。位移信号 $\boldsymbol{X}(t)$ 和速度信号 $\dot{\boldsymbol{X}}(t)$ 经过控制器 $\boldsymbol{K}_c$ 实时计算和处理生成主动控制力 $\boldsymbol{F}_a(t)$，与动态切削力 $\boldsymbol{F}_D(t)=b\boldsymbol{H}(t)\left[\boldsymbol{X}(t-\tau)-\boldsymbol{X}(t)\right]$(见 2.2.1 节)和静态切削力 $\boldsymbol{F}_s(t)$ 三者同时施加在主轴系统上，经过控制力作用后的系统响应信号再次进入控制器，从而形成闭环控制流程。

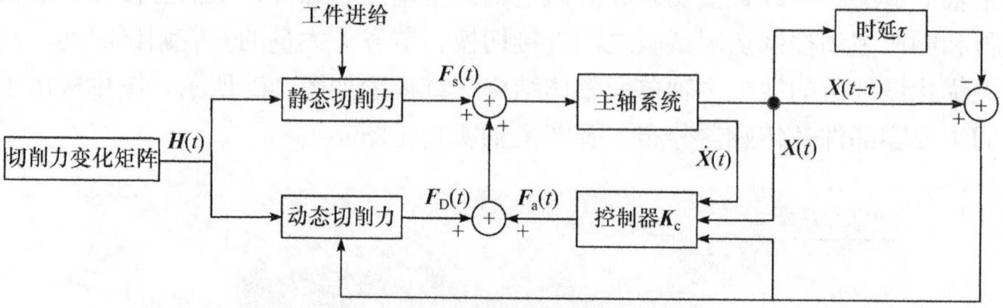

图 7-5 铣削过程颤振主动控制框图

在主动控制模块中，实时控制器是整个控制过程的大脑，控制器的实时性直接决定了控制算法的控制效果。实时控制器基于实时操作系统运行，与常见的 Windows 操作系统不同。在 Windows 操作系统下，一个程序代码执行会受到其他方面因素的影响，例如一些杀毒程序或者中断程序都会抢占代码的执行时间，造成程序不能在规定时间内执行；而实时操作系统则是为需要高确定性的任务设计的确定性的系统，它能够在确定时间内以足够快的速度处理，其处理的结果能在规定时间之内对控制处理系统做出快速响应，调度一切可利用的资源完成实时任务。常见的实时操作系统有 VxWorks、μClinux、μC/OS-II、QNX，以及德国 dSPACE 公司的控制仿真实时系统和美国国家仪器(NI)公司的 LabVIEW 实时控制器。本方案基于 NI-FPGA 实时控制系统，利用 R 系列多功能可重配置输入/输出(RIO)的现场可编程门阵列(FPGA)芯片进行数据采集处理，控制算法运行于 LabVIEW Real-Time 实时操作系统对采集的位移信号进行计算处理并输出控制信号。主动控制模块的最后一个环节需要通过作动器对结构施加控制力，如图 7-3 所示。本方案采用压电作动器对振动进行控制，控制系统信号流如图 7-6 所示，其中箭头表示信号流向。

控制系统硬件包括信号采集、信号处理和控制信号输出模块，对应的硬件包括传感器、控制器和作动器。本方案位移传感器采用的米铱 CS02 型电容式非接触位移传感器(capaNCDT)如图 7-7 所示，图中左侧为测量头，右侧为信号调理器。电容式位移传感器是基于理想平板电容原理设计研发的，被测物体与传感器各自作为一个平板电极。在工作过程中，给传感器一个持续稳定的交流电，交流电压的振幅变化与电容到被测物体之间的距离成正比。交流电经过解调，可以输出模拟量信号。CS02 型位移传感器线性量程为 0.2mm，静态分辨率为 0.15nm，动态

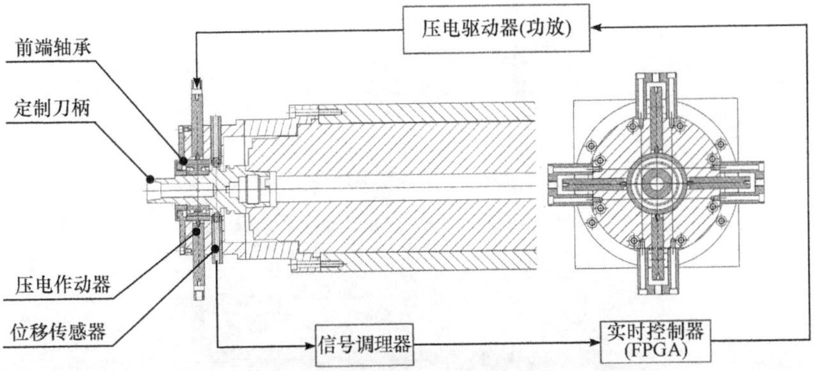

图 7-6　智能主轴颤振主动控制模块信号流图

分辨率为 4nm。探头通过夹具进行固定安装从而实现 x-y 两个方向位移信号的采集，经过调理器后的位移信号可以直接输入控制器进行处理。

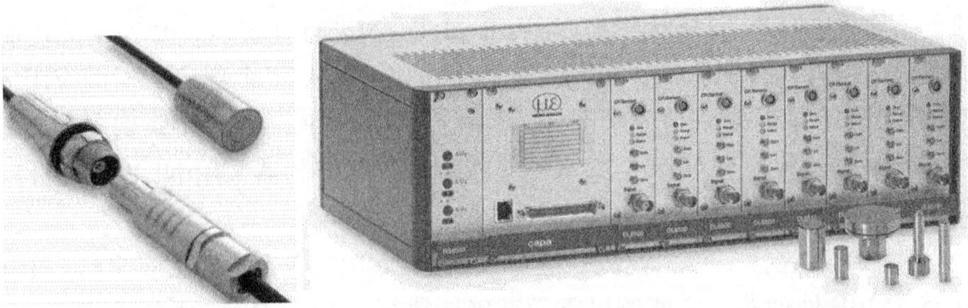

图 7-7　米铱 CS02 型电容式非接触位移传感器及信号调理器

本方案采用芯明天 PSt 150/10/80 VS15 型压电陶瓷作动器，压电作动器是基于逆压电效应并基于压电材料将电能转换为机械能的装置，在振动控制系统中得到广泛应用。该型号作动器最大/标称行程为 95μm/64μm，标称推力/拉力为 3500N/400N，长度为 82mm，驱动电压在 0～120V。压电陶瓷通常需要较高的驱动电压产生振动或位移，因此需要驱动器实现功率放大的功能，压电陶瓷作动器及其驱动模块如图 7-8 所示。

该型号作动器采用机械封装技术将压电陶瓷封装在机械结构内，提高压电陶瓷的可靠性、稳定性和可安装性，压电作动器前端为球头，与角接触球轴承点接触。为了便于调节作动器与角接触球轴承的预紧，同时避免非垂直力对压电陶瓷造成损伤，将其穿过套筒以保持当前作用力方向不变，作动器末端利用螺栓进行固定。最终定制刀柄、位移传感器和压电陶瓷作动器集成于一体构成颤振主动控制模块。

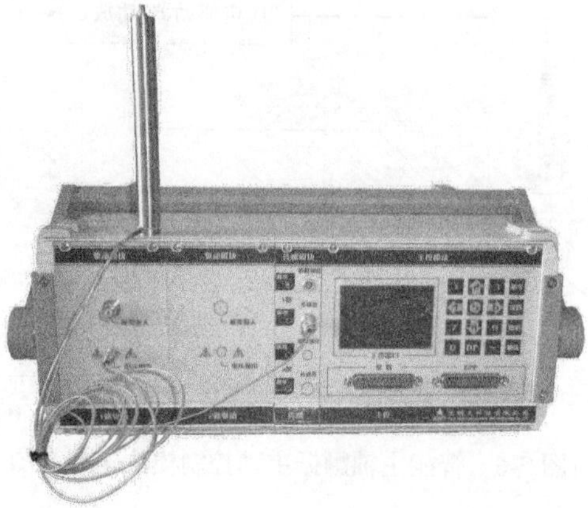

图 7-8　压电陶瓷作动器及驱动模块

主动控制系统对时效性和时间确定性要求很高，本系统基于 NI 公司硬件(R 系列多功能 RIO)和实时系统(LabVIEW Real-Time)进行开发。一套完整的控制系统硬件包括个人计算机(PC)、实时控制器(RT)和 FPGA 三个部分，根据应用的不同，应把任务合理分配到这三个部分。本系统采用 NI PXI-7853R 系列多功能 RIO 作为 FPGA 端，其配有 Virtex-5 LX85 FPGA；实时控制器采用 NI PXIe-8115 RT 并运行实时操作系统。

实时控制器包含一个工业级处理器，如 PXIe-8115 RT 包含 2.5GHz 双核 Intel Core i5-2510E 处理器，它能够可靠而准确地执行 LabVIEW 实时应用程序，并可提供多速率控制、进程执行跟踪、板载数据存储以及与外部设备通信等功能；配置有 2GB 双通道 1333MHz DDR3 随机存储器(RAM)、6 个高速 USB 端口、2 个 10/100/1000BASE-TX(千兆)以太网端口、ExpressCard/34 硬盘、通用接口总线(GPIB)、串口及其他 I/O 接口。实时控制器上运行的是实时操作系统，即 LabVIEW Real-Time，它不仅负责管理计算机的硬件资源，并整合计算机上运行的程序，还拥有非常精确的微秒级定时和极强的可靠性。在实时操作系统下，系统可以精确控制每一步操作所需的最大时间，从而确保运行过程中的确定性。内嵌 FPGA 的 R 系列多功能 RIO 是本书实时控制系统的核心单元。PXI-7853R 板卡中的 FPGA 的 I/O 接口通过数据电缆引出到接线盒中接出，在接线盒中利用刺刀螺母连接器(BNC)引出并连接相关仪器。R 系列 RIO 中 I/O 接口与 FPGA 直接相连而不通过总线，因此比其他工业控制器的响应延迟小。

FPGA 是一个可重配置的门阵列逻辑电路，它是在可编程阵列逻辑电路(PAL)、通用阵列逻辑电路(GAL)、复杂可编程逻辑器件(CPLD)等可编程器件的基础上进一步发展的产物，使用专用硬件进行逻辑处理，而不具有操作系统。

通常 FPGA 以硬件描述语言(如 Verilog 和 VHDL)进行电路设计，使其内部电路以一定方式相连接。但是 NI 公司的 FPGA 简化了其编程难度，使得开发人员无需学习硬件语言，可以直接利用 LabVIEW FPGA 模块对其进行编程开发而无需拥有底层硬件描述语言或板卡设计的经验。FPGA 的优势在于它以并行运算为主，当增加额外的处理过程时，在系统资源足够的情况下，其中局部的性能也不受影响。如果存在多个控制循环，甚至可以按照不同的速度在单个 FPGA 设备上运行。

本系统的PXI-7853R系列多功能RIO基于Xilinx公司Virtex-5 LX85型FPGA，具有 8 路模拟输入，750kHz 独立采样频率，16 位分辨率；8 路模拟输出，1MHz 独立更新频率，16 位分辨率，3 路直接存储器访问(DMA)通道，用于高速硬盘数据读写；每个通道均配有专用的模数转换器(ADC)，可实现独立定时、触发，可配置为频率高达 40MHz 的输入、输出、计时器或自定义逻辑，保证实时 FPGA 内部循环周期至少为 25ns，实现纳秒级别循环定时。系统的 I/O 接口通过数据线连接 SCB-68A 接线盒直接接出，实现信号的采集和输出。整套系统基于 PXI 平台，多功能 RIO、实时控制器集成于 NI PXIe-1071 机箱中，如图 7-9 所示。

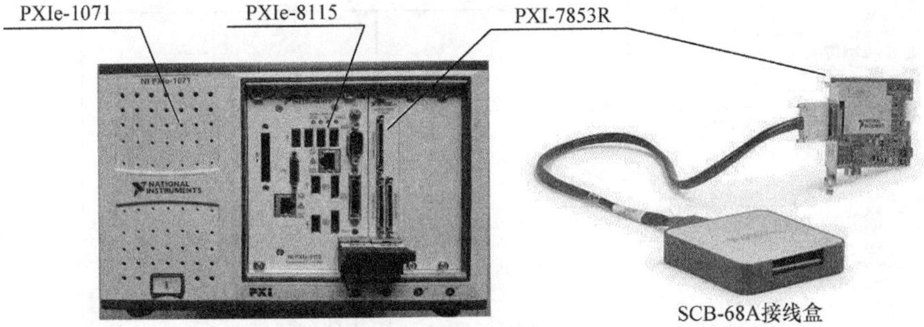

图 7-9　实时主动控制系统

7.3.2　颤振实时抑制软件模块

基于 NI 的多功能 RIO 的开发需要借助 PC 完成，通过网线将多功能 RIO 连接到 PC(安装 Windows 系统的笔记本电脑)，在 Windows 环境下进行开发。PC 上安装 LabVIEW 开发平台、LabVIEW Real-Time 模块以及 LabVIEW FPGA 模块。该模块拓展了 LabVIEW 的图形化开发平台，将 FPGA 作为 RIO 硬件目标。需要注意的是，LabVIEW FPGA VI 不支持浮点数运算，只支持整数和定点数数据类型。定点数通过规定数值数据的小数点在某一个固定位置来表达数，与浮点数相比，定点数的运算效率更高，速度更快。多功能 RIO 的开发涉及三个不同位置的虚拟仪器(VI)：运行在主机上的 Host VI、运行在实时处理器上的 RT VI 和运行在 FPGA

上的 FPGA VI。根据实际使用的需求，三个部分的 VI 各自负责处理不同的任务。PC 端资源灵活、调试方便，但是实时性较差，通常用于测量显示、数据存储、波形分析、频谱分析等；实时控制器端的实时性介于 PC 和 FPGA，资源丰富，可以进行复杂的控制逻辑运算；FPGA 端实时性最强，但是资源有限、调试困难，编译过程需要消耗大量时间，因此通常用于模拟或数字 I/O，以及信号处理(滤波、快速傅里叶变换、调制、解调)等。整个实时主动控制系统的软件系统架构与硬件架构映射如图 7-10 所示。

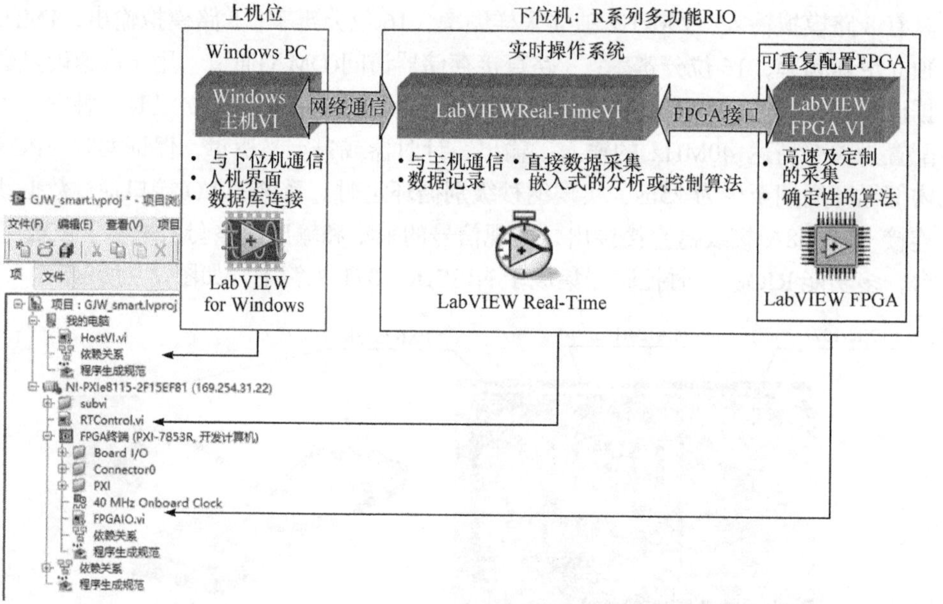

图 7-10　实时主动控制系统硬件与软件架构映射

在进行主动控制系统软件开发过程中，涉及 FPGA、实时系统和 PC 三者之间数据的通信以及其内部各线程之间的通信。PC 线程之间通信主要靠全局变量和局部变量；实时操作系统中的线程通信方式有多种，其中最常用的是全局变量、LV2 全局变量和队列三种方法。其中全局变量每次读取的时候都要复制一个副本，非同地址操作；LV2 全局变量在多个线程读取的时候强制阻塞其他线程，而保证只有一个线程在读写该全局变量。使用大小为 1 的队列时，在一个线程中弹出数据的时候其他线程将得不到数据而处于阻塞状态。FPGA 非常适合多线 5 程，但必须使用 FPGA 独特的数据交换技术：使用移位寄存器在单线程的两次循环之间传递数据，或者使用先进先出(FIFO)存储器在多线程之间传递数据。

PC 和实时操作系统(RT)之间的通信主要通过网络实现，物理上两者用网线连接，包括有四类方法：①使用共享变量实现快速通信，共享变量底层实现的细节即用户允许其他用户使用一个单一的程序框图节点在两个 LabVIEW 应用中进行通信；②使用 TCP 协议通信，TCP 是很多互联网协议 HTTP 和 FTP 的基础，是最常用的网络协议，它的优势在于可以提供良好工作性能和可靠性，具有不丢失数据的优势；③使用 DataSocket 数据传输协议，它是 LabVIEW 共享变量的先驱，发布和使用方式与共享变量相似，缺点在于不能处理大量的数据集；④使用 UDP 网络协议，与 TCP 协议不同，UDP 可能会丢失数据，例如，在网络过于拥挤或者接收方未成功响应的情况下将导致数据丢失，但是它比 TCP 使用了更少的冗余数据，因此某些情况下可以提供更快的响应速度。实时操作系统和 FPGA 之间的数据交换方式主要有四种：读写控件、中断、DMA FIFO 和握手。DMA FIFO 可以将实时控制器上的数据传输到 RT 端的内存中，使得 RT 端的 RAM 被 FPGA 当作自身的 RAM 使用。

实时主动控制系统各部分功能逻辑及数据通信流程如图 7-11 所示。基于以上 FPGA 硬件和软件开发基础的研究，本书利用 LabVIEW 开发了智能主轴颤振主动控制软件模块，在软件中编写离散时延颤振主动控制算法进行嵌入，实现了控制信号和振动信号的观测和采集，其控制面板如图 7-12 所示。

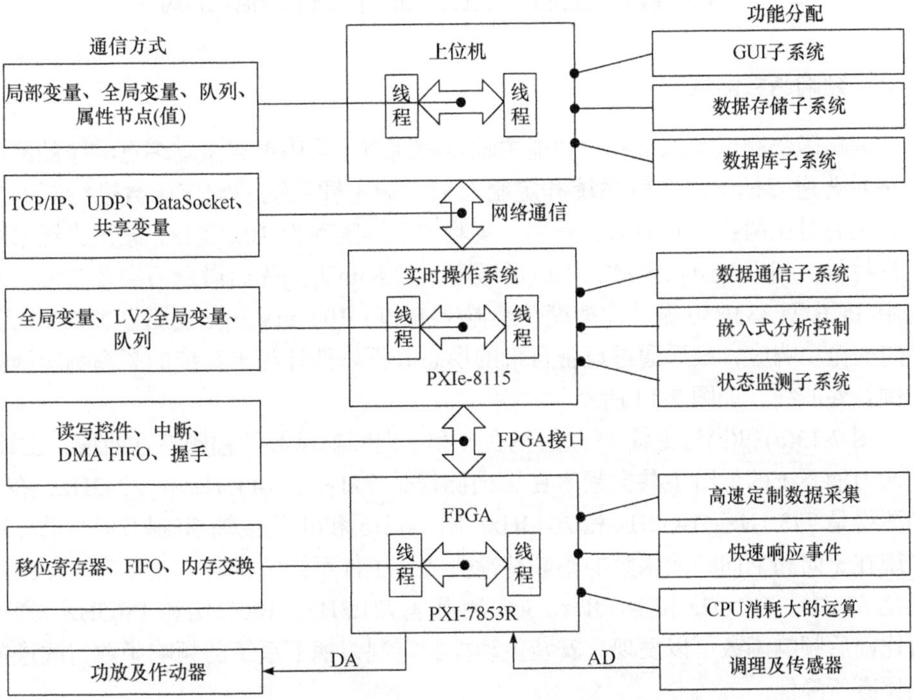

图 7-11　实时主动控制系统功能逻辑与数据通信流程图

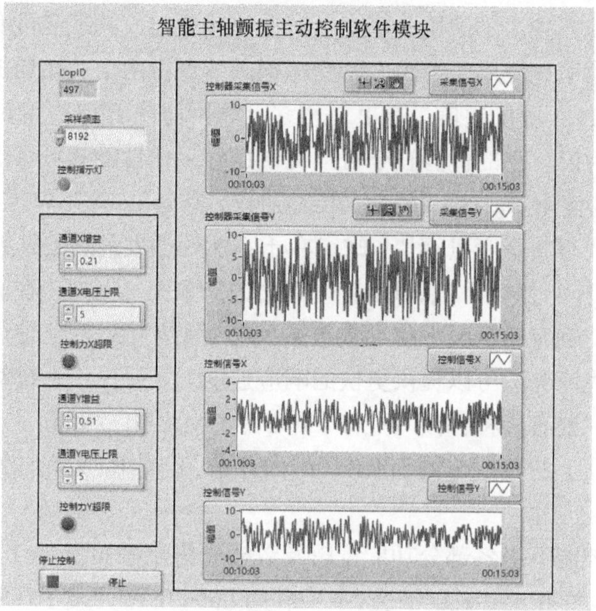

图 7-12　智能主轴颤振主动控制软件模块面板

7.4　智能主轴颤振控制平台性能测试

7.4.1　频响函数测试

频响函数测试实验是针对智能主轴-刀柄系统，采用单点激励多点响应的测试方法对普通刀柄下的主轴系统和定制刀柄下的主轴系统的响应函数进行频响分析，然后对比两者之间的固有频率，实验中采样频率为 10240Hz。激振力锤采用钢头材料，利用 Kistler 9722 力锤(灵敏度：12.85mV/N)先后激励刀尖及工件，并利用 PCB 型 333B50 振动加速度传感器(灵敏度：1000mV/g)分别测量主轴 x 向和 y 向的振动响应，最后通过设备自带的模态分析软件计算出系统的频率响应函数幅频特性曲线，如图 7-13 所示。

图 7-13(a)和(b)为主轴-普通刀柄在 x 和 y 向频响函数的幅频特性曲线，主轴-普通刀柄系统的低阶主共振频率在 x 向测得是 771Hz、1435Hz 和 2043Hz，在 y 向测得是 773.1Hz、1430Hz 和 2043Hz。图 7-13(c)和(d)是主轴-定制刀柄主动控制系统在 x 向和 y 向频响函数的幅频特性曲线。工件系统的低阶主共振频率 x 向测得是 685Hz、1010Hz 和 1833Hz，y 向测得是 721.3Hz、1005Hz 和 1865Hz。通过对比前后频响函数可以发现，安装主动控制定制刀柄下系统的频响函数与改进前相比有所降低。

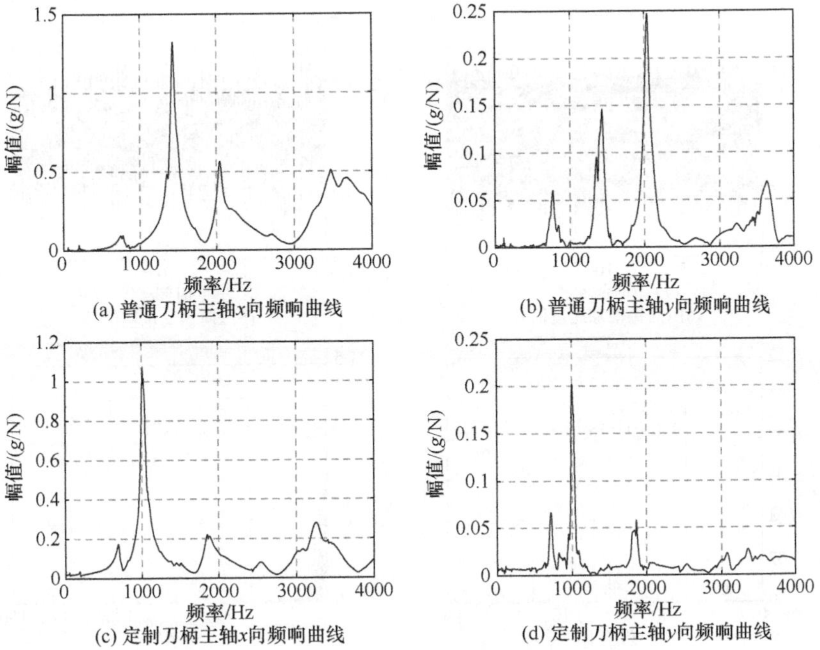

(a) 普通刀柄主轴x向频响曲线　(b) 普通刀柄主轴y向频响曲线

(c) 定制刀柄主轴x向频响曲线　(d) 定制刀柄主轴y向频响曲线

图 7-13　主轴-刀柄系统频响函数测试

7.4.2　振动响应测试

在安装主动控制定制刀柄并进行动平衡后，主轴的振动响应水平需要控制在合理范围内以保证加工精度。振动响应测试采集转速 22000r/min 空载运行下其中 x 向的振动加速度信号和位移信号，并进行频谱分析，采样频率为 20480Hz。该主轴的最高转速为 24000r/min，在较高的转速下进行测试可以反映主轴的极限性能。

分析结果图 7-14 所示，此时转频约为 365.2Hz，振动加速度信号在 0.5g 以内，振动位移信号在 2nm 以内，表明安装主动控制定制刀柄后的主轴测试效果良好。根据旋转机械振动标准 ISO2372，主轴功率为 30kW，属于二类机械，转速在 22000r/min 的振动水平属于“好”的标准。

7.4.3　谐波激励测试

智能主轴单元的主动控制力由压电作动器进行施加，在进行颤振控制之前先开展谐波激励实验分析作动性能。实验利用压电作动器在 x 向对主轴施加 30Hz 正弦振动信号进行激励。压电作动器驱动器设置的两个方向电压偏移量为 2.5V，简谐波幅值为 1V，采样频率为 20480Hz。分析结果如图 7-15 所示，其中位移信号频谱中可以明显观察到 30Hz 的谐波信号分量，表明作动器的作动效果良好。

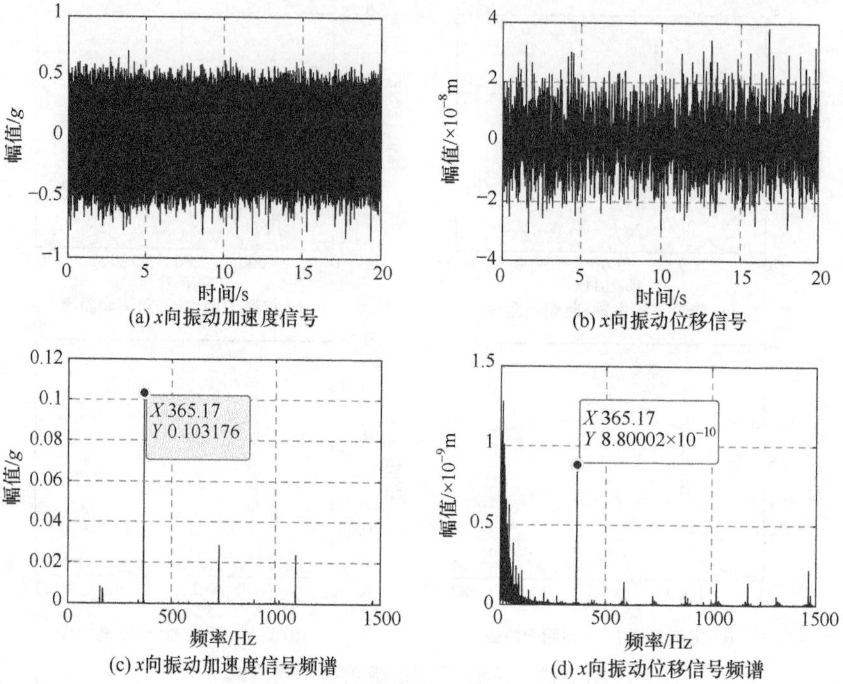

图 7-14　主轴振动响应测试结果

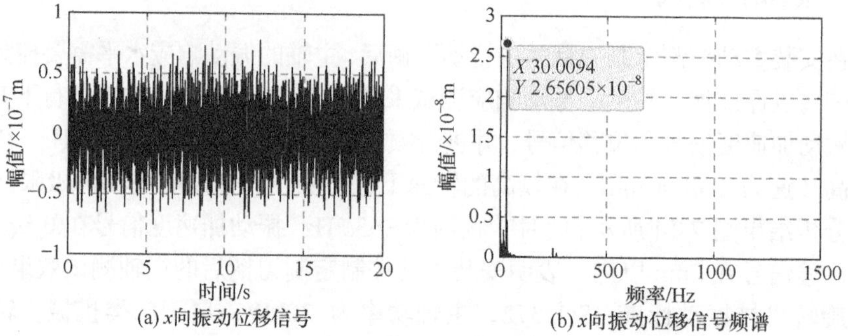

图 7-15　谐波激励实验结果

7.5　智能主轴高速铣削颤振变参数抑制

7.5.1　时变刚度激励高速铣削颤振抑制实验验证

1. 单频变刚度铣削验证

采用前面实验测到的模态参数和铣削力系数，可以得到在该切削条件下的铣削稳定性叶瓣图。采用正弦波-正弦波，幅值比组合为 0.1-0.1，频率组合为

60Hz-40Hz。刀具直径为 10mm，径向切削深度为 0.4mm，得到的叶瓣图如图 7-16 所示。从整体来看，变刚度作用下的稳定性极限明显高于原始的稳定性极限。选择图中点 A(5000r/min，10mm)作为后续切削实验的参数。

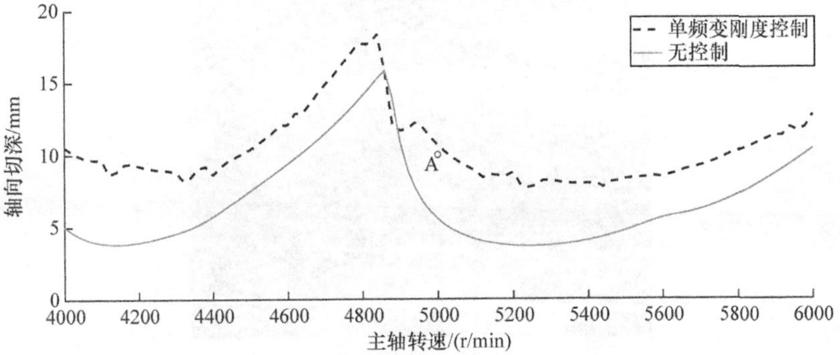

图 7-16　基于实测参数的铣削稳定性叶瓣图

铣削系统预紧力的变化会引起系统刚度发生变化。如图 7-17 所示，来自压电堆的预紧力可通过滚动轴承和连接环施加到特制的刀柄上，因而可以直接作用于铣削系统并改变系统刚度。在该实验中，采用两个压电堆(Pst 80 VS15)来对铣削系统施加预紧力(见图 7-18)，并采用 Kistler 测力计测量铣削力。x 和 y 方向的刚度变化控制信号由泰克信号发生器(Tektronix AFG3022C)产生，切削参数如图 7-16 中的 A 点所示。在实验过程中进行两次切削，分别对应有和没有施加单频变刚度控制。进给量为 0.05mm/齿，径向切削深度为 0.4mm，逆铣。

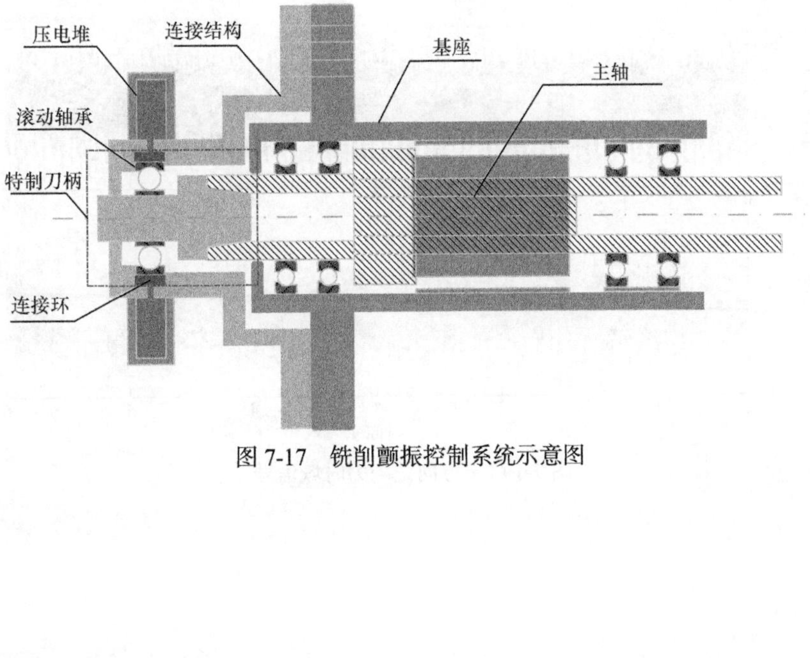

图 7-17　铣削颤振控制系统示意图

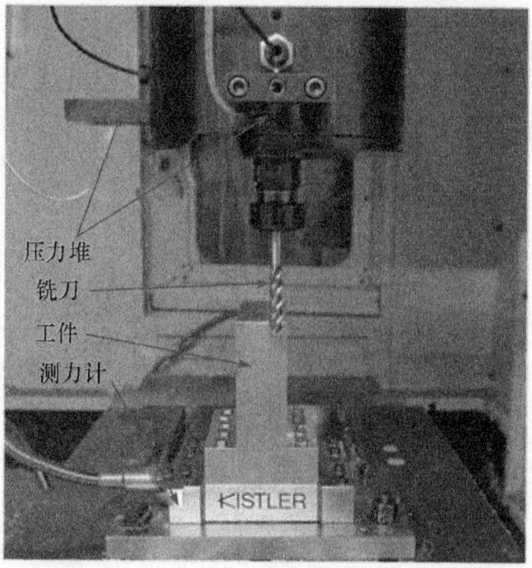

图 7-18　单频变刚度切削实验设备

对所采集的 x 方向的铣削力信号进行分析，其时域波形如图 7-19 所示，有无刚度变化控制的铣削力均方根分别为 25.0206N 和 85.1848N，这意味着单频变刚度方法使切削力减小 76%左右。从频域上看(见图 7-20)，没有变刚度控制的切削力存在明显的颤振频率(1420Hz)，切削过程处于颤振状态；而变刚度控制的切削力信号，其频率成分仅有转频及其倍频，并不存在颤振频率，切削过程是稳定的。除铣削力指标之外，还可以通过观察工件表面质量来判断是否发生颤振。图 7-21 显示，单频刚度变化控制下的工件表面质量远好于无刚度变化时的工件表面质量。

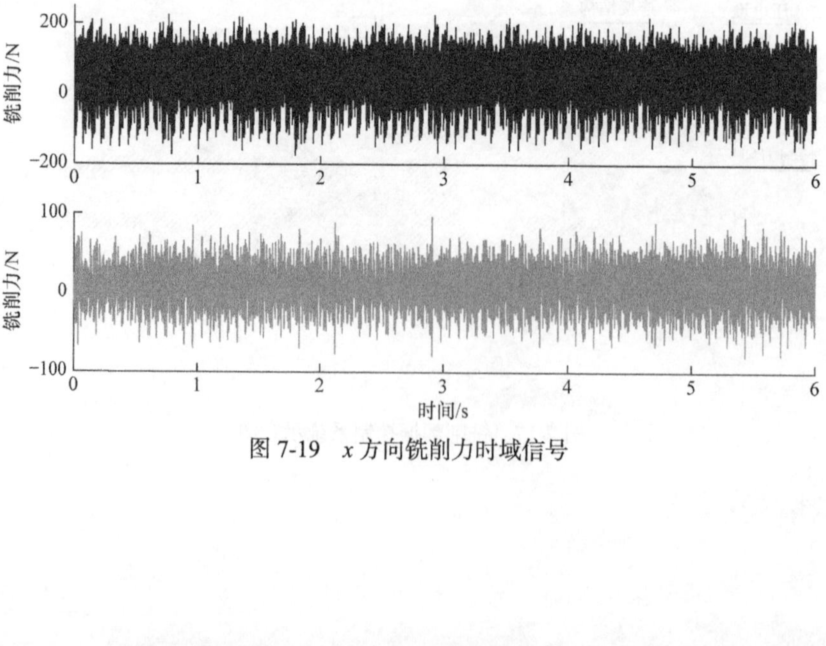

图 7-19　x 方向铣削力时域信号

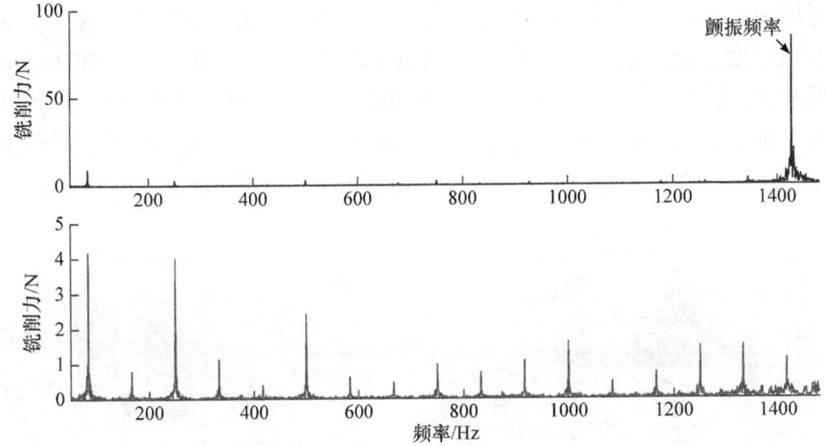

图 7-20　x 方向铣削力频域信号

(a) 无控制，颤振　(b) 有控制，稳定

图 7-21　铣削工件表面质量

在本实验中，采用控制电压信号的方式去改变预紧力，进而改变铣削系统刚度，因此不同的电压幅值可以用来表征幅值比。带有不同压电堆预紧的模态实验发现，铣削系统模态刚度会随着控制信号电压发生变化(见图 7-22)。因此，当控制电压按照某种规律变化时，铣削系统刚度也会随之发生类似的变化，从而实现

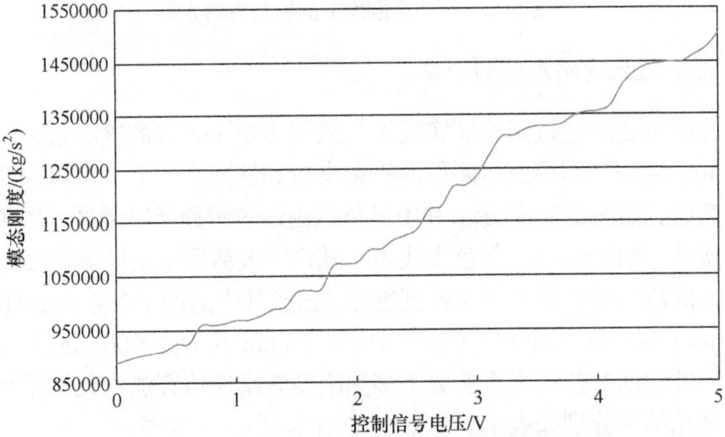

图 7-22　不同控制信号电压下的铣削系统模态刚度

刚度变化的需求。为了验证不同类型刚度变化对稳定性叶瓣图影响规律，需进行各种不同刚度变化下的切削实验：不同电压幅值(正弦波-正弦波，50Hz-50Hz)，不同频率(正弦波-正弦波，5V-5V)，不同波形(50Hz-50Hz，5V-5V)，其他切削参数与前一小节相同。实验测得的铣削力均方根如图 7-23 所示，结果显示前面预测的不同类型刚度变化对稳定性叶瓣图影响规律与实验是一致的。

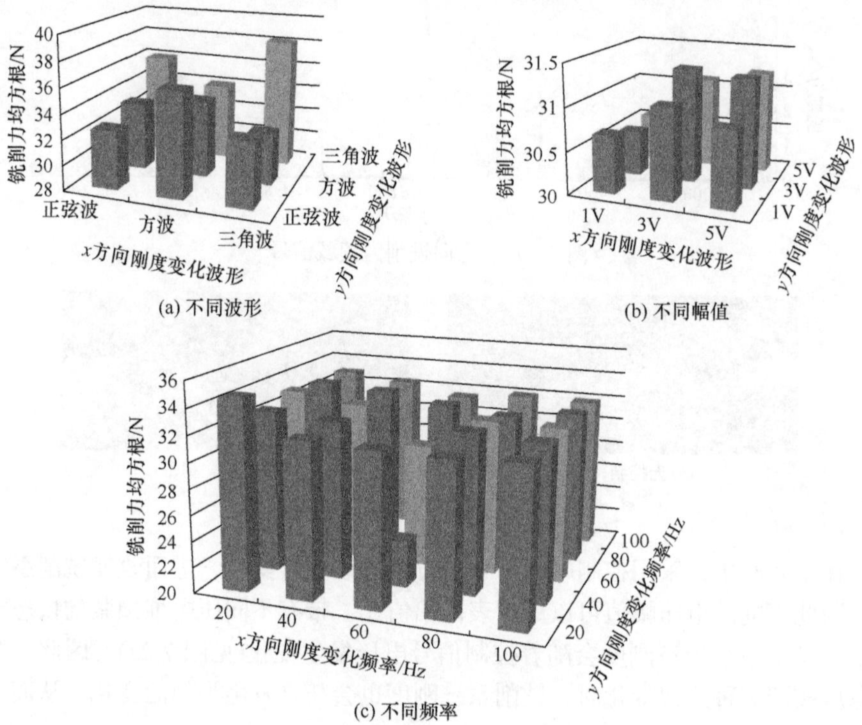

(a) 不同波形　　(b) 不同幅值

(c) 不同频率

图 7-23　不同变刚度下的铣削力均方根

2. 多频和随机变刚度铣削验证

多频和随机变刚度铣削验证实验中，采用 0.05mm/齿的进给量，径向切削深度为 0.4mm，逆铣。利用前面测得的模态参数和铣削力系数，可以得到优化后的稳定性叶瓣图，如图 7-24 所示。其中黑色点画线表示原始叶瓣图，黑色虚线表示多频刚度激励下的叶瓣图，灰色实线表示随机刚度激励下的叶瓣图。结果显示，所提两种方法均可以有效地抑制铣削颤振。选择其中的四个参数点：A(6350r/min, 18mm)、B(5000r/min, 10mm)、C(5500r/min, 10mm)和 D(7000r/min, 10mm)作为后续实验验证的切削参数。真实参数下多频刚度激励遗传算法优化结果和随机刚度激励波形优化结果分别如表 7-1 和图 7-25 所示。

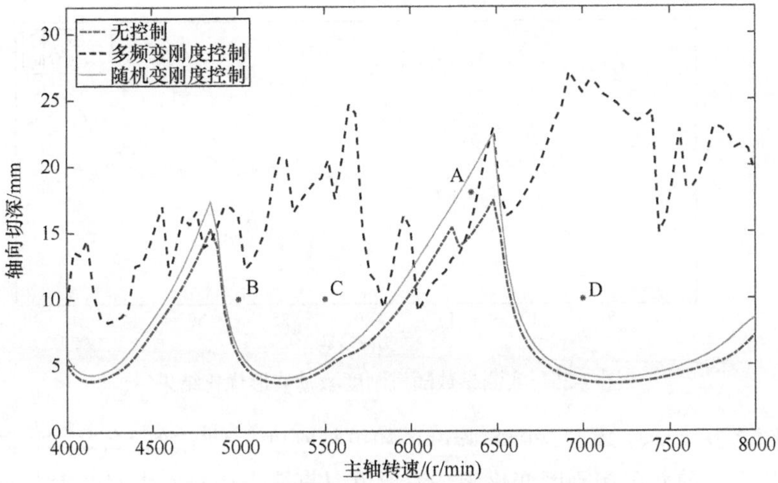

图 7-24　实测参数优化前后的稳定性叶瓣图

表 7-1　实测参数多频刚度激励优化结果

参数	值
截断系数 γ_n	3
幅值 p_{x1}	0.35714
幅值 p_{x2}	0.1
幅值 p_{x3}	0.22857
幅值 p_{y1}	0.48571
幅值 p_{y2}	0.1
幅值 p_{y3}	0.22857
相位 φ_{x1}	6.2832rad
相位 φ_{x2}	6.2832rad
相位 φ_{x3}	1.7952rad
相位 φ_{y1}	3.5904rad
相位 φ_{y2}	0rad
相位 φ_{y3}	0.8976rad
基频 ω_x	77.1429Hz
基频 ω_y	6.8571Hz

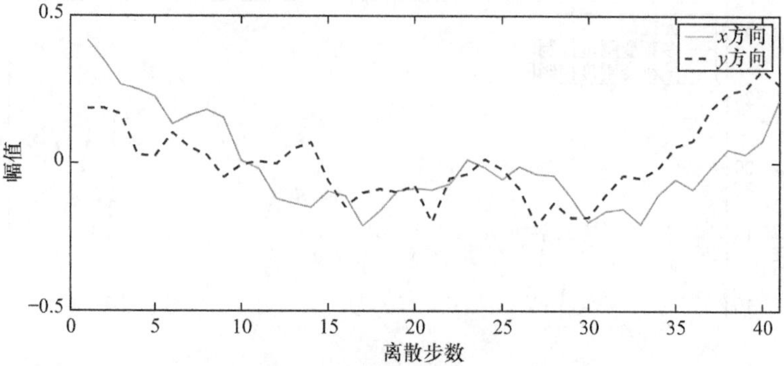

图 7-25　实测参数随机刚度激励波形优化结果

如图 7-26 所示，本节铣削实验设备和单频刚度激励实验设备基本相同，有一些区别如下：前面单频刚度变化函数波形可以直接由信号发生器产生，而本节中多频波形和随机波形函数则需要利用 MATLAB 事先生成，然后通过信号发生器控制软件(ArbExpress)导入到信号发生器进行输出。

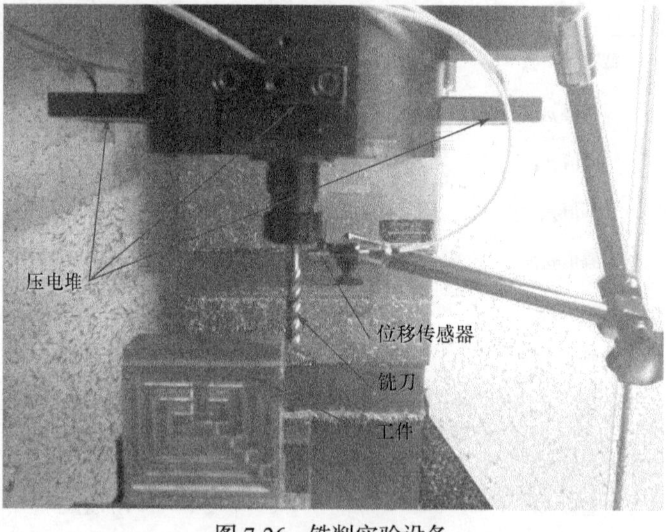

图 7-26　铣削实验设备

利用雄狮位移传感器(型号 CPL290，灵敏度 0.4V/μm)和 LMS SCADASIII data 数据采集系统采集 x 方向的铣刀振动位移信号来进行颤振检测，采样频率设为 10240Hz，实验参数点如图 7-24 中 A、B、C、D 四个点所示。被测位移信号的均方根值(见表 7-2)显示，对于点 A，随机刚度激励可以有效地抑制铣削颤振；对于点 B、C、D，多谐波刚度激励下的均方根值明显小于其他的两种切削条件，即多谐波刚度激励具有更好的铣削颤振抑制效果。实验分析结果与图 7-24 的预测是一致的，验证了该控制方法的有效性。为了清楚地显示铣削颤振抑制效果，图 7-27

和图 7-28 分别展示了点 D 和点 A 条件下的铣削频域位移信号。结果显示，刚度激励下的振动幅值明显低于无控制下的幅值；点 D 和点 A 的转速分别为 7000r/min 和 6350r/min，这意味着转频分别是约 116.667Hz 和 105.833Hz。从这两图中可以看出，有无控制下转频及其倍频均有出现。除转频和倍频外，颤振频率出现在无控制切削的振动信号中，图中以“*”号表示颤振频率。图中显示颤振频率只出现在无控制的铣削过程中，这意味着本章所提方法可以有效地抑制铣削颤振。除此之外，点 D 切削条件下的工件表面(见图 7-29)显示，控制条件下的工件表面具有更小的粗糙度和更好的切削质量，这也印证了刚度激励对颤振抑制的有效性。

表 7-2　铣刀位移信号均方根值

切削参数	无控制	多频刚度激励	随机刚度激励
A	0.42596mm	0.40376mm	0.3504mm
B	0.32974mm	0.27052mm	0.32418mm
C	0.35034mm	0.24208mm	0.30542mm
D	0.39436mm	0.34586mm	0.39418mm

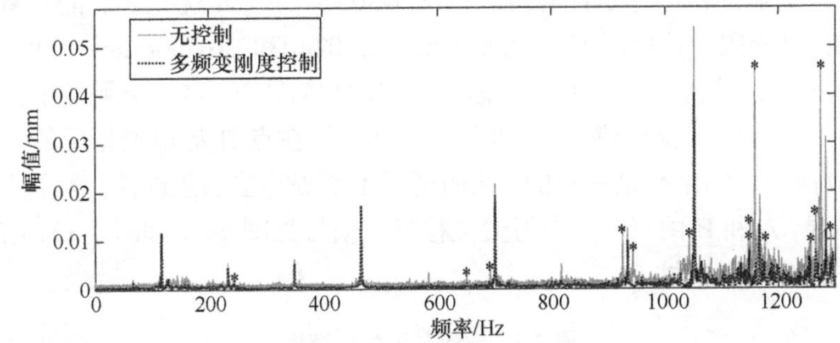

图 7-27　切削点 D 位移信号频域图

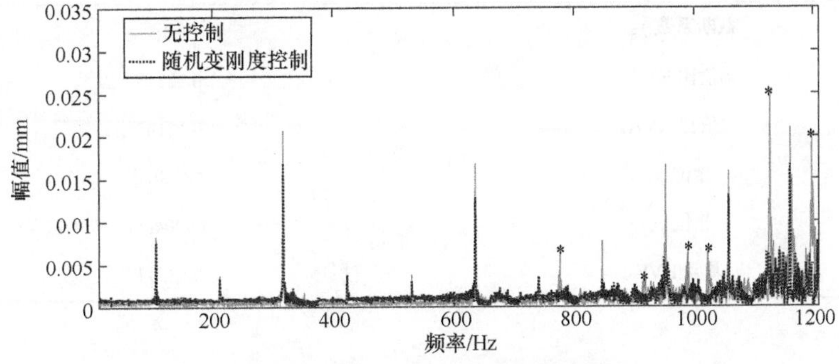

图 7-28　切削点 A 位移信号频域图

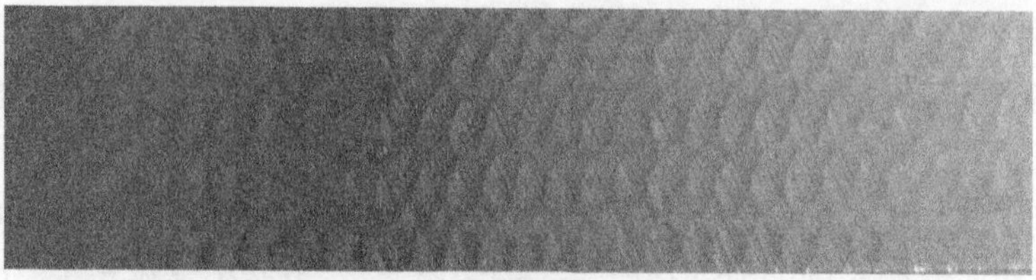
(a) 无控制

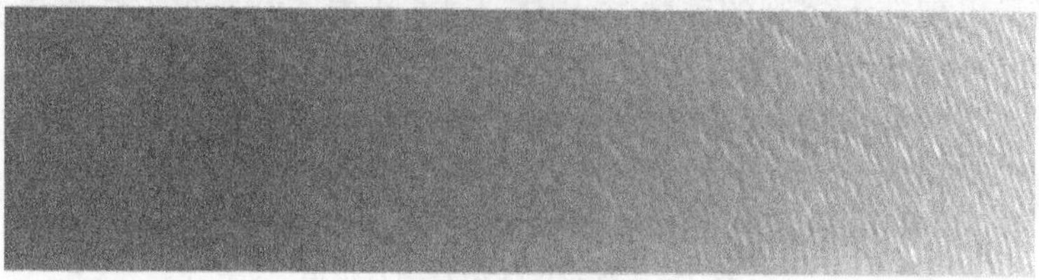
(b) 多频变刚度控制

图 7-29　切削点 D 的工件表面质量

7.5.2　多频变转速高速铣削颤振抑制数值验证

本小节对铣削过程铣削力和刀尖位移进行数值仿真进行验证。仿真参数与 7.5.1 小节相同，转速区间范围为[4000r/min,8000r/min]。优化结果见表 7-3，有无多频变转速控制的铣削稳定性叶瓣图见图 7-30，结果显示优化之后的叶瓣图具有更高的稳定性极限。选择图中 A(4900r/min，0.002m)和 B(6700r/min，0.003m)两点进行数值仿真，其铣削力和刀尖位移均方根(RMS)见表 7-4。结果显示，多频变转速在点 A 可以有效减小铣削力和刀尖位移，而在点 B 却得到相反的结果，这与图 7-30 所预测的结果是一致的，从而证明了所提算法的正确性。为了直观地显示仿真结果，A 和 B 两点 x 方向刀尖位移频域信号见图 7-31 和图 7-32，结果也验证了所提方法的正确性。

表 7-3　遗传算法优化结果

参数	值
截断系数 γ_n	2
幅值比 RVA_1	0.12143
幅值比 RVA_2	0.12143
相位 φ_1	4.488rad
相位 φ_2	3.5904rad
基频 RVF	0.43571

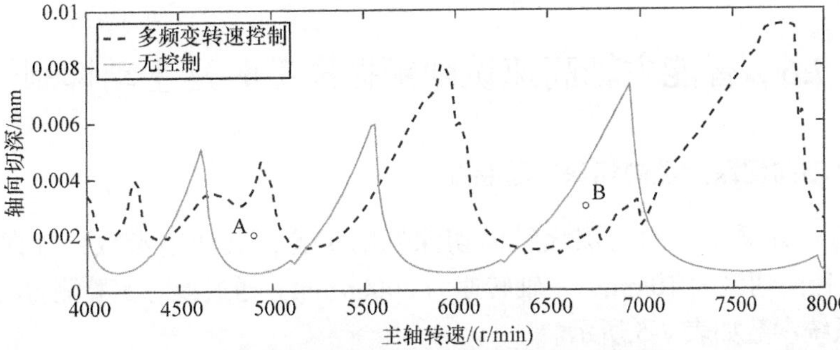

图 7-30　优化前后的铣削稳定性叶瓣图

表 7-4　铣削力和刀尖位移数值仿真 RMS

切削条件	A(4900r/min，0.002m) 有/无多频变转速	B(6700r/min，0.003m) 有/无多频变转速
x 方向铣削力/N	19.4363/17.1719	19.4995/31.6460
y 方向铣削力/N	17.4315/16.0335	19.2439/26.8656
x 方向刀尖位移/m	$1.1481\times10^{-4}/5.8353\times10^{-5}$	$4.4140\times10^{-5}/1.2227\times10^{-4}$
y 方向刀尖位移/m	$9.3235\times10^{-5}/5.0047\times10^{-5}$	$5.0565\times10^{-5}/9.5028\times10^{-5}$

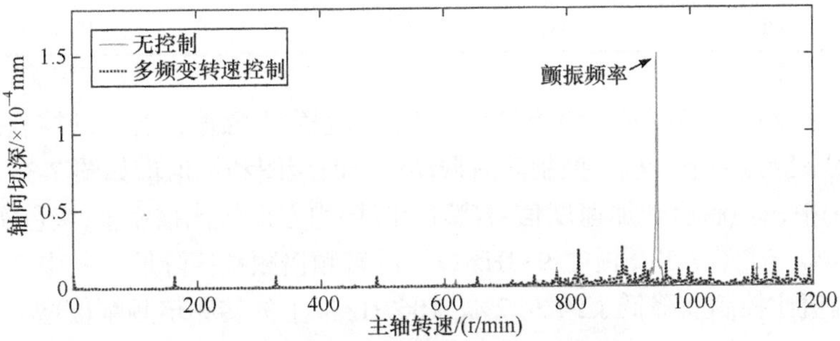

图 7-31　点 A x 方向刀尖位移频域图

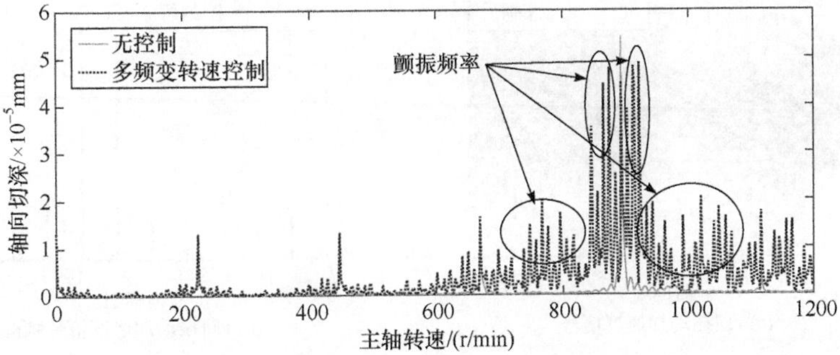

图 7-32　点 B x 方向刀尖位移频域图

7.6　智能主轴高速铣削颤振离散时延主动抑制

7.6.1　小轴向切深大径向切深实验验证

实验一开展小轴向切深大径向切深铣削实验，其切削参数：轴向切深为0.5mm，径向切深为10mm，主轴转速为8000r/min。通过模态实验测得机床切削过程的系统参数如表7-5所示。

表 7-5　切削过程系统参数

符号	物理量	数值
N_T	刀齿数目	3
m_t	模态质量	0.06585kg
ζ	阻尼比	0.05115
ω_n	固有频率	$2\pi\times689$rad/s
ξ_t	切向切削力系数	8.45×10^8N/m^2
ξ_n	法向切削力系数	4.84×10^8N/m^2
D_T	刀具直径	10mm

在无主动控制作用时，该组参数下铣削过程发生颤振；有主动控制作用时，该组参数下颤振明显减弱，控制前后振动信号时域图和幅值谱如图7-33所示。在图7-33(a)中，控制后的加速度信号(黑色虚线)均方根值比控制前(灰色实线)降低了约39.4%；在图7-33(b)中，933Hz以下的转频倍频幅值降低，其中933.3Hz处的谱线幅值比控制前降低了约34.2%，1067Hz以上的转频倍频幅值增大。由于颤

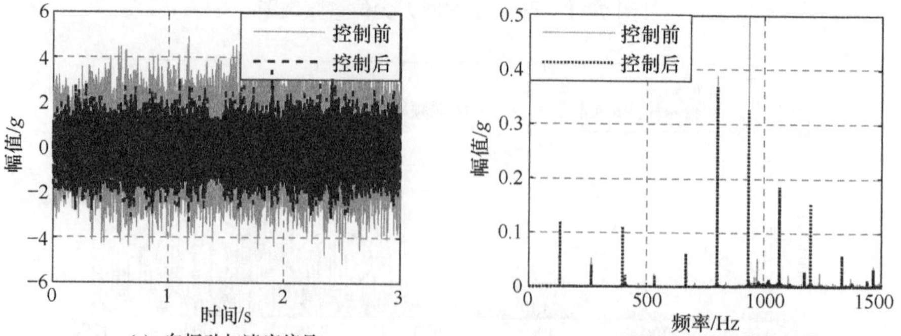

(a) y向振动加速度信号　(b) y向振动加速度信号频谱

图 7-33　实验一主动控制前后振动信号

振频率接近主轴系统低阶固有频率，此时 971.6Hz 为颤振频率，控制后颤振频率幅值比控制前降低了约 78.6%。在当前控制器作用下，铣削过程整体振动得到抑制，颤振频率虽然仍存在，但幅值大大降低，颤振效果减弱。主动控制前后开环稳定性叶瓣图(OLSLD)和闭环稳定性叶瓣图(CLSLD)如图 7-34 所示。

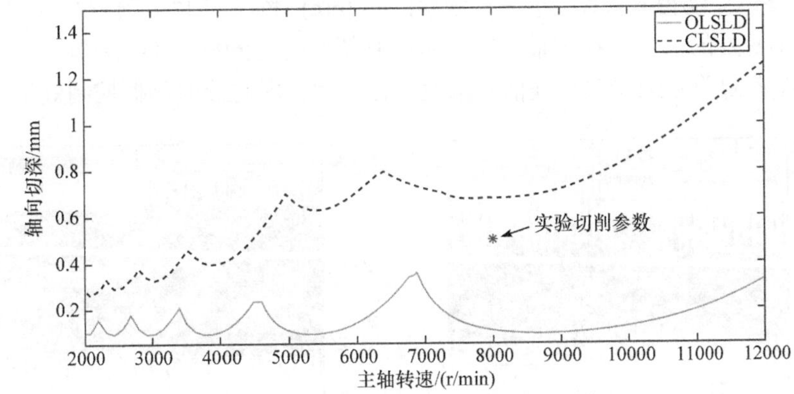

图 7-34　实验一主动控制前后稳定性叶瓣图

实验一的切削参数(转速 8000r/min，轴向切深 0.5mm)在图中用星号表示。主动控制前该参数位于近灰色实线(OLSLD)上方，处于颤振切削状态；主动控制后该参数位于近黑色虚线(CLSLD)下方，因此在主动控制作用下当前参数的切削状态稳定。主动控制前后的工件表面如图 7-35，可以发现在主动控制作用下工件的表面振纹减轻，加工精度得到有效提高。

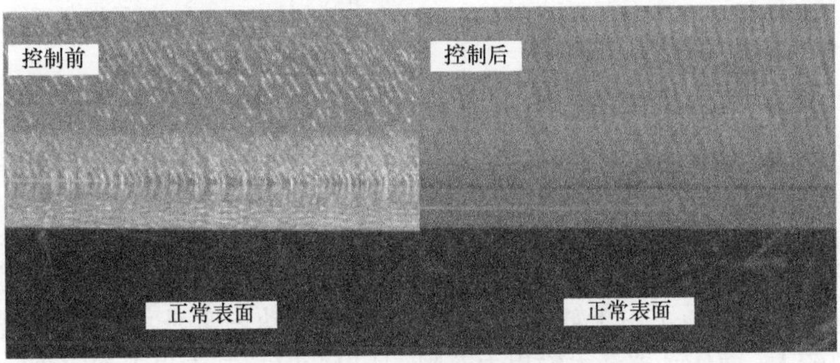

图 7-35　实验一主动控制前后工件表面

7.6.2　大轴向切深小径向切深实验验证

实验二开展大轴向切深小径向切深铣削实验，其切削参数：轴向切深为 10mm，径向切深为 0.6mm，主轴转速为 8000r/min，其他系统参数与实验一相同。在无主动控制作用时，该组参数下铣削过程发生颤振；有主动控制作用时，该组参数下颤振有所减弱，控制前后振动信号时域图和幅值频谱如图 7-36 所示。在图 7-36(a)中，控制后的加速度信号(黑色虚线)均方根值比控制前(灰色实线)降低了约 8.7%；在图 7-36(c)中，各主导频率幅值都有所降低，其中转频倍频 800Hz 处的谱线幅值比控制前降低了约 43.9%，1200Hz 处的谱线幅值比控制前降低了约 81.5%，整体振动得到抑制。进一步观察图 7-36(c)，除去转频倍频 800Hz、1067Hz 和 1200Hz 处的信号，在主轴系统低阶固有频率附近(600~1500Hz)包含较多颤振频率，而控制前后颤振频率处信号幅值变化不大，因此此时颤振控制效果一般。

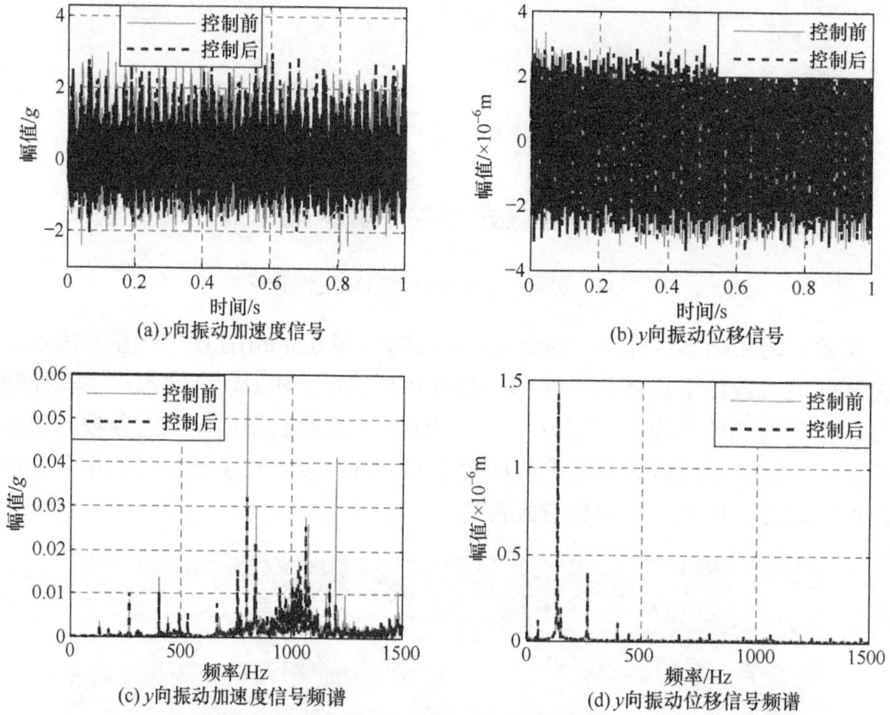

(a) y向振动加速度信号　(b) y向振动位移信号

(c) y向振动加速度信号频谱　(d) y向振动位移信号频谱

图 7-36　实验二主动控制前后振动信号

主动控制前后工件表面如图 7-37，控制后工件表面振纹有所减轻，但仍有明显振纹。在当前参数下由于轴向切深较大，产生的动态切削力较大，所需相应的控制力也较大，而作动器最大输出力有限，所以此时控制效果不如实验一中明显。此外，当前控制算法设计时未考虑作动器的最大输出能力，即算法抗饱和性较差。基于以上分析，通过采用作动力更大的作动器或者抗饱和性能更好的控制算法，在控制对象模型建立时考虑控制力的物理约束，可以进一步提高在小轴向切深大径向切深下的控制效果。

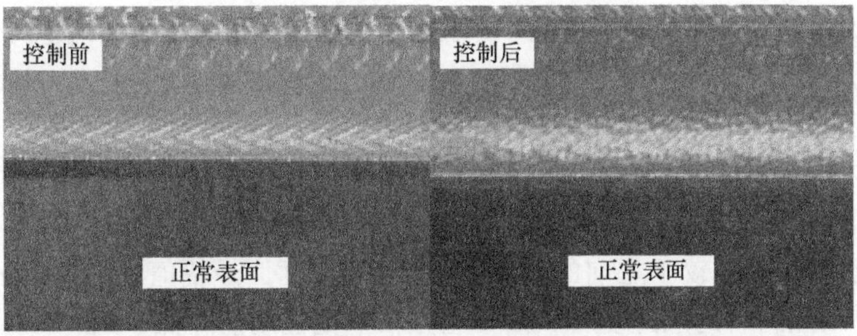

图 7-37　实验二主动控制前后工件表面

7.7　智能主轴高速铣削颤振鲁棒主动抑制

7.7.1　周铣颤振主动抑制实验验证

开展周铣颤振控制实验，其切削参数：轴向切深为 10mm，径向切深为 1mm，主轴转速为 6000r/min，每齿进给量 0.02mm/齿。分别记录主轴 x 和 y 方向的速度和位移振动信号并分别在时域和频域进行分析，可以得到图 7-38～图 7-41。

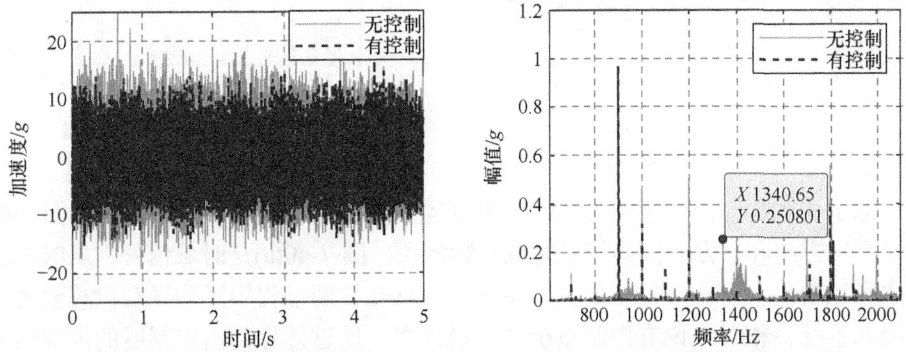

图 7-38　x 方向加速度信号时域和频域图

图 7-38 是 x 方向加速度信号时域和频域图，其中图(a)是 x 方向振动加速度时域信号，图(b)是 x 方向振动加速度信号频谱。从图 7-38(a)可以直观地看出，当控制器开启时，主轴振动加速度信号有了明显的降低，表明控制之后的铣削过程更加的稳定，并且通过计算得出控制后的加速度信号(黑色虚线)均方根值比控制前(灰色实线)降低了约 20.1%。从图 7-38(b)中可以得到更多的信息，图中灰色实线表示无控制系统的振动加速度频谱，很明显在整个频谱范围内，无控制系统的频谱特征很杂乱，出现了很多主轴转频和齿切频率的伴生频率，这些伴生频率即颤振频率，特别是在约 1341Hz，这是一个主导颤振频率，表明此时铣削系统已经出

现了强烈的颤振现象；黑色虚线表示有控制系统的振动加速度频谱，可以明显得出控制之后只有主轴转频和齿切频率以及微弱的颤振频率，在约 1341Hz 处，控制之后此颤振频率处基本不存在振动幅值，主导颤振频率被完全消除。

图 7-39 是 y 方向加速度信号时域和频域图，其中图(a)是 y 方向振动加速度时域信号，图(b)是 y 方向振动加速度信号频谱。由于此次实验进给方向为 y 方向，所以 y 方向振动相较于之前的 x 方向振动加速度信号幅值更大，通过计算(图 7-39(a))得出控制后的加速度时域信号均方根值比控制前降低了约 39.9%。从频域图中可以得到与 x 方向相同的信息，在所有的颤振频率中，1341Hz 是一个主导颤振频率，控制后的系统各颤振频率已经基本消失。除此之外，各主轴转频和齿切频率也得到了相应的降低，控制效果良好。

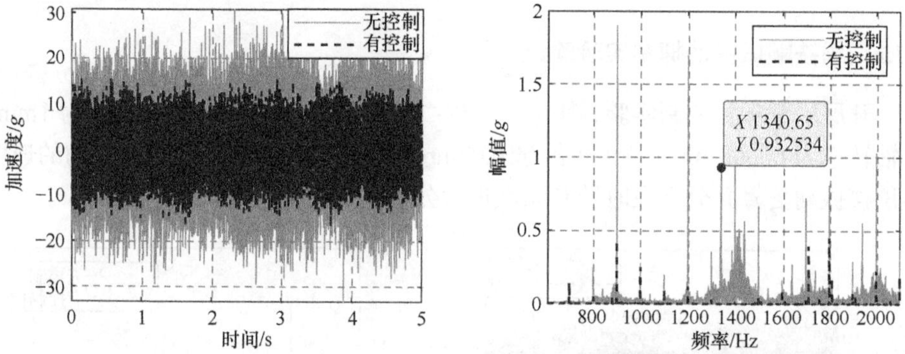

(a) y方向振动加速度时域信号　(b) y方向振动加速度信号频谱

图 7-39　y 方向加速度信号时域和频域图

除了主轴振动加速度信号，更直观的是主轴振动位移信号。图 7-40 和图 7-41 分别是 x 方向和 y 方向位移信号时域和频域图。图 7-40(a)是时域信号，从时域信号中可以看出，对于无控制的铣削系统，主轴在铣削过程中平均振动位移要大于有控制系统，相对来说有控制系统要平稳许多，通过计算得出控制后的位移信号(黑色虚线)均方根值比控制前(灰色实线)降低了约 31.8%。这同样可以从频域图 7-40(b)中得到，图中约 1338Hz 是主颤振频率。从图中可以得出，有控制系统基本上消除了颤振频率的幅值。从 y 方向位移信号的时域特征和频域特征可以得出相同的结论。图 7-41(a)是 y 方向振动位移时域信号，与 x 方向类似，可以明显得出有控制系统比无控制系统的振动幅值要小，控制后位移信号的均方根值比控制前降低了约 34.9%。在图 7-41(b)中无控制系统具有多个颤振频率，其主颤振频率约为 1338Hz，在控制系统中，仍然有颤振频率的存在，但是已经被明显抑制。

图 7-42 是周铣主动控制前后工件表面对比，可以看到，在无控制铣削过程中，铣削加工表面被完全破坏，加工表面粗糙度很大，无法达到加工要求。与之相对比的有控制铣削过程，这两组实验采用相同的加工参数，虽然有控制工件加工表

面仍然存在刀痕，但是与无控制相比加工表面质量得到明显改善。

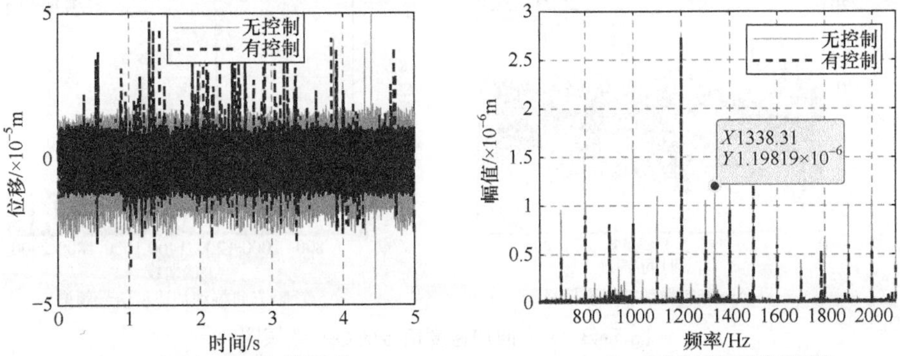

(a) x方向振动位移时域信号　(b) y方向振动位移信号频谱

图 7-40　x 方向位移信号时域和频域图

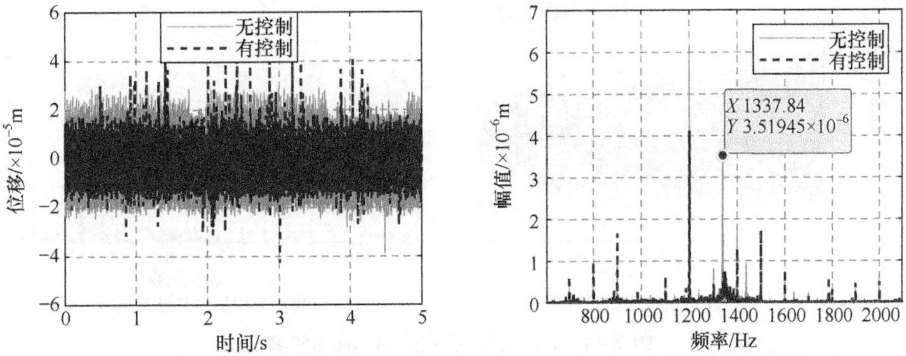

(a) y方向振动位移时域信号　(b) y方向振动位移信号频谱

图 7-41　y 方向位移信号时域和频域图

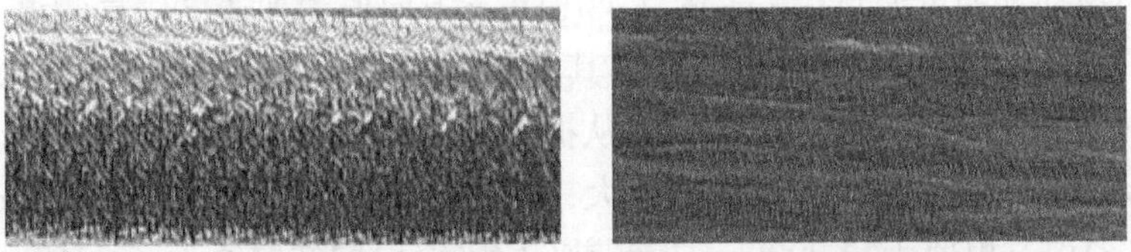

(a) 无控制　(b) 有控制

图 7-42　周铣主动控制前后工件表面对比

7.7.2　端铣颤振主动抑制实验验证

铣削加工方式，除了周铣还有端铣加工，接下来开展端铣颤振控制实验，其切削参数：径向切深为 5mm，轴向切深为 0.5mm，主轴转速为 6000r/min，进给量 0.05mm/齿。分别记录主轴 x 和 y 方向的加速度和位移振动信号并分别在时域和频域进行分析，可以得到图 7-43、图 7-44。

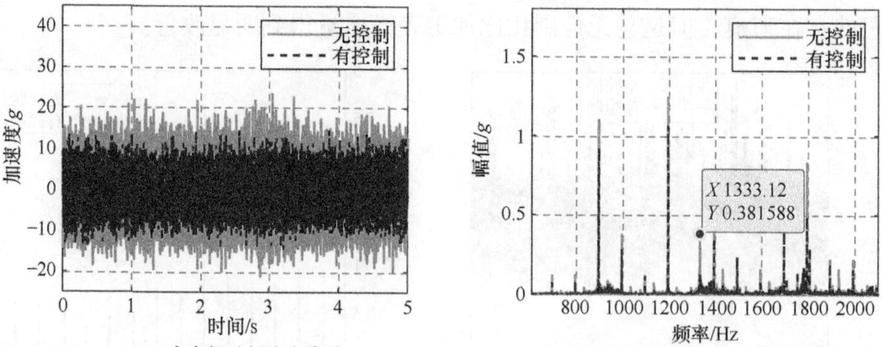

(a) x方向振动加速度信号　　(b) x方向振动加速度信号频谱

图 7-43　x 方向加速度信号时域和频域图

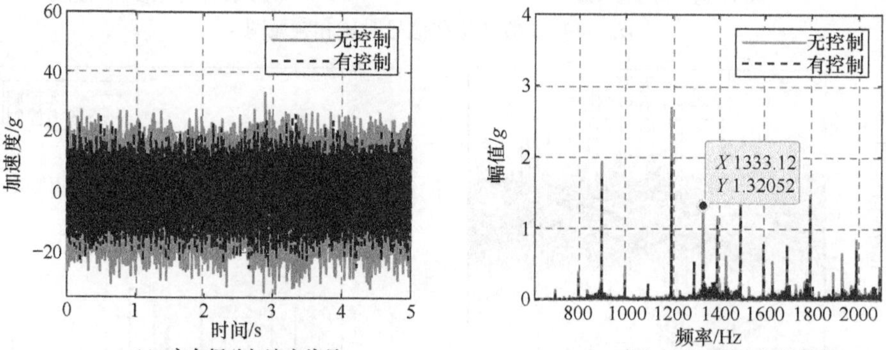

(a) y方向振动加速度信号　　(b) y方向振动加速度信号频谱

图 7-44　y 方向加速度信号时域和频域图

图 7-43 和图 7-44 分别是 x 方向和 y 方向加速度信号时域和频域图。图 7-43(a)是 x 方向振动加速度时域信号，图 7-43(b)是 x 方向振动加速度信号频谱。图 7-44 是 y 方向加速度信号时域和频域图，其中图(a)是 y 方向振动加速度时域信号，图(b)是 y 方向振动加速度信号频谱。从振动加速度时域图可以直观看到，无控制的铣削系统振动幅值要比有控制系统大，通过计算可得控制后 x 方向加速度信号(黑色虚线)均方根值为 3.7990g，控制前(灰色实线)均方根值为 5.5268g，降低了 31.3%。y 方向加速度信号(黑色虚线)均方根值为 5.7229g，而控制前(灰色实线)均方根值为 7.9927g，降低了约 28.4%。从时域图中很明显得出控制之后的铣削过程更加稳定。从频域图可以发现，无控制系统信号中，无论是 x 方向还是 y 方向，都存在一个约 1333Hz 的主颤振频率，说明无控制系统此时处在颤振铣削过程中。观察有控制的系统(黑色虚线)，该颤振频率依然存在，但是已经得到充分的抑制，在 x 方向振动幅值降低了 61%，在 y 方向振动幅值降低了约 63%。除了抑制颤振频率，有控制系统同时在主轴转频和齿切频率得到了抑制。其中 x 方向在 900Hz 和 1200Hz 处分别降低了约 15%和 18%，y 方向在 1200Hz 处分别降低了约 23%。

这些同时证明了该控制方法具有良好的控制效果，不仅可以有效地抑制铣削颤振问题，而且同时减弱由于主轴自身原因引起的强迫振动。

与实验一相同，相对于主轴振动加速度信号，主轴振动位移信号可更加直观地体现主轴振动情况。图 7-45 和图 7-46 分别是 x 方向和 y 方向位移信号时域和频域图。图 7-45(a)是 x 方向振动位移信号，通过计算得出控制后 x 方向振动位移信号均方根值为 3.6322μm，而控制前均方根值为 5.1264μm，降低了约 29.1%。频域图 7-45(b)中，无控制系统存在颤振频率约 1333Hz，颤振频率处的幅值为约 0.5197μm，说明此时系统处于颤振加工。有控制系统中虽然存在颤振频率，但颤振频率的幅值得到消减，幅值仅为约 0.1538μm，比无控制系统降低了约 70.4%。除了颤振频率处幅值得到消减，其他齿切频率和主轴转频的振动幅值也得到相应的控制。

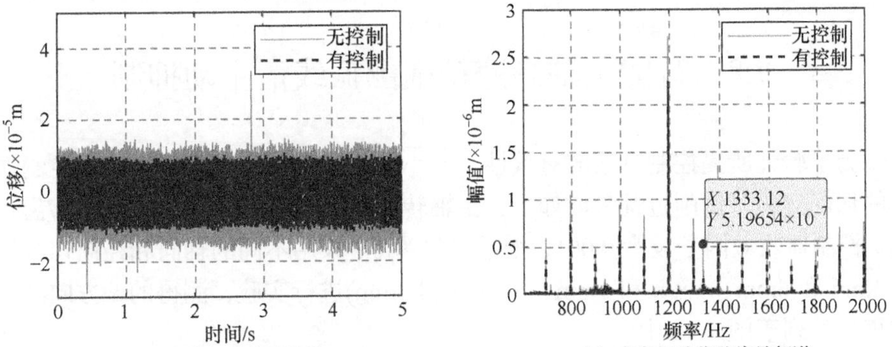

(a) x方向振动位移信号　　(b) x方向振动位移信号频谱

图 7-45　x 方向位移信号时域和频域图

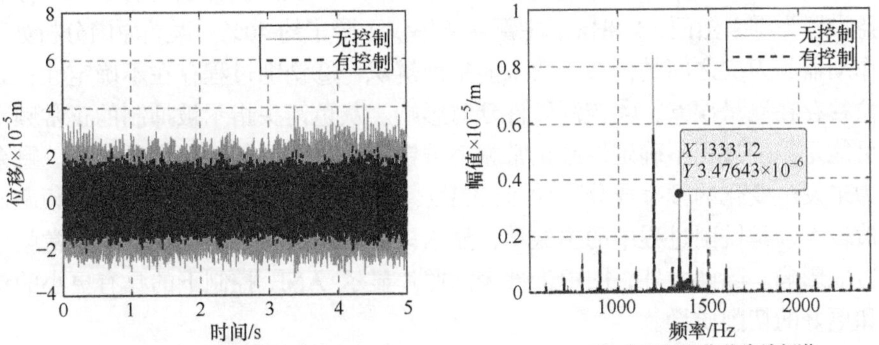

(a) y方向振动位移信号　　(b) y方向振动位移信号频谱

图 7-46　y 方向位移信号时域和频域图

实验二采用端铣加工方式进行铣削颤振实验。通过分析以上的数据，可以得出结论：所设计控制器对于端铣颤振具有一定的效果，但是控制之后仍然有颤振残余现象。这是因为本实验采用的铣刀为立铣刀，立铣刀的主要切削面是圆柱面，在实际加工过程中，立铣刀主要应用于周铣。由于铣刀直径远小于其长度，刚度比端铣刀小，采用端铣方式加工时，非常容易发生颤振现象。同时，本控制方法所建立的铣削过程动力学模型是以立铣刀周铣过程为基础，所设计的控制器也是以此模型为基础，在不改变模型的情况下，将该方法应用于端铣过程时，由于模型的不一致性，该控制方法没有完全消除颤振，但是仍然起到了良好的颤振抑制效果，如图 7-47 所示。

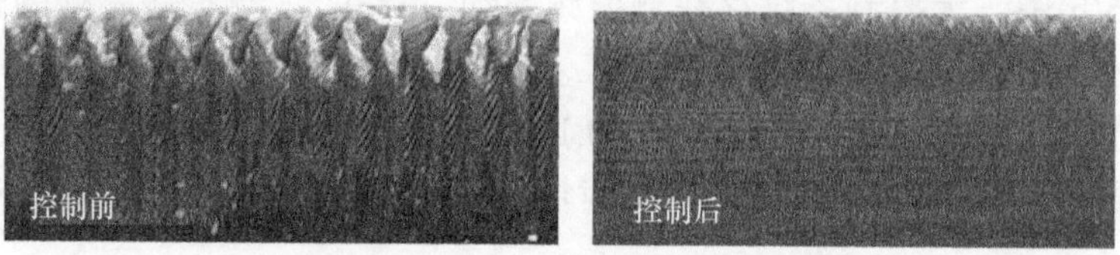

图 7-47　实验二主动控制前后工件表面

7.8　智能主轴高速铣削颤振线谱主动抑制

为了验证所提控制算法的有效性，本小节在三轴铣床上开展了有无控制作用下的切削实验。铣削过程参数如下：主轴转速 5000r/min，进给量 0.1mm/齿，逆铣。控制器收敛因子设为 0.001，增益 β 设为 0。采用不同的轴向和径向切深组合(0.3mm 和 6mm、1mm 和 1mm、0.2mm 和 4mm)进行实验，测得的 x 方向的振动位移信号列于图 7-48 中。

图 7-48(a)给出了轴向切深 0.3mm 和径向切深 6mm 组合下的被测振动位移信号，其中黑色箭头表示被抑制的颤振频率，显示了该控制算法的有效性。控制器增益设置为零，然而 1438Hz 的主颤振频率仅下降了约 40%。误差原因分析如下：①作动器与刀尖之间的传递函数未能精确辨识；②铣削过程存在不确定性；③振动位移存在测量误差；④控制硬件延时影响。灰色箭头指示被抑制的正常频率，这可能是铣削过程不确定性或正常频率被错误地辨识为颤振频率导致的。剩余的即为未发生变化的频率成分，如 83.33Hz、333.3Hz、500.0Hz 等，这些频率成分幅值较大，是铣削过程中的主振动，显示该控制算法并未对主振动的正常频率成分造成影响。除此之外，图中工件表面照片显示 ANE 控制下的具有更小的粗糙度和更好的切削质量。

图 7-48(b)给出了轴向切深 1mm 和径向切深 1mm 组合下的被测振动位移信号，与前面类似，1439Hz 的主颤振频率被成功抑制，同时对正常频率成分影响很小。除此之外，图 7-48(c)给出了轴向切深 0.2mm 和径向切深 4mm 组合稳定切削下的被测振动位移信号，结果显示没有颤振频率出现，同时正常频率成分并未受影响，满足控制器最初设计的需求。

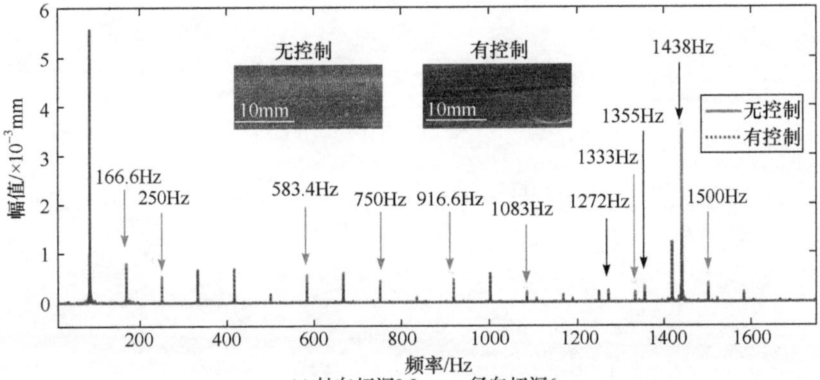

(a) 轴向切深0.3mm，径向切深6mm

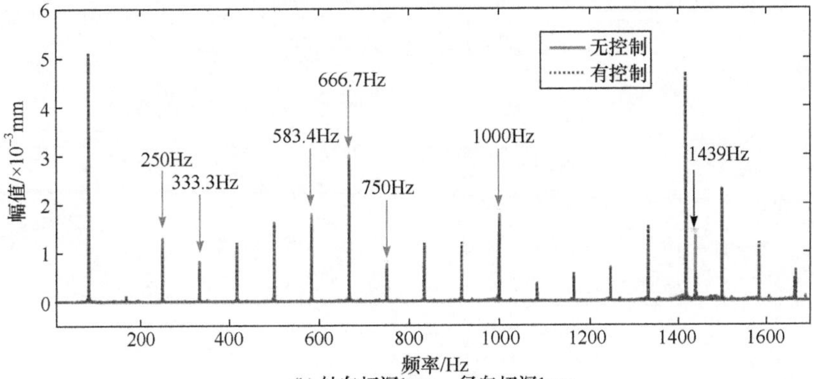

(b) 轴向切深1mm，径向切深1mm

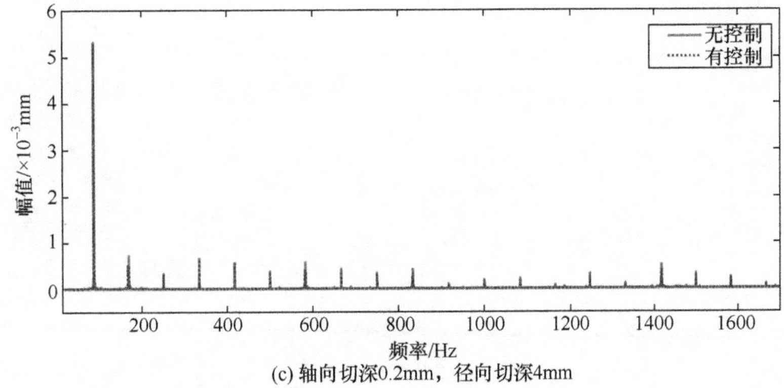

(c) 轴向切深0.2mm，径向切深4mm

图 7-48　进给方向被测频域位移信号